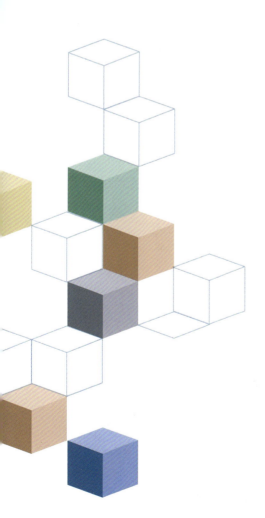

Training Course of
Innovative Thinking

本书荣获第二届"中国视听传播教学奖——优秀教材奖"

创新思维训练教程

（第三版）

◎ 宫承波　主编

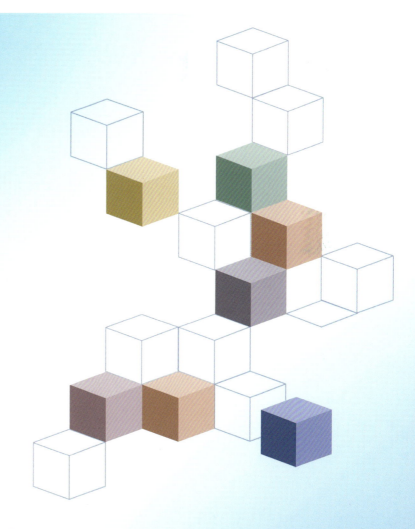

中国广播影视出版社

代总序

拥 抱 创 意 时 代

在传媒业界，所谓"媒体创意"现象早已是司空见惯的客观现实，但若要问什么是媒体创意，人们却大多说不清楚。作为一种新生事物，人们对其语焉不详，甚至有些疑惑，都是正常现象。由于我们创办了一个媒体创意专业，所以也就时常有人向我询问，作为该专业的负责人，当然是回避不了的。

从逻辑学的角度说，一个事物的概念可以分为内涵性的概念和外延性的概念，内涵性的概念是对所指事物的特征和本质属性的概括，外延性的概念则是对所指事物的集合的概括。关于媒体创意，我们不妨把两者结合起来做一个界定：即创新性、创造性思维在传媒领域的运用，其要旨在于因势而变、不断推陈出新，它是市场化时代媒介生存与发展的必要手段，是传媒发展的第一生产力；其基本内涵，指现代传媒面向市场需求和变化，在信息建构与传播和媒介经营与管理的各个领域、各个层面、各个环节所采取的具有创新性或创造性的策略和构思——其视野开阔，内涵丰富，涉及传媒运作的方方面面，对此，可简要地概括为创意传播、创意经营和创意管理三大领域和范畴。

为什么要进行媒体创意呢？有人说是媒介竞争的产物，这当然没有错，但仅仅认识至此还是粗浅的。其更为深层的原因，是随着经济发展和物质生活水平的提高，广大受众的精神文化需求提高了,这当然也包括对大众传媒的需求——正是广大受众这种不断增长的精神文化需求引发了媒介竞争,由媒介竞争进而催生了媒体创意。事实上,这是媒体创意热兴的根本原因,也是近年来媒体创意产业以至整个文化创意产业迅速崛起的根本原因。

创意产业的发展呼唤创意产业人才,呼唤创意产业教育。笔者认为,文化创意产业的发展大体上可以说需要三方面的人才,即创意方面的人才、创意经营方面的人才和创意管理方面的人才,这也就决定了创意产业教育的三大领域,即创意教育、创意经营教育和创意管理教育。媒体创意专业正是应媒体创意产业发展需求,由中国传媒大学创办的一个面向传媒领域的属于创意教育方面的专业,可以说是回应业界需求、拥抱创意时代的产物。本专业自 2003 年起开始招生,经过几年来的努力和探索,如今专业定位已经明确,办学模式已基本成型,专业培养方案和教学计划已基本稳定。

我们的媒体创意专业是如何定位的呢?

笔者认为,所谓媒体创意教育,从整体上说,其终极目标应当是培养面向传媒市场需求和变化,能够为大众传媒的信息建构与传播和媒介经营与管理等不断地提供创新性、创造性策略和构思的专业的职业化的媒体"创意人",也即人们常说的所谓"媒介军师"。从人才规格上说,这是一种以创新性、创造性思维为核心,集人文艺术素养、传播智慧以及媒介经营策略、管理策略等于一体,面向现代传媒整体运营的素质高、能力强的现代复合型人才。这是我们媒体创意专业的教育理想。然而,教育是循序渐进的、是分层次的,作为本科层次的媒体创意专业,其教育目标的设定还应当实事求是、从实际出发,目标过高、过大,不仅不能够顺利实现,而且实施起来容易失去重点和方位感,容易在办学上流于宽泛。

正是因此,我们采取了适当收拢、收缩培养口径,同时与一定的职业岗位相结合的思路。根据业界需求和本校、本专业优势,目前我们将媒体创意专业教育的重点定位在"创意传播"领域。所谓创意传播,根据笔者的理解和界定,它既包括信息传播与媒介运用的策略和智慧,也应当包括媒介信息建构的技能、技巧,即我手达我心,想到了就能做到——比如,为了强化视觉冲击力,利用现代电子技术、数字技术创造新潮的视觉语言,进行超现实、跨媒体的艺术表现、特技表现,等等。这样的专业定位,意在与当前传媒业界兴起的所谓创意策划职业相结合,同时兼顾到多数本科生毕业后要从操作层面的具体工作做起的现实。这样的专业定位,无疑也蕴含了抓创意产业教育"牛鼻子"的意图。根据上文所述创意产业教育的三大范畴,所谓创意传播,无疑属于创意教育范畴——创意教育是以培养创意人才为目标的,应当说是整个文化创意产业教育的基础和核心。因为,如果没有创意人才、没有创意,那么所谓创意经营、创意管理也就成了一句空话。

总之,媒体创意专业是一个以培养专业的媒体"创意人"为目标的专业,是一个创意智慧与创意的技术、技能相融合、相交叉的专业,其培养目标可以做这样的简要概括和表述:培养现代大众传媒创新发展所需要的传播"创意人"(也可以称作初级媒体"创意人")。从人才规格上说,这是一种以创造性、创新性思维为核心,集人文艺术素养、传播策略和智慧以及现代传播的技能、技巧于一体的面向现代传媒传播业务的现代复合型人才。

从上述培养目标出发,本专业秉持中国传媒大学新闻传播学科多年来积淀而成的"宽口径、厚基础、高素质、强能力"的教育理念,同时结合本专业的内在要求,在办学模式上也就自然地体现出以下几方面的特色:

其一是综合性、交叉性。

智慧源于心胸,心胸源于眼界。创意不是从天上掉下来的,靠所谓天分,靠小聪明、小火花或许能竞一时之秀,但却不能长久。没有开阔的知识视野和理论视野,智慧往往就会陷于黔驴技穷的困境,创意就会成为无源之水、无本之木。只有在丰富的信息交流与碰撞中,在多学科知识、多维理论的交叉与融合中,智慧之树才能常青,创意活水才会"汩汩"而来。

为贯彻上述思想,我们认为,必须倡导学生广开视野、广取思维、广泛接触社会人生,即"读万卷书,行万里路"。在培养方式上,我们一直强调和重视基础知识与基本理论教学:一方面,以创新、创意能力的培养为核心、为旨归,打破现有的专业壁垒,强调多学科知识、多学科理论的交叉与融合;另一方面,则引导学生对大众传媒的信息建构与传播以及媒介经营与管理等现代传媒运作的主体领域及其前沿动态进行全面、深入的了解,对现代传媒运营有一个整体性、综合性把握。总之,我们要求学生应具有相对开阔的知识视野,较为扎实的理论功底,对现代传媒及其运营的全面了解和把握,并掌握创新思维原理,这是从事创意传播的必要前提。只有具备这样的前提和基础,才能进一步将创新思维原理成功地应用到现代传媒领域,形成相关领域的创意策划能力。

其二是艺术性。

我们知道,大众传媒的一个重要功能是消遣、娱乐,文艺、艺术传播是其中的重要组成部分,不懂艺术何谈创意?著名美学家王朝闻先生就曾经指出:"不通一艺莫谈艺。"更为重要的是,想象力是创意之母,而艺术与美学教育则是培养想象力的重要手段。大家都知道英国是发展创意产业的先驱,在那里,作为创意教育的手段,文学艺术教育受到高度重视。1998年英国国会的一个报告就曾指出:"想象力主要源于文学熏陶。文艺可以使数学、科学与技术更加多彩……"

因此我们认为，艺术与美学教育是媒体创意教育不可或缺的重要组成部分，并坚持从以下两个方面予以保证：一方面，在生源选拔方面按艺术类招生，从选才上把好艺术素养关；另一方面，从培养措施上对艺术素养和美学教育予以着重加强，设置一大批文学、艺术和美学类课程，从而使学生通晓文学艺术以及大众文化领域的基础知识、基本观念，并掌握有关必要的技能、技巧。

其三是实践性。

不言而喻，媒体创意专业是一个实践性较强的专业，加强实践教学本是专业教学的题中应有之义。所以，本专业教育的一个重点，就是要面向传媒业界实践，开展强有力的职业化的模拟训练，强调高素质教育和强职业技能教育的互补与互助，从而有效地促进学生由知识向能力的转化。尤其对于本科生来说，将来一般都要从具体工作做起，为了有利于就业，操作层面的技能、技巧教育就更是必不可少的。

因此，我们充分发扬中国传媒大学的传统优势，重视媒介信息建构与传播的具体操作能力的培养，重视案例教学，通过一系列实践教学和职业化的模拟训练，努力使学生具备较强的传媒文本读解能力，熟练掌握对色彩、声音、画面、图形、文字等传播符号的操控技术，并能够在创造性、创新性思维指导下灵活运用媒介信息建构与传播的技能、技巧。另外，我们还通过"请进来""送出去"等措施，密切跟踪业界前沿，同时与业界展开必要的互动。几年来，我们曾聘请大量业界专家、校友走进校园授课或举办讲座，带来业界前沿的动态信息；同时，还借助于多年来中国传媒大学与传媒业界所结成的良好的业务联系，利用每年暑假时间成建制地安排学生到业界实习。经过几年来的实践，学生们普遍反映，摸一摸真刀真枪，感觉就是不一样！

其四是个性化。

所谓个性化，也即教育"产品"多向出口。现代传媒运营是一个庞大的系统，面对这样一个庞大、复杂的系统，作为本科教育，笔者认为，其教育目标还应当实事求是，有放有收。因此，在广播、电视、网络、报刊等多种媒体中，在信息建构与传播的多个领域，我们提倡学生既有专业共性，又有个性专长，倡导学生根据个人兴趣，自主选择主攻方向，发展创新思维，努力形成个人的业务专长和优势。

为支持和促进学生的个性化成长与发展，本专业在一、二年级主要学习公共基础课和有关现代传媒教育的平台性课程，从三年级开始则多向开设选修课，并全面实行导师制。几年来的实践证明，这些做法都是务实的、有效的，受到学生、家长的欢迎，得到传媒业界的肯定。

上述这些认识，已经成为我们建设媒体创意专业的指导思想。2005年上半年以来，在学校的支持下,我们承担了校级教改立项"媒体创意专业建设研究"项目。在该项目推动下,笔者与同事们一道,在研究、探索的基础上,经过群策群力,已连续推出三个不断完善的培养方案版本以及相应的教学计划。

但是,我们也应当看到,对于一个新专业建设来说,有了成型的培养方案,还只能说是迈出了第一步,是起码的一步。如果说培养方案相当于一个人的躯干,那么它还需要两条强健的腿,才能成为一个健全的人,才能立起来、走起来,以至跑起来——这"两条腿",笔者认为,也即当前贯彻实施该专业培养方案、确保培养目标实现的两大当务之急:其一是教材建设;其二是实践教学机制建设。

关于教材建设。

自成体系的知识构架和核心课程是一个新专业得以确立和运行的基本支撑,因此,要想使该专业真正得以确立,就必须构建一个具有本专业特点的核心课程体系,同时还必须编撰一套相应的适应本专业教学需要的教材。

由于媒体创意专业具有交叉性、综合性特点,所以该专业教材编写的重点,也是难点在于,要以创意传播能力的培养为核心、为旨归,解决好多学科知识、多学科理论的交叉与融合问题。在深入研讨的基础上,我们通过组织、整合有关师资力量,关于"媒体创意专业核心课程系列教材"的出版已经启动。根据我们的计划,两年内将至少推出 15 部具有本专业特点的核心课程教材。但目前面临的困难还相当大、相当多,最为核心和关键的是人的问题,也即师资问题。

关于实践教学机制建设。

如上所述,媒体创意专业是一个实践性较强的专业,所以实践教学必须置于重要地位,贯穿于教学工作的全过程。这不仅仅是几种措施的简单相加,还应当是一整套的有机体系。为了使实践教学切实有效,就必须保证这一体系的科学化和规范化。所以,对这一体系的构成及其运行机制做出全面探索,将本专业实践教学科学化并进一步制度化,是本专业教学基本建设中重要的一维。目前,虽然已经建立了几个实践教学基地,但还远远满足不了本专业全面开展实践教学工作的需要。

以上两个方面既是当前我们贯彻实施媒体创意专业培养方案、确保培养目标实现的两大当务之急,也可以说是媒体创意专业建设的"两条腿"。笔者认为,只有这"两条腿"强健起来了,该专业建设才能够获得实质性、突破性进展。

综上所述,媒体创意专业是适应创意时代需要而创办的一个崭新的专业,是一个新型、特色的专业,我们的办学模式和教学建设的方方面面都是既具探索性,又具示范性的。正是基于这样的认识和责任感,我们一直坚持既小心翼翼、深入研究,又实事求是、大胆实践、大胆探索，坚持在实践中探索、在探索中创新、在创新中发展的原则。在校方的领导和支持下，经过几年来的群策群力，目前该专业已基本创立成型。可以这样说，媒体创意专业抓住了创意时代大众传媒的本质，适应了市场经济条件下传媒竞争与发展的需要，是一个有时代感、有活力的专业，它有效地利用、整合了中国传媒大学的资源优势——如良好的传媒教育基础和丰厚的业界资源等，体现了中国传媒大学的办学特色。

当然也应当看到，我们的探索还是初步的，同任何新生事物一样，目前该专业还是幼小的、稚嫩的，它目前需要的是理解和呵护。我们殷切地希望学界、业界同仁能够从事业大局出发，都来浇水施肥，遮风挡雨。我们相信，在传媒事业发展和文化创意产业大潮的双重促动下，这样一个新型、特色专业一定会尽快成长起来，我们也一定能够探索出一套既适应传媒市场需要，又符合教育规律且切合我校实际的专业办学模式，从而使它成为我校教学改革的一个亮点，成为中国传媒大学的一个品牌，成为我国传媒教育的一道新的风景，同时，也为专业扩张提供规范和标杆。

宫承波

2006 年 9 月 30 日初稿

2007 年 5 月 10 日修订

于中国传媒大学

目　　录

实训篇　创新思维的实践应用

引 言

创 新 思 维 的 重 要 性

进入 21 世纪,文化创意产业逐渐发展成为新的经济增长领域。文创产业根基在文化、核心在创意,其成熟与繁荣不仅需要国家的扶持与引导、对经济全球化发展现状的审视与把握,更重要的,是要培养出大量富有创意的高水平人才,从而在国际竞争中稳居战略高位。

创意的要义在于创新,创意思维的精髓在于创新思维。强化创新思维训练对个人、集体、国家乃至世界都具有深远意义。

一、创新思维与社会进步

宏观而言,创新思维是推动社会进步的根本动力。社会的全面进步代表着社会发展规律的必然趋势,它需要物质文明、精神文明与政治文明的协调一致、有机配合,其速度、效度与社会主体的创新思维水平高低和创造能力强弱直接相关。在关乎人类社会进步的各大领域,知识创新、科技创新与制度创新无不发挥着令人叹为观止的重要作用,这其中蕴含的强大力量就源自创新思维。创新是民族进步的灵魂,培养与提高创新思维能力是历史与时代赋予我们的重要课题。

(一)知识创新

知识经济的脚步已遍及全球各个角落,对人类经济、社会活动的各个领域正在产生重大的影响。1990 年联合国研究机构提出了"知识经济"的概念,并指出"人类正在步入一个以智力资源的占有、配置,知识的生产、分配、使用(消费)为最重要因素的经济时代"。从一定意义上说,知识创新是一个经济学概念。美国学者埃米顿(Debra M. Amidon)于 1993 年将知识创新定义为:"通过创造、演进、交流和应用,将新的思想转化为可售的产品和服务,以取得企业经营成功、国家经济振兴和社会全面繁荣。"知识创新是知识经济的核心,它强调劳动者的创新素质是经济发展的主要增长因素,认为创新发明、设计以及创造性理念、理论学说等以创新智慧为特征的因素能够带来经济的稳定发展与可持续发展,从而创造出巨大的物质财富。

创新思维推动知识创新,是知识创新的源泉。创新主体必须有自由探索的精神才能完成知识创新，可以说，知识创新的过程就是创新思维的过程——知识创新起源于"问题"，由问题确定课题和研究领域，然后是对问题的探索、资料的积累以及反复思考，直至新思想、新观点、新构思的产生，新技术的发明，新产品的创建，最终形成新的知识成果。可见，知识创新的一般过程与创新思维的一般过程具有一致性。

（二）科技创新

习近平在 2020 年 10 月 30 日第三届世界顶尖科学家论坛作的视频致辞上说，"在当前形势下，各国科学家尤其需要开展新冠肺炎药物、疫苗、监测领域的研究合作，聚焦气候变化、人类健康等共性问题，让科技创新更好造福人类"。如今科技发展呈现锐不可当之势，产业化速度不断加快，科技与经济、社会、教育、文化的关系日益紧密。在经济全球化背景下，科技发展成为国家发展战略的主要内容，科技创新成为提升国家核心竞争力的必由之路，也成为造福人类的本质突破。

科技创新的关键是自主创新。具有时代特征的自主创新包括重大的原始性科学发现和技术发明、在已有科学技术成果上的系统集成创新以及在有选择地积极引进国外先进技术的基础上进行的消化、吸收与再创新。科技自主创新能力主要是指科技创新支撑经济社会科学发展的能力，包括加快发展科技生产力的能力、自觉革新科技创新组织体制的能力、领导科技创新的能力、加快科技成果转化与规模产业化的能力以及有效吸纳国际科技创新资源的能力。

科技创新的最主要目的是提高自我创新能力，实现技术创新的可持续发展。创新能力的提高关键在于以思维的创新走出科技发展的新路子。科技自主创新需要大量具有创新思维能力的科技创新人才。人才创新是科技创新的根本，必须坚持以人为本，实行教育优先和人才强国战略，在全社会营造尊重知识、尊重人才、尊重劳动、尊重创造并支持自主创新的良好社会文化和舆论氛围。要升级创新能力建设的基础工程，推进素质教育，发展创新教育，注重创新能力培养。要建立科学的创新评价体系，制定灵活的创新激励政策，健全优胜劣汰的用人监督机制，为创新、创造和创业营造适宜的环境和平台，帮助优秀的创新人才勇攀高峰。

（三）制度创新

"制度"一词，指人与人之间的某种"契约形式"或"契约关系"，在社会发展过程中起着重要作用。社会发展的一个重要方面是制度创新，它指的是在理论创新的基础上，改革、突破传统体制与制度中种种不合理规定的限制与束缚，创造出、建立起适应时代发展和国情变化的新制度、新体制，以制度建设推进社会发展。

从宏观层面考察,一个国家的制度包括经济制度、政治制度和文化制度,其实质是一个国家的生产关系、政治关系和文化关系。生产关系体现了国家的经济基础,政治关系和文化关系体现了国家的上层建筑。

中国共产党第十八次代表大会报告中指出,"在全面建设小康社会进程中推进实践创新、理论创新、制度创新,强调坚持以人为本、全面协调可持续发展。"报告首次将制度创新提升到前所未有的高度,是我党新的历史时期的制度自觉和制度自信的突出表现。习近平总书记在中国共产党第二十次全国代表大会的报告中强调"坚持创新在我国现代化建设全局中的核心地位",中国特色社会主义实践在不断推进,中国特色社会主义制度也必须在此基础上不断完善。在新的历史条件下,我国经济社会发展出现了一系列新情况、新问题,这就要求我们与时俱进,持续推进中国特色社会主义制度建设与创新,积极稳妥地推进经济体制、政治体制、文化体制、社会体制以及生态文明制度等各项具体制度的改革和创新。

二、创新思维与个人实现

微观而言,创新思维是个体成就自我的精神指引。个体的发展固然离不开时代与环境的影响,现代社会的趋同化倾向令个体生命历程呈现出模式化发展轨迹,拥有创新思维正是摆脱平庸生活、开拓个人全新发展领域的有效途径。创新意味着不走寻常路,它常会将人们引领至新奇而美好的天地。具有创新精神者必然极富个性与创造力,能够敏锐地洞察和把握人类心灵的秘密,拥有更加安适与超脱的生活境界。

(一)开拓视野

创新思维的形成仰赖大量信息的接受,人的大脑只有在高阶信息传递场中才能开发、发展自己的智慧。一个人与外界的接触面越广,从外界获得的信息量越多,诱发创新思维的可能性就越大。闭目塞听、孤陋寡闻的人是很难有所创新的。维持健康积极的社会交往,特别是与各行各业,或是与自己专业截然不同的人打交道,可以让我们见识到不同的精彩人生版本。在与对方交流沟通的过程中,个体会以更广阔的视野、更超脱的高度,接触不同的知识和资源、吸收新鲜的智慧与灵感,为自己的人生打开无数视窗,灌入新的动力与能量。同时,良好的社会关系有利于营造与优化利于创新的环境,使人在轻松愉悦的氛围中最大限度地展开头脑风暴,从而有效进行创新思维活动。所以,当我们感觉自己的思路进入一方狭小天地时,我们不妨多与人交流,听听别人的看法,用创新思维的"非我视角"彼此进行思维碰撞,进而打破我们头脑中的僵局,并从中获得启示。

创新思维驱动下的社会交往能使个体更懂得尊重别人,更了解团结合作的重要性,更明确取长补短的用人之道,以形成友爱、信任、互助的交往环境。以理解取代摩擦、以宽容取代冲突、以善意取代刻薄，这样的人际态度是创新式的、充满智慧的交往方式。只有志同道合又积极向上的人际关系群体，才能既允许不同个性共存并发生化学反应，又允许良性竞争机制下的共同进步，实现互利互惠、和谐共赢。

在科学发展史上，从社会交往中萌生创新思维一直是光荣传统。读书会就是基于这种想法而创造的一种组织形式。爱因斯坦青年时代和几位朋友组织了"奥林匹克亚科学院"，经常举行科学讨论会。这种讨论丰富了爱因斯坦的头脑，对他此后的科学创见起到了重要作用。物理学家劳厄在慕尼黑大学任教时，常去一间咖啡馆参加一群物理学家的畅谈，"X射线对晶体的衍射现象"的重大发现正是在这样的气氛中产生的。控制论的创造者维纳，也常从"午餐会"的高谈阔论中捕捉思想的火花，激发自己的创意。

（二）积极心态

人是物质和精神的统一体。人的思维通过影响人的心理进而影响人的生理。世界卫生组织制定关于"人的健康标准"时指出，"健康不仅仅是指身体无疾病，还应包括精神活动的健全和社会适应能力良好两个方面，是躯体、精神、社会的统一体"。可见，精神性因素会对人体的健康产生巨大影响。

有关资料显示，人类疾病约有 50% 至 80% 是由不良心理引起的，也叫心身疾病。近半个世纪以来，欧美出现了"心身医学"，着重研究心理、情绪和疾病的关系。随着人们生活水平的提高，人们越来越重视健康问题，对心理、精神、思维因素对人体的影响的认识也越来越深刻，人们还逐步认识到，通过改善人的心理、精神、思维的状况可以改善人体健康状况，这一发展方向极具开发潜力。

"心态"是决定人们思维模式和行为方式的一种心理状态或态度，是人对各种信息刺激做出的心理反应的趋向，是由认知、情感、行为意向等因素构成的富有建设性的主观价值取向。积极心态，又称 PMA（Positive Mental Attitude），主要是指积极的心理态度或状态，是个体对待自身、他人或事物的积极、正向、稳定的心理倾向。所谓拥有积极心态，就是面对问题、困难、挫折、挑战和责任时，能从积极的、正面的、可能成功的角度思考，进而采取行动。因此，PMA 实质上就是一种生活态度、一种可能性思维和肯定性思维。

积极心态与创新思维之间密不可分的关系，一般体现在个体选择思维方式和思维视角的态度上。积极心态意味着获得更多的快乐和幸福，而这些主观感受来自主体需求的满足。这种需求可以通过外界事物来改变，也可以通过内心的调节来改变。所谓内心的调节，就是思考方式的转变——有时采用不寻常的视角去观察寻常事物，尽管事物本身未发生质的变化，但因为拓展了思维视角，而可能创新性地挖掘出原本不曾体会到的需求满足。

美国成功学学者拿破仑·希尔曾说过："人与人之间只有很小的差异，但是这种很小的差异却造成了巨大的差异！很小的差异就是所具备的心态是积极的还是消极的，巨大的差异就是成功和失败。"的确，积极的心态有助于人们克服困难，使人看到希望，保持进取的旺盛斗志。消极的心态会使人沮丧、失落，对生活和人生满怀抱怨，自我封闭，限制和抹杀自己的潜能。积极的心态创造人生，消极的心态消耗人生。积极的心态是成功的出发点，消极的心态往往是失败的源泉。若想要梦想照进现实，就必须摒弃抹杀创新思维、摧毁希望潜能的消极心态。

有三名泥瓦匠，在炎炎烈日下，汗流浃背地砌筑一面高墙。一路人经过，问道："你们在干什么呢？"第一个泥瓦匠答："我们在砌墙。"第二个泥瓦匠说："我干一小时，挣5元工钱！"第三个泥瓦匠则仰望着天空，幽默而有创造力地回答："我正在建造一座大教堂，修建一座对本地区产生巨大精神影响的、能够与世长存的大教堂！"多年以后，前两位瓦工庸庸碌碌，无甚作为，第三位则已成为享誉世界的建造工程师。同样的工作，心态、思维方式不同的人去做，结果也会完全不同。

(三) 生命意义

哲学家奥修在《隐藏的和谐》中说："生命中有某些片段是改变会发生的时刻。身体每隔7年会改变一次，而且这个改变会每隔7年地持续下去……每隔7年，身体会来到一个以旧换新的过渡时刻，在这段过渡的时期，一切都处在流体的状态中，如果你希望某些新的层面能够进入生命中，这是最佳的时刻。"生命随时在发生变化，开发自己、发现生命的美丽，就会越来越感知到生命的美丽，并越来越珍惜。台湾著名创意人李欣频曾说过："我认为终极的创意就是，可以随时随地把垃圾变珍宝，把地狱变天堂，帮自己下新定义，把今天变得与过去截然不同，把生活过到最好的版本，把每一天创造成有生以来最棒，最充满冒险、惊喜，从未经验过，最极致的一天，也就是说，你怎么想你的今天，今天就是怎么成真，把今天过好到任何人要跟你交换人生你都不要，这就是我定义的'终极创意境界'。"

真正具有创新思维的人，必然富有个性和创造力、能够洞察和把握其心灵秘密、生活境界更高，在成功的道路上，他们始终将罗盘紧握在自己手中。其实，每个人都有无限的潜能，只要正确地认识自己，发掘自己的优势，就能有效地开创出属于自己的精彩。因此，每个人都应当将自己的生命轨迹当作展开创新思维的过程，充满信心、集中精力地去构想、去策划，将有利和不利因素都加以关注，并在其中进行适当的取舍，然后为之努力和奋斗，去实现一段异彩纷呈的人生旅程。

李欣频曾写下这样一段话：

不要活在你不想要的命运之中，
不要让你的未来成为过去的受害者，

不要被你过去对自我的局限，

绑住了你自己的魔力量子场；

你必须回到存有无限可能的量子场上，

宛如你回到受精卵中开始演化，

在每个奇异点上创造出你真正想要的命运高峰、你的个人奥运会，

并与你所创造的一切合一，

有能力赋予每件人事物最大的能量与祝福；

此刻的你就已与前一秒的你截然不同，

你已是自体宇宙中唯一的造物主宰者，

你就是自己的奇迹！

　　创新思维既是一种思维方法，也是一个思维过程，其实质是突破思维定式、革新思维路径。创新思维提供了一种看待世界的独特视角，其目的在于开创新的思维方法、推出新的思维成果，运用已有的知识和经验建立起意识与物质世界的全新联系。创新思维并不是天才的专利，它发源于人类普遍共有的生理机制与思维水平之上。研究发现，许多卓越的科学家大脑智力商数并不超常，他们的成功更多地得益于自身不同凡俗的思维方法与思维模式。创新思维可以通过训练习得，只要看准问题、抓住要领、勤加练习，创新思维之花便会绽放在每一个热爱思考的头脑之中，凭借创新带来的勃勃生机，我们的思维活动会更为活跃与顺畅。

理论篇

创新思维的理论基础

第一章

创新概说

CHAPTER 1

习近平曾说:"创新是一个民族进步的灵魂,是一个国家兴旺发达的不竭动力,也是中华民族最深沉的民族禀赋。在激烈的国际竞争中,惟创新者进,惟创新者强,惟创新者胜。"[①]创新是创新思维的关键,为更好地理解创新思维,本章将从创新角度出发,阐释创新的含义、特征、类型、基本原理、实现过程及能力培养。

第一节 创新的含义及其特征

"创新"即创造、革新,抛开旧的,打造新的。这一词约公元 6 世纪初出现在汉语中。如《魏书》中"革弊创新者,皇之志也",《周书》中"自魏孝武西迁,雅乐废缺,征博采遗逸,稽诸典故,创新改旧,方始备焉",《南史》中"今贵妃盖天秩之崇班,理应创新"等。这些观点多从制度方面的革新和改造入手,展现社会整体意义的创新。

"创新"的英文单词为"Innovation",基本含义是更新、变革、制造新事物。最早可追溯至古希腊时期,苏格拉底(Socrates)提出"有思考力的人是万物的准绳",亚里士多德(Aristotle)则将"创造"定义为"产生前所未有的事物"。近代以来,经历了哲学、心理学方向的理论探索,对创新的认知逐步进入科学阶段,从思辨研究扩展至实证研究。

一、创新的含义

现代社会常用的创新范畴,与美籍奥地利经济学家约瑟夫·熊彼特(Joseph Alois Schumpeter)最早提出的创新理论有关。他在 1912 年出版的《经济发展理论》一书中,主要从经济角度把创新解释为"建立一种新的生产函数",即实现生产要素的重新组合。他认为企业家的职能就是创新,引入新的生产要素组合。这种创新通常包括五种情况:创造一种新的产品;采用一种新的生产方法;开辟一个新的市场;取得一种新的供给来源;实现一种新的产业

---

① 习近平:《习近平谈治国理政》,外文出版社,2014 年,第 59 页。

组织方式。① 受熊彼特创新理论的影响和启发，现代社会的创新视野突破了经济领域，扩展至政治、文化、科技、社会生活等诸多方面，形成了对创新的广义理解与解释，构成了现代创新概念体系。

纵观当前学术界对创新概念的解释，可从理论和实践两个方向进行阐释。

从理论角度看，(1)创新是对某一领域的知识和学术研究成果加以概括和提炼，并由此引发新的理论和概念，从而使这一领域的研究达到一个新的高度；(2)通过对某一事物的研究，发现和改进这一事物的办法，从而使这一事物在原有的基础上得到进一步的完善和扩展，取得一定的成效；(3)运用相关的知识和其他领域的知识，通过对某一事物的研究，得到一种新的事物；(4)通过对某一事物的假定，运用多个领域的相关知识，在实际使用中取得一定的价值和效益。结合上述观点，创新被认为是：通过对原有事物的研究，并应用现有的知识和理论的研究，经过改进、重组、整合和提升，使之成为一种新事物或理论，此即创新。创新是一个不断学习、实践、超越的过程。②

从实践角度看，(1)创新就是创造出与现存事物不同的新东西，即新技术、新产品、新观念；(2)创新就是产生、接受并实现新的理想、新的产品和新的服务；(3)创新就是对现存事物进行某种创造性的改进；(4)创新是对一个组织或相关环境的新变化的接受；(5)创新是发明和开发的结合，创新＝发明+开发；(6)创新是人的创造性劳动及其价值的实现；(7)创新是将新的观念和方法诉诸实践，创造出与现存事物不同的新东西，从而改善现状。通过分析比较，对创新进行了新的界定，即人们能动地进行的产生一定价值成果的首创性活动。③

二、创新的特征

(一)价值性

创新是有进步价值的活动，是人们开创出的能产生一定经济效益或社会效益的，有一定积极意义的新思想、新事物、新成果。纵观创新活动的全过程，从创新点的发现到创新行为再到创新产品的生成，都含有一定的方向规划和目标。这个目标可以是提高生产效率，可以是方便生活，可以是节能减排，也可以纯粹是提供欣赏对象，无论哪一种创新都有其价值。

(二)变革性

创新是对传统的变革，是在现有基础上的革新。从历史角度看，创新是对过时部分的革

---

① 约瑟夫·熊彼特：《经济发展理论》，何畏等译，商务印书馆，1990年，第73页。
② 周铮华、顾成昕、马速：《创新能力的培养与校园文化关系的探讨》，《大连大学学报》2004年第3期。
③ 殷石龙：《创新学引论》，湖南人民出版社，2002年，第6—9页。

除,是对旧有存在的继承演变,正如牛顿(Isaac Newton)所言:"如果说我比别人看得远的话,那是因为我站在了巨人的肩膀上。"虽然创造的东西前所未有,但依靠的是已经存在的工具、理论知识和经验技能;从时代角度看,创新是顺应时代潮流的产物,事物的"新"具有方向性、突破性,是顺势变革的。

(三)首创性

创新作为一种首创行为,内涵"第一次"的意义。首次创造是创新,在原有基础上的改进和变革也是创新,创新既可以是"无中生有",也可以是"有中生新"。但需要了解的是,无论哪种创新其本质在于"出新",而"新"的性质相比于社会现有认知,往往具有超前性。并非所有超前都会得到人们的认可,一是人们对新事物的认知需要时间;二是新兴事物的发展有一个过程,同样需要时间来成长。

(四)发展性

创新活动不是一劳永逸,而要持续推进。面对社会的发展变化,人类的需求也随之改变,这使得创新事物并不总是保持首创性所带来的超前性,创新也在发展中适应社会的需要。具体到创新产品,其由量到质的改变,源自其动态发展的创新之变。

(五)独享性

创新是主体自觉进行的认知活动和实践活动,是人类社会独有的现象。人类可以根据自己的需要对现有的事物进行创新,以创造新事物提高自己的适应能力。创新是人的本能,受人类自我实现本能的支配。创新活动是纳入人的意识指导下的活动,创新成果是凝结了人们的目的和意识的成果。

(六)艰巨性

有两个因素导致了创新的艰巨性。其一,首创性带来的巨大不确定性,这可能使得创新不被他人理解和支持,甚至遭到反对,创新者也将承担很大的压力;其二,实践操作的风险性,创新是做前人或他人没有做过的事情,实现创新的过程和方法需要探索,这也导致了创新的艰巨性。

第二节 创新的基本原理与实现过程

创新原理是创新规律的结晶和概括,在创新活动中正确有效地遵循创新原理,能够帮助人们更好地认识创新活动、运用创新方法、解决创新难题。

一、创新的基本原理

常见的创新原理包括组合原理、移植原理、还原原理、分离原理与逆反原理，下面逐一进行简要介绍。

（一）组合原理

组合原理是指将两种或两种以上的学说、技术、产品的一部分或全部进行适当叠加和组合，用以形成新学说、新技术、新产品的创新原理。组合既可以是自然组合，也可以是人工组合。在自然界和人类社会中，组合现象是非常普遍的。

组合创新的机会是无穷的。有人统计了 20 世纪以来的 480 项重大创造发明成果，经分析发现三四十年代是突破型成果为主、组合型成果为辅；五六十年代两者大致相当；从八十年代起，组合型成果占据主导地位。这说明组合原理已成为创新的主要方式之一。

（二）移植原理

移植原理是把一个研究对象的概念、原理、方法运用于另一个研究对象并取得创新成果的创新原理。其实质是借用已有的创新成果进行创新目标的再创造。"他山之石，可以攻玉"就是该原理能动性发展的真实写照。

在实际操作中，由于移植重点不同，创新活动呈现出沿不同物质层次"纵向移植"、沿同一物质层次内不同形态间的"横向移植"以及多物质层次综合引入同一创新领域的"综合移植"。

（三）还原原理

还原原理要求我们透过现象看本质，在创新过程中回到设计对象的起点、抓住问题的原点，把握最主要的功能进行研究，以取得创新的最佳成果。任何发明创造都有其创新原点，我们可以追根溯源找到原点，从原点出发探寻解决问题的途径，用新的思想、新的技术、新的方法重塑创造该事物，从本原上解决问题。

（四）分离原理

分离原理是把某一创新对象进行科学分解和离散，使主要问题从复杂现象中暴露出来，从而理清创造者的思路，便于抓住主要矛盾。分离原理鼓励人们在发明创造过程中冲破事物原有面貌的限制，将研究对象予以分离，根据不同特质，有针对性地创造出新的概念或新的产品。

(五)逆反原理

逆反原理要求人们敢于并善于打破头脑中常规思维模式的束缚,对已有的事物保有怀疑态度,能够从相反的思维方向去分析、思索、探求新的发明创造。任何事物都有正反两个方面,这两个方面同时依存于一个整体之中。人们在认知思考过程中往往习惯从正面考虑问题,这就限制了自己的思路,如果有意识、有目的地反向思考,则会以不一样的视角激发出新的创意。

二、创新的实现过程

创新的实现过程包括内在及外在机制的共同运转。

从内在机制上看,创新经历了大脑运转、人的交互以及心理品质的发挥。创新是人脑的一种机能和属性,人的一切心理现象或者创新意识、创新精神等都是人脑的一种基本功能,是与人类自身进化同步形成的客观天赋;创新是人的本质属性,是人类与自然交互影响中形成的一种自然禀赋;创新是可以被某种原因激活或教育培训引发的一种潜在的心理品质,人的潜在创新能力一旦被某种因素激活或教育引导,都可能产生巨大的创新能量。

从外在机制上看,创新经历了两个阶段:以"想"为表征,敢想前人所未想,属于创新的意识范畴,是创新的思维阶段;以"做"为表征,敢做前人所未做,属于创新的成果检验范畴,是创新的实践阶段。这两个阶段具有内在联系,一方面,先有创新思维,后有创新实践,创新思维是关键,如同建筑施工,没有完整优质的图纸,盲目上马施工项目,必定会出问题;另一方面,创新思维与创新实践的衔接是一个循环往复的过程,每一次创新思维转化为创新实践后,必然要把创新实践的检验结果反馈给创新思维,形成新一轮的创新思维活动。因此,创新不仅注重将创新思维变成现实有效的成果,而且强调创新思维具有无限潜力,每个人都应当不断提高创新意识,充分挖掘创新能力。①

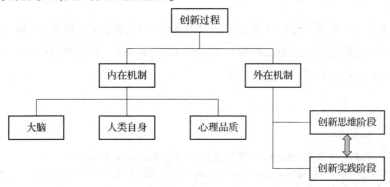

图1 创新过程示意图

---

① 寇静、徐秀艺编著:《创新思维》,中国人民大学出版社,2013年,第16页。

第三节　创新类型与能力培养

学者们从不同维度对创新的种类进行了划分：

从创新对象上看，创新类型有：技术创新、制度创新、体制创新、机制创新、组织创新、知识创新。①

从创新发生的国别和环境上看，某一新技术等第一次出现在世界上的某个国家，无疑是创新。该创新后来扩散到其他国家，可称为模仿或模仿创新。前者为世界层次上的创新，后者为国家层次上的创新。②

从行业领域标准上看，创新可以分为服务业创新、工业创新、建筑业创新、农业创新、国防创新、社会创新等类型。

从创新行为主体上看，创新可以分为政府创新、企业创新、事业单位创新、个人创新等类型。

从创新层次标准上看，创新可以分为理论性创新、实验性创新、首创性创新、改进性创新和应用性创新等类型。

从程度差异上看，阿伯纳斯-克拉克（Abernathy-Clark）提出了四类创新，分别是结构性创新（structural）、利基性创新（niche creation）、常规性创新（regular）和革命性创新（revolutionary）。③ Langdon Morris 将创新分类为：渐进式创新、突破式创新、新事业创新和新商业模式创新。④

一、SPRU 四种创新分类⑤

英国科技政策研究所（SPRU）将创新划分为渐进创新、激进（或根本）创新、技术系统的变革以及技术-经济范式的变革。这种分类对新制度、新体制、新机制、新组织、新服务同样适用，并在学术界和政界具有广泛影响力。

---

① 李正风、曾国屏：《创新研究的"系统范式"》，《自然辩证法通讯》1999 年第 5 期。

② Hu, MC, J. A., Mathews. National Innovative Capacity in East Asia[J]. Research Policy, 2005, 9: 1322-1349.

③ Abernathy, W. J, Kim Clark. Innovation: Mapping the winds of creative destruction. Research Policy: 1985(14): 3-22.

④ Langdon Morris. 创新的起点. The Innovation Master Plan（中译本）. 台湾商周出版，2013 年，第 107 页。

⑤ Freeman, C., Carota Perez. Structural crisis of adjustment, business cycles and investment behaviour[J]. In: Dosi, G., et al. Technical Change and Economic Theory. Pinter Publishers, 1988.

(一) 渐进创新(Incremental Innovation)

这类创新是对现有产品、工艺或技术连续性地进行小改革,相当于我们常说的技术革新。这类创新在产业部门或服务业中会或多或少连续地发生,在不同的产业和不同的国家也会不断出现,但是发生的速率有别,这取决于需求压力、社会文化因素、技术机会以及技术轨道等。

渐进创新来自"做中学"(learning by doing)和"用中学"(learning by using)。大量经验研究证明,渐进创新对提高企业的生产效率非常重要,尤其是其累积性和综合性效果对生产率的提高意义重大,但是,单一的渐进创新几乎不会产生显著的效益,因而往往被人们忽略。随着大量渐进创新日积月累,它们对企业生产效率的提高就会显现出来。

(二) 激进创新(Radical Innovation)

激进创新通常是企业、大学、公共科研机构精心从事研究与开发活动的结果。激进创新在不同的产业部门或时间段的分布是不均匀的。有学者提出,激进创新通常集中性地出现在经济衰退时期,以应对市场的崩溃或暴跌。人们普遍认为,激进创新一旦出现,就会成为新市场和新一轮投资增长的潜在跳板,对经济的复苏至关重要。激进创新通常会引起产品、工艺和组织等方面的一系列创新。激进创新效应需要一段时间才有所显现,如导致生产或市场发生结构性变化等。

(三) 技术系统的变革(Changes of Technology Systems)

技术系统的变革将对技术带来深远的变革,它不仅影响到经济体系中的若干部门,还会导致崭新产业的出现。技术系统的变革建立在一系列激进创新和渐进创新的基础之上。比如,20世纪20年代、30年代、40年代和50年代,出现了合成材料创新、石化创新、注模和挤压机械创新等,即出现了创新集群并导致技术系统发生了深刻变革。技术系统的变革还同时伴随着组织创新和管理创新,其影响面逐步扩展到整个行业。

(四) 技术–经济范式的变革(Changes of Techno–Economic Systems)

技术–经济范式的变革又称技术革命(Technological Revolution)。这种变革包含着众多激进创新和渐进创新,甚至包含着若干新的技术系统的变革。这类技术变迁的突出特点是,它对整个经济体系具有弥漫效应(Pervasive Effects),它不仅导致一系列新产品、新服务、新技术系统和新产业的出现,而且直接地或间接地影响了几乎所有的经济部门。新的技术–经济范式一旦确立起来,就会形成新的"技术体制"(technological regime),将持续几十年不变。熊彼特所谓的经济长波和"创造性毁灭的旋风"，其实就是一系列的技术-经济范式变革。

二、创新能力

"能力"意指胜任某项活动、某项任务、某项工作的主观条件、信心、本领和才能，它是人类个体或群体的特定品质。对创新能力而言，人类个体的主观条件或本领、才能的形成不是无条件的，而是受一定客观因素影响的。

首先，创新能力受先天性遗传基因和发育成长物质条件的影响，具有独特性和结构优化性特征。人类的创新能力是以人的生理条件和发育成长期的必要物质条件为前提的，它潜在决定了人类个体的创新与创新思维能力的发展类型、发展速度和发展水平。

其次，人类个体发育成熟后，社会生活环境和实际工作氛围是决定个体创新能力的关键。也就是说，创新能力具有后天性和实践性。本文将创新能力划分为以下几类，并提出相应的能力培养注意事项。

（一）学习能力

学习能力是指人们获取和掌握知识、技能与经验的本领。这种能力不仅涉及阅读、写作、理解、表达、记忆、搜集资料、使用工具、对话和讨论等方面的内容，还包括学习的态度、习惯、紧迫感、毅力和精神等方面的主观能动性。学习能力有方法可寻，善于学习，易于取得事半功倍的效果，学习能力可以迅速提高。但善于学习，不等于有捷径可走，不费苦功便无法达到既定目标。

在社会进步和市场激烈竞争的时代，一个人或一个组织的核心竞争力往往取决于个人或组织的学习能力。推而广之，由个人和组织所形成的整个社会或国家也需要有学习能力的支撑，以构建学习型社会。因此，对个人、组织乃至整个社会而言，竞争优势比拼的关键与核心，不在于物质财富积累的多寡，而在于是否有能力比竞争对手学习得更多、更快和更新。

（二）分析能力

分析能力是人在思维中把客观对象的整体分解为若干部分进行研究、认识的技能和本领。客观事物是由不同要素、不同层次、不同规定性组成的统一整体。为了深刻认识客观事物，可以把它的每个要素、层次、规定性在思维中暂时分割开来进行考察和研究，厘清每个局部的性质、局部之间的相互关系以及局部与整体的联系。借助分析能力，可以对决策对象的认识由表到里、由浅入深、由难到易、由繁到简，从而把握决策对象的本质，为科学决策打下基础。

分析能力的强弱与三个主要因素有关——一是个人的知识、经验和禀赋；二是分析工具和方法的水平;三是共同讨论与合作研究的品质。随着科学技术的发展,高性能计算机和各种科学仪器以及新的分析方法的出现与应用,有效提高了人们的分析能力。当然,分析能力也有局限性和片面性,容易使人忽视从整体上把握事物的客观必然性。因此,人们在研究客观事物时通常要把分析能力与综合能力结合起来运用。

(三)综合能力

综合能力是指把事物的各个部分结合成一个有机整体进行系统研究的技能和本领。综合是把事物的各个要素、层次和规定性用一定的线索联系起来,从中发现它们之间的本质关系和发展规律。

综合能力主要包括三大内容:一是思维统摄与整合,即把大量分散的概念、知识点以及观察和掌握的事实材料综合在一起,进行系统加工与整理,由感性到理性、由现象到本质、由偶然到必然、由特殊到一般,对事物进行整体把握;二是积极吸收新知识和新经验。借鉴各方面、各领域的新经验和新成果,摆脱传统经验和陈旧知识的束缚;三是与分析能力紧密配合。只有与分析能力相互配合,综合能力的运用才能取得更大成效。

(四)批判能力

批判能力是指对现有认识、经验、做法提出质疑和批驳的本领。批判能力集中表现在两个方面:第一,在学习、吸收已有知识和经验时,先以借鉴、质疑的眼光审视,批判性、选择性、有条件地接受,吸取精华,去伪存真,保证不盲目复制、不照搬照抄;第二,在研究和创新方面,质疑和批驳是创新的起点,没有质疑和批驳的本领,就只能跟在权威和定论后面亦步亦趋,不可能作出突破性贡献。

(五)创造能力

创造能力是指率先提出新概念、新理论、新方法、新技术、新工具、新方案、新做法和新组织的才能。创造能力强调率先和首创。这种率先和首创,是对现有知识成果的升华与突破,具有明显的实用价值和可操作性。创造能力是创新与创新思维能力的核心,具备这种能力的人通常被称为创新型人才。创新型人才所具有的创造能力是其自身禀赋、知识、经验、动力和毅力的综合体现,可以通过教育与实践逐步锤炼出来。可以说,人人都有创造发明的潜力,都有机会成为创新型人才,创造能力并不是高不可攀的。

(六)实践能力

实践能力是指取得社会实践成果或实际应用价值的本领。创新成果可以分为两大类:

一类是理论成果和实验成果,主要体现理论价值;另一类是应用成果,具体体现实际应用价值。实践能力突出强调创新实践及实际应用成果,要求个人和组织的创新思维必须与创新实践相结合,必须接受社会实践检验,必须有助于取得实际应用价值,避免出现理论或实验成果束之高阁的情况。

（七）集成能力

创新是一个复杂的、循环往复的系统工程,要想取得满意的或颠覆性的创新成果,必须集合多种创新能力,使之形成完善的创新能力体系。各种创新能力都不是绝对孤立的,彼此之间或多或少存在一定的关联,只有通过集成能力将其综合起来,相互对比、取长补短、整合运用,才能充分发挥各种创新能力的功效。特别是对重大创新活动而言,由于创新过程的渐进性、创新成果的阶段性和累积性,决定一项革命性重大创新的往往是集成创新,其关键则取决于集成能力体系水平的高低。

【思考题】

1. 创新的实现需要经历哪些环节?

2. 如何有效提高个人、企业的创新能力?

3. 你有哪些创新性的想法? 有哪些你付诸行动了? 有哪些没有付诸行动? 为什么? 请写出三个。

【延伸训练】

创意游戏:

没有观察就没有发现,更没有创新,敏锐的观察力是创新的起步器,此创意游戏能够让自己通过观察事物得到启发、开拓创新。

在场同学2人为一组自由组合,先面对面相互观察2分钟,再背对背,用3分钟的时间在身上做3个变化,变化可以是细微的,但必须有外观上的改变,例如将衬衣最上端的纽扣解开或系上。3分钟时间到后,各组成员回头,相互观察,并说出对方做了哪些改变。

第二章

思维概说

不同的思维方式带来不同的观看视角,突破常规思维能提出与众不同的方案、产生独具意义的思维成果。本章从思维的含义、特征、类型、生理机制、发展过程、方案运用等方面进行阐述,以揭示思维的重要意义。

第一节 思维的含义及其特征

法国思想家帕斯卡(Blaise Pascal)曾经说:"人不过是一株芦苇,是自然界中最脆弱的东西;可是,人是会思维的。要想压倒人,世界万物并不需要武装起来;一缕气,一滴水,都能置人于死地。但是,即便世界万物将人压倒了,人还是比世界万物要高出一等;因为人知道自己会死,也知道世界万物在哪些方面胜过了自己,而世界万物则一无所知。"思维是人类区别于世界万物的本质特征,是人类社会与文明更新发展的原动力,在思维的推动下,人类借由一系列发明创造从远古走入农耕、由工业时代跃入信息时代,可以说,人类的历史正是一部思维创造史。

一、思维的含义

"思维"即日常生活中所说的"思考""想",它是发生在人类大脑之中的动态过程。思维原属于哲学研究的范畴,后来又成为逻辑学、心理学、美学和生物学等多门学科研究的内容。

哲学所说的思维,一种是相对于存在(物质)而言的,即指意识或精神;另一种是指理性认识或理性认识过程,即思考或思想。思维是主观对客观间接、概括的反映,是不同水平的认知与操作和解决问题的能力的统一,是与信息加工相关联的心理能力的总和。

逻辑学从哲学中分化出来,专门研究人的思维形式及规律,为人们提供了认识事物、论证思想的工具。逻辑学所研究的思维形式,是指抽象思维所形成的概念、判断和推理。因此,逻辑学中的思维指的是抽象思维。

心理学把思维当作心理活动的自然过程进行研究,它重在揭示思维的发生、发展及思维在人的各个不同的生理发展阶段中的活动特征和规律。心理学中的思维，通常指的也是抽象思维，并把概括性和间接性看作是思维最基本的特征，它一般不讲形象思维，但在思维之外还讲想象。随着心理学的发展，一些心理学家正在把想象和形象思维联系起来考察，认为"想象的过程，在一定程度上就是形象思维的过程"，形象思维是"一种完全独立的思维活动"，它应该是思维的一个类型。①

美学研究的是人与世界的审美关系，因而必然会研究审美过程中的思维问题，但美学中的思维主要是指形象思维，或曰艺术思维。

生物学则是从神经生理层面对思维活动进行解释和阐述，它揭示了人类思维活动中大脑神经的生理基础，是思维定义的最基本层面。

二、思维的特征

（一）概括性

在大量感性素材的基础上，把一类事物共有的本质特征及其规律加以归纳，谓之思维的概括性。概括性在人类思维活动中的重要意义在于：一方面，它使人类的认识活动打破了囿于具体事物的局限、摆脱了人对具体事物的依赖关系；另一方面，它拓宽了人对事物认识的深度和广度。苏联心理学家鲁宾斯坦认为，概括就是迁移。概括性越高，知识的系统性越强，迁移越灵活，那么一个人的智力和思维能力就越会得到发展。

比如，借助思维，人可以把形状、大小各不相同而能结出枣子的树木归于一类，称之为"枣树"；把枣树、杨树、银杏、桉树等依据其有根、木质茎、叶等共性整合在一起，称之为"树"；还可以把树、草、地衣、青苔等以"植物"统而称之，概括出它们是"由具有细胞壁的细胞构成、一般有叶绿素、以无机物为养料的生物"。这种不同层次的概括，不仅扩大了人类对事物的认识范围，也加深了人类对事物本质的了解与认知。

（二）间接性

通过一些途径（媒介、知识、经验、推理）间接地反映客观事物的本质，谓之思维的间接性。间接性在人类思维活动中的重要意义在于：一方面，它使人类有可能超越感知觉提供的信息，认识那种没有（或不可能）直接作用于人的各种事物的属性，揭示其本质与规律，预测其发展进程；另一方面，它使思维认识与感知觉认识相比，在广度与深度方面都有质的提升

---

① 余华东：《创新思维训练教程》，人民邮电出版社，2007年，第4页。

与飞跃。

比如,科学家不可能直接感知每一颗原子弹爆炸时出现的各不相同的复杂现象,但可以通过测量仪器、模拟设备、相关理论知识和科学的计算与分析方法,定量地了解原子弹爆炸时所产生的破坏作用。

(三)隐藏性

美国思维学家詹姆斯·亚当斯(James Truslow Adams)有言:"我们都是有思维的人。但令人吃惊的是,我们大多数人竟然意识不到自己的思维过程,当我们谈到提高智能时,人们通常指的是获取信息或知识,或指人们所应具有的思想方式,而不是指头脑所实际进行着的活动。我们没有花时间去体察我们自己的思维,并把它与更成熟的模式进行比较。"

思维活动的终结点在于某种结果的产生,如概念、理论的提出,规划、方案的制订或利用某种方法使问题得以解决。思维结果的重要性使人们重视结果甚于重视结果产生的过程,亦即思维的过程。因此,人们很容易忽略对"思考"本身的思考。

(四)能动性

思维主体在与客观事物进行相互作用的过程中一直处于主动地位。思维能够主动发现目标、寻找对象之间的联系、根据对象的变化对未来进行预测、构想解决问题的方法等。

马克思(Karl Heinrich Marx)曾这样论述:"最蹩脚的建筑师从一开始就比最灵巧的蜜蜂高明的地方,是他在用蜂蜡建筑蜂房以前,已经在自己的头脑中把它建成了。劳动过程结束时得到的结果,在这个过程开始时就已经在劳动者的表象中存在着,即已经观念地存在着。它不仅使自然物发生形式的变化,同时他还在自然物中实现自己的目的。"可见,在人类认识世界、改造世界的过程中,思维作为联结主观世界与客观世界的渠道之一,具有相当重要的作用。

(五)时代性

实践是检验真理的唯一标准,也是人类思维活动的基础。生活于不同时代的人类受到既有实践活动空间与条件的制约,其思维能力、思维方式与思维水平必然有所不同,此即思维的时代性。

正如恩格斯(Friedrich Von Engels)指出的:"每一个时代的理论思维,从而我们时代的理论思维,都是一种历史的产物,在不同的时代具有非常不同的形式,并因而具有非常不同的内容。"任何思维与思维方式都具有时代性和历史性,它们是生产实践的产物,同时也是思维历史发展的结果。

人类的思维发展与人类的社会实践同步展开。原始人的实践范围狭窄，其思维水平也处于初级阶段。随着实践范围的扩大和认识水平的提高，人们在不同的物质环境当中也形成了极具差异性的思维方式。如西方的古希腊人注重理性和逻辑，古代中国则强调直觉与体悟。

第二节　思维的生理机制与发展过程

思维的生理基础是人类的大脑、神经纤维以及神经冲动，它是建立在物质基础之上的一种精神活动。中国古人认为"心之官则思"，将心脏视为思维的器官，随着脑科学的不断发展，人们逐渐认识到大脑才是思维真正的发源地。

一、思维的生理机制

（一）大脑的结构与功能

大脑分为左右两个半球，体积占中枢神经系统总体积的一半以上，重量约为脑的总重量的百分之六十左右。从进化的观点看，大脑比脑干出现得晚，它是各种心理活动的中枢。

大脑半球的表面布满深浅不同的沟裂，沟裂间隆起的部分称为脑回，大脑有三大沟裂，即中央沟、外侧裂和顶枕裂，这些沟裂将半球分为额叶、顶叶、枕叶、颞叶几个区域，在每一个区域，一些较细小的沟裂又将大脑表面分成许多回，如额叶的额上回、额中回、额下回、中央前回等。

大脑半球的表面由大量神经细胞和无髓鞘神经纤维覆盖，呈灰色，称为灰质，也就是大脑皮层，它的总面积约为 2200 平方厘米，皮层从外到内分为分子层、外颗粒层、锥体细胞层、内颗粒层、节细胞层和多形细胞层。大脑半球内面由大量的神经纤维的髓质组成，称为白质。它负责大脑回间、叶间、两半球间及皮层与皮下组织间的联系，其中特别重要的联络纤维称为胼胝体，它位于大脑半球底部，对两半球的协同活动有重要作用。

大脑皮层的机能区域分为初级感觉区、初级运动区、言语区与联合区。初级感觉区是接收和加工外界信息的区域，包括视觉区、听觉区和机体感觉区。初级运动区的主要功能是发出指令动作，支配和调节身体在空间中的位置、姿势及身体各部分的运动。言语区主要定位在大脑的左半球，由较广大的脑区组成。联合区是具有整合或联合功能的脑区，它不接受任何感受系统的直接输入，与各种高级心理机能密切相关。研究表明，进化水平越高，联合区在皮层上所占的面积越大。

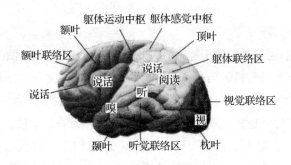

图2　大脑皮层功能区示意图

(二)神经元的结构与功能

　　神经元即神经细胞,是神经系统结构和功能的基本单位。据统计,人类大脑含有大约2000亿个神经元,其中每一个神经元又与周围大约5000个同类发生联系。

　　神经元由细胞体、树突和轴突三部分构成,细胞体包括细胞膜、细胞核、细胞质,它能够接受其他神经元传送的信息,并通过整合作出兴奋或抑制反应。树突是细胞体上生出的纤维分枝,树突表面有很多凸起的树突棘,棘与神经末梢形成突触,突触将神经信息从一个神经元传递至另一神经元。研究表明,树突棘的数量并非一成不变,一般年老时棘会减少甚至消失,因此有人认为,树突棘的多少与智力相关。树突的基本功能是接受其他神经元传来的信息,其接受功能是通过与另一神经元轴突共同组成的突触结构实现的。轴突多由细胞体的锥形隆起发出,其末端有膨起的纽扣状结构,轴突的功能是通过神经电流将信息传入神经末梢,再通过突触传递给下一级神经元。①

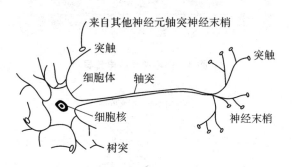

图3　神经元形态图

---

① 梁作民主编《当代思维哲学》,人民出版社,2003年,第28页。

（三）神经冲动

神经冲动指的是，当刺激作用于神经时，神经元产生的由比较静息的状态转化为比较活动的状态的过程。如果将两根微电极，一根插入轴突，一根与神经元的细胞膜相连，我们就可以测量到神经细胞内外的电活动。测量结果显示，轴突内为负、外为正，电压相差 70 毫伏，意即在静息状态下神经元也是自放电的，这种电位变化称为静息电位。当神经受到刺激，细胞膜的通透性迅速发生变化，膜内正电荷上升并高于膜外电位，形成动作电位，它代表着神经兴奋的状态。动作电位与静息电位的交替出现即为神经冲动的过程。神经冲动包括电传导和化学传导两种方式。电传导是指神经冲动在同一细胞内的传导，化学传导则借由神经递质完成、在突触间传递。

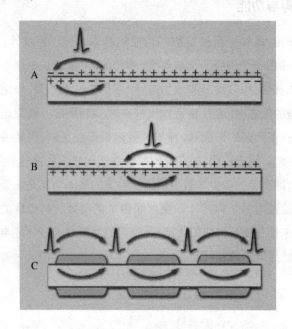

图 4　神经冲动的电传导

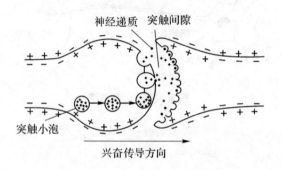

图 5　神经冲动的化学传导

二、思维发展过程

根据瑞士儿童心理学家皮亚杰(Jean Piaget)等人的研究,从婴幼儿到成年的整个思维发展进程可以划分为四个阶段:第一是"感知-运动阶段",个体通过自己的感官和肌肉动作与外部世界发生关系,逐渐产生思维主体与思维客体之间的分化;第二是"前运算阶段",个体能够运用象征性符号进行思维,并以自我为中心来思考其他对象;第三是"具体运算阶段",个体思维获得了可逆性,能够思维事物的动态,并从多方面思考同一事物;第四是"形式运算阶段",此时个体思维能够摆脱具体事物的限制并对其本质进行抽象概括,得出具有普遍性的结论和可靠的解决问题的方案,达到个体思维的成熟阶段。

皮亚杰强调,个体的思维是在主客体相互作用下得到发展的,"认识的结构既不是在客体中预先形成了的,因为这些客体总是被同化到那些超越于客体之上的逻辑数学框架中去;也不是在必须不断地进行重新组织的主体中预先形成了的。因此,认识的获得必须用一个将结构主义和建构主义紧密地联结起来的理论来说明,也就是说,每一个结构都是心理发生的结果,而心理发生就是从一个较初级的结构过渡到一个不那么初级的(或较复杂的)结构。"[①]

根据思维状态的不同,思维哲学又将思维分为笼统的、混沌的阶段,部分的、抽象的阶段和全面的、具体的阶段。下面,我们以《资本论》中的例证说明这三个阶段的区别。

马克思在《资本论》序言中提出:"如果我从人口着手,那么这就是一个混沌的关于整体的表象,经过更切近的规定之后,我就会在分析中达到越来越简单的概念;从表象的具体达到越来越稀薄的抽象,直到我达到一些最简单的规定。于是行程又从那里回过头来,直到我最后达到人口,但这回人口已不是一个混沌的关于整体的表象,而是一个具有许多规定和关系的丰富的总体了。"

在认识事物时,我们必然首先通过感觉认识客观事物表层的个别属性,再经由知觉的作用,认识事物表层的不同属性,进而形成对事物的整体认知。在此基础上,人们通过对事物的分析,把事物整体中的某些方面抽取出来,完成去伪存真的过程,摒弃次要内容,提取事物的本质属性。最后需要通过综合把事物本质的各个方面联结起来,构成一个有机整体,从而使我们形成对客观事物的本质的、具体的、综合的认识。这种从整体到部分,再回到整体的思维状态的统合帮助人类形成了对客观世界的认识。

---

① 皮亚杰:《认识发生论原理》,王宪钿等译,商务印书馆,1981 年,第 15 页。

第三节　思维类型与方法运用

人类的思维活动复杂而精妙，在实践中发挥着至关重要的作用。具体到实践场景，一方面，我们能够觉察到，具有相对意义的思维类型是客观存在着的，可以按照类型的划分去认识、理解和掌握思维活动及其规律；另一方面，人们可以在长久的实践生产中总结出认识客观事物的某种带有普遍性的思维路径，并借此考量其他不熟悉甚至是未知的事物，以此帮助我们更好地体悟世界、改造世界。

一、思维类型

思维是人类实践的产物，既受具体的实践对象与实践环境的制约，又受思维主体自身状况的影响，思维主体在实践目的、知识储备、价值观念等方面的不同之处会使思维活动呈现出迥异的风格特征。这里，我们简要介绍几种思维类型。

（一）抽象思维与形象思维

根据凭借物维度来划分，可以分为抽象思维与形象思维。

抽象思维以概念为载体，其基本形式包括概念、判断和推理。概念是关于对象的一般属性和本质的反映，它是抽象思维的基本单位，也是构成抽象思维主要特征的基本依据。借由概念的作用，人们能够跳出直观感知，而对客观世界的本质与规律进行更为深刻的认知；判断是对思维对象的判定，它以肯定或否定的形式反映客观事物本质及事物之间的联系，"是不是""有没有"是判断的标示符号。判断通常是概念形成的前提，在人类的发展进程中，判断总是由个别到普遍，体现出认识过程的规律性；推理是由已知进入未知的过程，它将概念与判断联系起来，横贯过去与未来，从而极大地扩展了人类的认知领域。

形象思维是思维主体在一定课题或认知任务的推动下，有意识或无意识地运用表象、心象、想象等在大脑中进行分析、综合、比较、抽象与概括，最终构建出某种新的表象，并通过外化手段建造起某种新形象的思维类型。形象思维按思维创造性维度划分，可分为再现性形象思维和创造性形象思维。再现性形象思维是主体运用表象进行"再现"原来作品（文艺作品或科技作品等）的思维活动，最为人熟知的理解就是"一千个读者有一千个哈姆雷特"。创造性形象思维是创造者（文学、艺术家或科学家等）运用表象创造出世界上原来没有的新形象的思维活动，它通常与发明、发现、创作和创新相联系，因此是产生崭新的、具有社会意义的事物的活动。

长期以来,人们一直认为抽象思维与形象思维这两种思维形态是划分科学家与艺术家的标准,正如苏联著名作家法捷耶夫所说:"科学家用概念来思考,而艺术家则用形象来思考。"其实,这是一种误解。形象思维具有能够展示出立体感较强的表象的特质,因此,不仅艺术家需要形象思维,科学家同样需要在运用抽象思维揭示事物本质时借助形象思维取得突破。

物理学中所有的模型,如电力线、磁力线、原子结构的汤姆生枣糕模型或卢瑟福小太阳系模型,都是物理学家综合运用抽象思维和形象思维的产物。爱因斯坦是具有极其深刻的逻辑思维能力的天才,他却反对把逻辑方法视为唯一的科学方法,而是十分重视并善于发挥形象思维的创造性。他所构思的种种理想化实验就是运用形象思维的典型范例。例如,爱因斯坦广义相对论的创立实际上就起源于自由想象——一天,爱因斯坦正坐在伯尔尼专利局的椅子上,他突然想到,如果一个人自由下落,他会感觉不到他的体重。爱因斯坦说,这个简单的理想实验"对我影响至深,竟把我引向引力理论"。可见这两种思维方式之间存在着辩证统一关系,两者缺一不可。

(二)经验思维与理论思维

根据指导来源维度划分,可以分为经验思维与理论思维。

经验思维是经验认识的延伸与拓展,是以实际经验为依据的较为初级的思维类型。虽然人类在长期的实践活动中积累了大量经验,但经验仍属于初级水平认知。因为缺少对感性材料进行逻辑加工与整理环节,经验思维便只能从一个现象推断出另一现象,无法达到认识事物本质规律的高度。作为思维知识背景中的重要组成部分,经验思维既可以是形象形态,也可以是概念形态,或者是形态与概念二者的融合。这些内容构成了人脑中的"记忆库",当我们接收到新的信息或遇到新的问题时,记忆库就会活跃起来,我们会着意搜寻那些与新信息、新问题相同或相似的经验知识,以作借鉴之用。需要注意的是,经验思维使用的便捷性使其具有助长思维惰性和教条主义的倾向。当面临新情况、新问题时,人们可能会止于对现有经验的运用,而不去进行更为深入的思考,长此以往,人们将会陷入思维定式的泥沼,形成对客观世界的错误认知。

理论思维是相对高级的思维类型,它以科学的原理、概念为基础来分析问题、解决问题。理论思维对经验思维的超越使思维成果发生了质的改变,人类由此获得了关于事物发展的整体性、规律性认识。理论思维是探索新知的向导,人类知识发展所需要的线索固然可能从实验和观察中获得,但也可能从对某些事物、现象或过程的分析中获得,或曰借助理论思维获得。理论思维能够以科学性、系统性和预见性来推动实践水平的不断发展。弗莱德里希·恩格斯(Frederick Engels)指出:"没有理论思维,就会连两件自然的事实也联系不起来,或者连二者之间所存在的联系都无法了解。"

经验思维与理论思维之间存在着对立统一的辩证关系，它们既相互区别又彼此联系。理论思维能够透过经验思维的表层相似性，以客观事物的本质为思维目标，使思维成果更加深刻。同时，理论思维突破了经验思维的藩篱，不以特定时空与框架内的经验为唯一准则，从而能够在更高层次把握事物的普遍规律。这两种思维类型一个着眼于实践经验，一个着眼于科学理论，二者的抽象概括程度不同，通过其相互作用，人类碎片式的或然性认知能够整合为对事物本质的、必然的联系的理性认知，这也符合人类从现象到本质、从外部到内部、从偶然性到必然性的认识规律。

(三) 逻辑思维与非逻辑思维

根据分析状态维度划分，可以分为逻辑思维与非逻辑思维。

逻辑思维是一种严格遵循规则、按部就班、有条不紊地进行思考的思维方式，它注重分析、综合、归纳与演绎，可分为形式逻辑思维、辩证逻辑思维和数理逻辑思维三种形式。形式逻辑思维是逻辑思维发展的初级阶段，是为了把握事物的本质，而把事物简化和抽象为概念，并以此来反映世界的思维方式，其局限性在于不能反映事物的矛盾与辩证关系。辩证逻辑思维也称辩证思维，是逻辑思维发展的最高级阶段。它是在形式逻辑的基础上，以抽象的概念作为思维的起点，把思维的确定性与灵活性统一起来，从事物的普遍联系和辩证发展中把握事物，从而保证思维的客观性与全面性。数理逻辑思维是利用数学手段形成的一种严谨的思维方式，它最大限度地舍弃事物中的非本质细节，把概念抽象为符号，采用数学推理规则，从符号群之间推演某种关系为另外一种关系，从而深刻地揭示出事物之间的最本质联系。[①]

非逻辑思维是一种不严格遵循逻辑规律、突破常规、更具灵活性的自由思维方式。运用非逻辑思维进行思考，也会存在"思维的根据"和"思维的结果"两部分，但这两部分之间不具有必然的联系，不同于逻辑思维意义上的"前提"与"结论"，更不构成逻辑演绎的推理形式。因此，非逻辑思维一般没有确定的思维程序和步骤，难以总结出具有普遍规律性的结构公式，本身亦没有"有效形式"和"无效形式"的典型区分。通常情况下，非逻辑思维的运行方式往往采取体型或面型，即着眼于事物与情景的"整体""全局"，或它们的"侧面"与"横断面"，而不是采取环环相扣的锁链般的"线型"前进路径。同时，思考者在运用非逻辑思维时的动机、意志、兴趣等因素，对其如何应用非逻辑思维以及将会取得怎样的效果都具有较大的影响。

---

① 黄华梁、彭文生主编《创新思维与创造性技法》，高等教育出版社，2007 年，第 3 页。

逻辑思维代表人类知识领域的内涵，非逻辑思维代表人类知识领域的外延。逻辑思维，只有依靠非逻辑思维不断去扩充其领域，才会不断地发展；非逻辑思维的结果，只有最终依靠由此建立的新的理论经验证实，才有意义。两者密不可分，相辅相承，是人类认识世界、解决自然与社会问题的左右手，缺一不可。

二、思维方法

在生活中，我们会观察到这样的现象：有的人想问题翻来覆去，总是理不出头绪；有的人则能快刀斩乱麻，快速准确地抓住问题的关键；有的人只善于思考比较简单的问题和长期以来自己熟悉的老一套问题，碰到复杂的新问题便束手无策、一筹莫展；有的人则不但可以在思考常规问题时驾轻就熟、应付自如，在陌生的、需要有所突破创新的问题面前也能得心应手。这些差异说明，人的思维能力，即运用思维方法的能力有高下强弱之分。

(一) 思维方法的内涵

思维方法是思维活动的基本组成要件。一般认为，思维活动具有两大要素，知识和思维方法。知识是思维活动的基础、材料和结果，属于思维活动中相对稳定的部分。思维方法则是思维活动中"活"的内容，它将思维体系中各种不同的知识联系起来，引导着实践活动的方向。

在现实生活中，我们会遇到这样一些人，他们学富五车、满腹经纶，可一旦面对实际问题，却手足无措，不知如何是好。这大抵是因为他们掌握了知识，却不善于运用知识。另有一些人，他们的知识不多，但思维活跃、思路敏捷，能够利用有限的知识举一反三，将之灵活地应用到实践当中。所以，知识不等于思维能力，不能将有知识视为有运用思维方法的能力，这是人的两种不同层次的素质。

有人说，在当今的知识经济时代，最稀缺的资源不是知识而是智慧。从思维科学角度来看，智慧具有两种形态：能力形态和知识形态。智慧如果以能力形态出现，它表现为一种高级思维能力，这种高级思维能力与一般思维能力不同，具有极强的创造性与灵活性，能够发现新知识并将其恰到好处地应用于实践之中。智慧如果以知识形态出现，它一般表现为方法性知识，这种知识具有指导大脑正确思考的功能，能够大大提高思维的效率和效益，使大脑的思维能力更加有效地发挥作用。

当然，我们在强调智慧和思维方法的重要性的同时，并没有贬低知识的价值。知识为思维活动提供了原材料，没有原材料，空谈思维方法的应用，无异于建造空中楼阁。学习知识和启迪思维对提升自身思维能力而言作用相当，没有知识的支撑，思维方法就成了无源之水、无本之木，没有思维方法的驾驭，知识就像一潭死水，波澜不兴，智慧便无从谈起。因此，我们要在知识积累的基础上,将思维方法的掌握置于人类思维发展的源头,发挥其在认识和创新领域中所具有的决定性意义与作用。

(二)掌握思维方法的意义

人类历史上曾出现过两次研究思维方法的高潮。第一次是在公元前4世纪前后,以古希腊学者亚里士多德(Aristotle)为代表的对逻辑演绎思维方法的研究,其结果是分门别类地建立起了一系列以自然与社会为对象的科学理论。第二次是在17世纪,以英国哲学家弗朗西斯·培根(Francis Bacon)为代表的对逻辑归纳思维方法的研究,它推动了近代一系列实验科学的大发展。为适应当代科学技术革命的需要,近几十年来,又掀起了以研究非逻辑思维方法为标志的第三次思维方法研究高潮。可见,新的思维方法的出现,必然会推动科学研究和其他创造性活动的进一步发展。

掌握思维方法对人类的一切思维活动而言具有重要意义,它不但能为思维活动提供思路,也能够为解决问题提供指导。思维方法本身并没有优劣好坏之分,只有当它运用于一定的思维活动中,看它是指引思维活动顺利达到目的,还是使思维活动走弯路、受挫折,才能做出适用或不适用的判断。

对思维方法的掌握直接影响一个人的思维能力水平。很多时候,当我们知晓问题的答案后会有恍然大悟的感觉,这就说明,在未得出答案前,并非我们大脑的先天素质不佳,而是思维模式和思维方法存在差异。因此,有意识地改善我们的思维方法,通过后天的学习和训练提升我们的思维能力就能够"磨刀不误砍柴工",使思维活动的效率得以增强。

(三)思维方法的训练

思维方法可以训练,也需要训练。有关思维方法的研究指出,人脑能够像肌肉一样,通过后天训练强化其功能,因此,我们应寻求与掌握多种适用的思维训练理论与方法,进而提高我们的思维水平。这里,我们需要注意以下几个问题:

第一,思维本能不等于思维能力。有些人认为,我们在日常工作与生活中处理各项问题的同时,已经使思维方法得到了锻炼,没有必要花费时间和精力专门训练和培养思维方法,这种观点是片面的。尽管我们在实践过程中会使用一些思维方法,但这种自发的使用并不能系统有效地提升我们的思维能力。任何一种能力的形成都需要反复的系统性技能训练,思维能力也不例外。因此,我们要在快节奏的日常生活中抽出时间,选择适当的方法进行思维训练。

第二,思维方法是进行思维训练的工具,但思维训练的主要目的是提高思维能力和思维水平,而不仅限于具体思维方法的学习与掌握。在思维训练过程中,大量的训练与科学的方法缺一不可。不重视方法的学习,则训练只能是低水平重复,不加强训练,则学到的方法只能是纸上谈兵。思维方法的学习和思维技能的训练是两个不能相互替代的过程,两者不可偏废。

第三,思维训练应该更加重视过程。我们所接受的基础教育使得我们执着于答案的正确性与唯一性。在思维训练过程中,有人也以此作为考核训练效果的标准。事实上,真正的思维训练关注思维过程更甚于思维结果。结果固然重要,但如何准确地认识问题、科学地解决问题才是训练重心,只有更加关注思维过程,才能轻松面对现实生活中各种变化了的问题。这里,"如何找"比"找到了什么"更具有方法论意义。

【思考题】

1. 请从思维方法的角度评价自己的思维能力,说一说你能熟练运用哪些思维方法?

2. 你认为自己的知识水平更高,还是思维水平更高? 通过本章的学习,你将在未来的生活实践中如何提高自己的创新思维能力?

3. 如果一个国家乃至全世界不再进行发明创造,将会产生什么后果? 请举例说明。

【延伸训练】

思维方式自测题:

思维能力与人的个性心理特征有很大关系,思维能力强的人会有特殊的表现行为,下面20道思维方式自测题是根据著名心理学家托拉斯的研究成果编写的。

(1)在做事、观察事物和听别人说话时,你能否专心致志

(2)你说话、作文时,能否经常运用类比的方法

(3)你能否全神贯注地读书、书写和绘画

(4)完成了老师布置的作业后,你是否总有一种兴奋感

(5)你是否迷信权威

(6)你是否喜欢寻找事物的各种原因

(7)你在观察事物时,是否总是很精细

(8)你是否常从别人的谈话中发现问题

(9)在进行带有创造性的工作时,你是否经常忘记时间

(10)你是否总能主动地发现一些问题,并能发现和问题有关的各种关系

(11)你平时是否经常在学习或琢磨问题

(12)你是否总对周围的事物保持好奇心

(13)对某一些问题有新发现时,你是否总能感到异常兴奋

（14）通常，你是否能对事物预测结果，并能正确地验证这一结果

（15）平常遇到困难和挫折，你是否气馁

（16）你是否经常思考事物的新答案和新结果

（17）你是否经常有很敏锐的观察力和提出问题的能力

（18）在解题或研究课题时，你是否采用自己独特的方法来解决

（19）遇到问题，你能否从多方面来探索解决它的可能性，而不是固定在一种思路上或局限在某一方面

（20）你是否总有新的设想在头脑中涌现，即使在游戏中也能产生新设想

上述20题，如果与你的实际情况完全相符的超过13题，说明你的思维方式和个性特征十分有利于创新；如果有6—13题相符，说明你的创新个性一般；如果与你的实际情况完全相符的少于6题，说明从创新的角度来看，你的思维能力和个性特征需要改进。

第三章

创新思维概说

创新思维的本质在于用新的角度、新的思考方法来解决现有的问题。本章从两方面着手:一是了解创新思维的基本内容,二是从思维定式出发,反观创新思维,寻求固有思维的突破模式。

第一节　创新思维的含义及其特征

创新思维(Creative Thinking)是指重新运用已获得的知识和经验,提出新途径、新方法,创造出新思维成果的一种思维方式。它在一般思维的基础上发展起来,是人类思维的高级形式,也是人类思维能力高度发展的根本体现。

一、创新思维的含义

创新思维具有狭义与广义两种解释。狭义的创新思维,指的是建立新的理论,产生新的发明、发现或塑造新的艺术形象的思维活动。广义的创新思维,指的是思考自己所不熟悉的问题,又没有现成的思路可以完全套用的思维活动。承认狭义创新思维的存在及其作用,能够使具有重大价值的创造发明成果、创造发明者所付出的辛勤劳动得到全社会的重视与尊敬,从而切实有效地保护和激励创造发明者进一步发挥创新积极性,为社会的发展做出更多贡献。承认广义创新思维的存在及其作用,能够使更多的社会成员愿意并乐于参与社会各领域中的多种创造性活动,调动起社会各类人员的积极性与能动性,从而培养和造就出适应社会发展需要的勇于创新、善于创新的开拓型人才。因此,狭义与广义层面上的创新思维都极具现实意义与价值。

创新思维过程的实质是选择与重新建构的统一,即对原有诸要素进行挑选并将其整合为新的内容。创新思维开始于问题的提出,终了于问题的解决,在"酝酿和产生新思想"阶段,需要突破已有知识和经验的束缚,沿着各种非常规思路反复进行辐射性思考,力求从不同角度、不同方面不断提出新颖独特的设想;在"审查和筛选新设想"阶段,需要运用逻辑思维方法,对所提出的种种设想逐一审查、检验、对比、筛选,最终找到解决问题的最佳方案。

二、创新思维的特征

创新思维是多种思维形式的有机结合,具有独创性、灵活性、偶然性、综合性特征,其多元、多向的开放性动态思维过程常会产生独到的见解、大胆的决策,从而收获意想不到的效果。

(一)独创性

创新思维具有独创性,表现为其思维内容的"独一无二""与众不同"。当一个人的思维可以不受外界因素的干扰,不受已有知识、经验的限制,也不依附或屈从于任何一种旧有的或权威的理论,那么他在认识问题、处理问题和解决问题的时候就具有了独创性。因此,独创性是创新思维最重要的特征,也是衡量一个人创新活力和水平的重要因素。

同其他思维类型相比,创新思维以"新""奇"制胜,它是人类智慧的集中体现。人类之所以能与其他动物相区别、成为大自然的主人,主要应归功于其创造性禀赋。正是人类的创造性禀赋,赋予了人类创造自然和社会环境、创造新世界的能力,使人类得以突破自然极限,在一切领域中开创新的局面。

独创性分为求异性独创、挑战性独创与自变性独创三种。

1. 求异性独创

创新思维是一种求异思维,这一特征贯穿于创新活动始终。这种求异性并非主观臆想之说,而是指认识过程中着力发掘客观事物的差异性、现象与本质的不一致性和已有知识的局限性。因此,创新思维往往是一个冲破传统、超越习惯的过程,是一种反思性的思维活动,对司空见惯的现象和已有的权威理论常持有分析的、怀疑的、批判的态度。无论是发明创造、行政管理、商贸经营,还是科学研究、文艺创作,求异性所体现的都是对思维的再思维,力求在时间、空间、观念及方法上另辟蹊径。

"近代化学之父"拉瓦锡21岁时对流行的"燃素说"产生了怀疑。当时"燃素说"已经统治人类思维一个多世纪,人们普遍认为燃素是一种构成火的元素,他却敏锐地觉察到其中的破绽,潜心钻研6年,系统地提出了氧化理论,发动了物理学和化学史上摧毁"燃素说"的革命。正是创新思维的求异性,使他大获成功。

2. 探索性独创

创新思维独创性的实质在于独立思考和创新。具有这种思维素质的人,对未知领域、迷惑不解的现象有着强烈的探索欲,他们善于发现理论和实践中的新情况、新问题,提出旁人意想不到的新课题,或从新的角度进一步拓展原有理论,或使用新的方法得出新的结论。这种独创性带有鲜明的开放性特征。

中国是丝绸古国,中国丝绸的原料是蚕丝。1855年,名叫奥杰马尔的法国人看见蚕吐丝的过程就提出一个新问题:既然蚕吃了桑叶能吐丝,那么让机器吃进桑叶,是否也可以吐出丝呢？于是,他开始实验,把从桑叶中提取出来的纤维素浸泡在硝酸溶液中,结果大获成功,桑叶真的变成一种蛋白质黏液,将这种黏液通过针孔挤压,一根根连绵不断的细丝就被机器"吐"了出来。这就是人类最早制造出来的人造丝——人造纤维。

3. 自变性独创

创新思维反映了思维活跃者能够打破自身约束、否定自己原有观点,不断发现事物的不合理性并力图改变它们、完善它们的心态。新事物、新思想在发展初期往往会受到现有制度或知识的阻碍,然而,它毕竟符合事物发展的客观规律,这种变革最后会被多数人所接受。一段时间之后,这种思维的内部将会开始孕育并分化,其中一部分转变为传统的观念保留下来,另一部分则随着自身的消亡转变为新的意识。因此,"新"与"旧"是相对的,创新思维是在自身的变革中不断完成的。

美国物理学家理查德·费曼(Richard Feynman)在量子电动力学方面进行了卓有成效的工作,获得了1965年的诺贝尔物理学奖。但在获奖后的1965年至1967年,他却放弃了自己的独创风格,忙于追踪别人的研究成果,结果不但研究工作收效甚微,还把自己搞得精疲力竭。1967年,费曼访问芝加哥大学时遇到了分子生物学家沃森(J. D. Watson)。在拜读了沃森的名作《双螺旋》的打印稿后,他发现了一件令人震惊的事情:尽管当时沃森取得了突破性的科学进展,但他对同一研究领域内其他人的工作一无所知。在一个不眠之夜后,费曼终于清醒地意识到,沃森的成功秘诀就在于这种"无知"。正是因为不刻意关注别人正在做什么,而完全埋首于自己的研究工作,专心致志地在自己的研究领地上耕耘,他才获得如此重要的成就。费曼由此联想到自己先前在量子电动力学、超流性和弱相互作用方面做出的开创性工作,再次发现了独立思考、创新探索的价值。他不再亦步亦趋地关注其他研究者,而是一心一意地思考自己的研究对象,摒弃先入之见和使用常规模式来解决问题的做法,从而再次获得了引人注目的研究成果。

(二)灵活性

创新思维具有灵活性,表现为其思维内容的"随机应变""与时俱进"。创新思维最忌教条的思考模式,它需要创新者开阔思路,"因时、因人、因地制宜",针对一个问题尽可能地想出多种解决方案,以扩大选择余地。美国著名心理学家吉尔福特(Joy Paul Guilford)曾指出,创新思维主要由发散性的智力因素构成,"凡有发散性加工或转化的地方,都表明发生了创造性思维"。灵活地多向思考为解决问题提供了多种可能,当思维在一个方向受阻时,马上转至另一方向或立足于另一要素,常常会获得更为优质的解决方案。

《纽约时报》的著名记者泰勒(Taylor)年轻时曾因为思维缺乏灵活性而失去了一次绝佳的机会。当时,泰勒刚参加工作,奉命采访一位著名演员在纽约的首场演出,到了剧场得知演出取消,他便回家睡觉了。第二天,各家报纸头版头条都是该演员出现意外的消息。依照新闻的显著性特点,著名演员演出取消本身就是新闻,可年轻的泰勒因为采访经验不足,思维缺乏变通,只想到采访演出,未能随机应变地采访演出取消的前因后果,因而失去了一次完成出色报道的机会。

(三)偶然性

创新思维具有偶然性,表现为其思维内容的"突发""跳跃"。这是指在某一个时间节点上,思维因为一些偶然因素而诱发顿悟,某些中间环节被省略,思想的火花突然迸发,新的观念在极短的时间里脱颖而出,这是创新思维最"可遇而不可得"的环节,也是创新思维最精彩、最迷人的灵光闪现。

Н. Н. 梅契尼科夫(Илья Ильич Мечников)是俄国著名的科学家,他发现了吞噬细胞,建立了细胞免疫学说。在谈及细胞吞噬作用时,他这样描述思维是如何运转并为自己引出重要新思路的——"一天,我的家人全都去马戏团观看几只大猩猩的特技表演,我独自在家里工作,在显微镜下观察一只透明星鱼幼虫细胞的生命。忽然,一个新念头闪过脑际:这一类细胞能起到保护机体不受侵袭的作用——我深感这一点的意义非常重大,兴奋不已,在书房中来回踱步,后来干脆到海边去汇总我的思路……"1908年,梅契尼科夫因对免疫性的研究而荣获诺贝尔生理学/医学奖。

(四)综合性

创新思维具有综合性,表现为其思维内容的"广采博纳""融会贯通"。创新思维不是一种简单的平面思维,它是复杂的立体思维,是运用各种知识、综合多种思维方法的一门高超艺术。创新思维形成于大量概念、事实和观察材料的综合;形成于前人智慧的巧妙结合;形成于多种思维形式和方法的交替融合。在创新思维过程中,既有归纳、演绎、分析、综合等逻辑思维,又有超越经验材料的科学遐想;既有长期的积累和经久的沉思,又有短时间的突破和一瞬间的顿悟;既有正向、逆向的线性思维和纵向、横向的平面思维,又有多维开阔的立体、空间思维和交叉、整体思维。一言以蔽之,创新思维是一种具有高度概括性与统摄性的高级思维形态,是建立在各种思维基础之上的整体,是人类多方面智慧的体现,是各种思维的升华,是突破性的质的飞跃。从此意义上讲,创新思维是人类思维的最美花朵。①

---

① 贺善侃:《创新思维概论》,东华大学出版社,2006年,第26页。

第二节　创新思维的影响因素与演变过程

创新思维作为一种复杂的立体思维,以创新主体为中心,具有内外系统的统一性。就外在系统而言,创新思维与创新主体所在的家庭、学校、社会及历史背景相关;就内在系统而言,创新思维与创新主体的认知水平、动机、意识、人格等因素相关。

一、影响创新思维形成的外在系统

人创造环境,环境也影响人,人离不开自然环境,与社会环境更是密不可分,因此创新与环境的关系涉及创新思维的各个环节。人类的创造发明活动来源于社会的需要以及生产生活实践的需要,同时受到社会环境与历史条件的制约。环境提供了发明创造活动所需要解决的问题,也提供了创新思维所必需的信息、资源和物质条件,创新的成果要接受社会的评价并得到社会的认可,这样,创新的过程才能得以完成。

(一)家庭环境

父母是孩子的第一任老师,家庭环境在培养创新品质方面堪称开发创造力的摇篮。研究表明,人一生当中身心发展最快的时期是从出生到 8 岁,处在这一时期的儿童最易接受外部信息,家庭环境对儿童的心理、性格、兴趣爱好的形成、意志品质的培养都具有非常重要的影响。

形成良好的创造个性对创新思维能力的培养将起到积极的作用,父母心理开放度高、宽容、民主、独立性强等个性特征对儿童的个性和心理发展具有良好的示范效应。家庭的教养方式可分为权威型、放任型和民主型三种,其中,民主型教养方式最有利于创造力的发展,权威型教养方式容易使儿童形成消极、被动、依赖、服从的人格特征,放任型教养方式容易使儿童形成任性、幼稚、自私、独立性差、唯我独尊等人格特征。

民主型教养方式是一种平等的、建设性、合作式教养方式,它为儿童提供了独立、自主、尊重、宽容而不专断、鼓励充分表达、善于接纳不同意见的良好氛围,为儿童提供和创造了更多自由选择、独立思考、独立判断、独立行动和尝试解决问题的机会,有助于培养儿童活泼、乐观、独立、开放、思维活跃、善于交往和富于合作的人格特征。

日本著名的发明大王中松义郎,他的母亲毕业于女子高等师范学校,但她没有去学校执教,而是把全部心血和精力投入对孩子的悉心教育当中。她在家中开辟了一间手工劳动室,专供中松制作各种玩具。做玩具可以培养孩子的创造意识和创造能力,同时还能培养孩子专心致志的良好习惯。5 岁的时候，中松义郎在模型飞机上安装了一个重心稳定装置，消除了机翼的摆动，这一发明非同凡响。在开办公司的 37 年中，他发明的项目多达 2360 件。在 1982 年的世界发明比赛中，中松义郎获得了"对世界作出巨大贡献的第一发明家"奖。

(二)学校环境

学校是个体发展和成长的重要场所，对个体思维与智力发展、性格与人格形成具有非常重要的作用。学校对个体的影响主要表现在学校采用的教育模式、教学方式、教师的教学风格、教学气氛以及教学评价等方面。

从教育模式来说，素质教育比应试教育更有利于创新思维的发展。从教学方式来说，启发式教学、问题解决式教学、自主式学习、研究式学习等教学方式比灌输学习更有利于创新思维能力的提高。从教师的教学风格来说，民主型教学风格最有利于创造力的发展，仁慈专断型容易养成学生的依赖性，强硬专断型会压抑学生的个性，放任型则会使学生缺乏自我控制力。

心理学家诺曼(Donald Arthur Norman) 早在 1980 年就尖锐地表达了他对学校教育环境的不满，他说："很奇怪，我们要学生学习，却很少教他们怎么学；我们要学生解决问题，却又难得教他们如何解决问题……现在是我们弥补这个缺陷的时候了。"他主张必须研究出如何学习、如何解决问题的一般原则、方法，并开设相关课程，使这些原则、方法进入学校的正规教学之中。可惜，时至今日，我国的学校教育环境仍然在培养学生的创新能力方面有所欠缺，往往把全部精力集中在应用知识的灌输上，无暇顾及学习、推理、创新和问题解决等技能的训练与培养。

安全、开放、自由的教学氛围是创造力得以表现与发展的必要条件，宽松、和谐的气氛能使每个学生都具有心理上的安全感，使学生可以充分表达自己的不同见解，使不同观点、观念进行交流与碰撞。学生在这样的环境下才会思维活跃，没有顾忌，勇于展开辩论、大胆质疑，从而树立创新意识。

美国著名的人本主义心理学家 C. R.罗杰斯(Carl Ranson Rogers) 1959 年提出了"心理安全"和"心理自由"的概念，并认为它们是有利于创造性活动的普遍环境条件。他认为："在一种教育环境里，它容许获得知识的多种途径，并承认解决问题的异常方法……在一个无威胁的社会环境里，有创造力的人就不感到忧虑。他的动机的主要源泉能变为钻研和发明的积极的满足，而不是减少他的忧虑。当一个人感到心理安全时，他就能积极地表达出他的歧异意见。"他还列举了"心理自由"的一些特征：(1)他能承认自己是什么就是什么，而不怕被人笑话和奚落；(2)对他的思想冲动，至少能作出象征性的表达，而不必压制、歪曲或隐藏它们；

（3）他能用开玩笑或独特的方式,处理某些印象、概念和字词,而不会感到不安;（4）他把未知和神秘的东西既看作是一种需要解决的严肃挑战,也看作是一种好玩的游戏。

从教学评价机制来说,尊重学生的个体差异,不以学业成绩为唯一标准的多元教学评价标准和考核体系更有利于创新思维的发展,因此,教学评价体系也是创新环境和创新教育的一个重要组成部分。

（三）社会环境

尊重知识和人才、提倡和鼓励创新的社会环境对创新活动具有重要的支持和推动作用。在这样的社会环境下,个人的兴趣爱好能够得到充分尊重,个体的独特见解和行为不会受到社会的过度指责,没有权威和学派的压制,不同观点、观念和学术上的交流与争鸣能够得到鼓励,个体的创新活动也可以得到社会群体的肯定,社会必然会为个体多方面的发展与潜能的展示提供充分的机会。

创新思维活动所需要的信息与资源条件的充分开放与分享也是形成创新思维的重要因素。创新个体拥有获取信息的畅通渠道和便利条件,能够及时获得新信息,捕捉和跟踪科技发展前沿、国际最新科研动态和进展,能够及时通过互联网搜索所需信息并与业界同仁进行交流等,这些都是有助于创新思维展开的外部因素。因此,应重视社会公共资源的开发、开放和有效使用,创造出创新活动所必需的信息和资源条件,如国家大型图书馆的建设,不同科研院所图书、知识库资源的开放和共享,正式或非正式的学术研讨交流会的举办等。

一个国家的创新能力和竞争力还与其人才评价体系和考核机制密切相关。重大的基础性研究往往需要经过数年甚至十几年、几十年的艰苦研究才会取得成果,如果一个国家或行业的评价体系不够合理,就会造成人们只关注短期效益,在学术上更多采取短期行为,易于引发急功近利、肤浅、急躁、学术造假等一系列学术、学风问题。这种情况特别不利于基础科学研究的展开,不利于重大基础创新成果的出现,不利于国家原始创新能力和核心竞争力的提高。

（四）历史背景和文化传统

在漫长的人类社会发展史上,为什么有的时代人才辈出、新论丛生、经济繁荣、科技成果累累,有的时代却君昏臣庸、经济萧条、科技文化死水一潭? 这是因为人类的创新活动要受到社会历史条件、科技经济发展水平和时代背景的影响与制约。在生产力水平大幅度前进的时期、在一门学科高水平发展的时期、在社会形势大变动的时期,许许多多的社会新课题迫使人们去研究、去思索,因而往往有益于创新活动的大量涌现。

我国春秋战国时代出现了一批彪炳千秋的思想家,如老子、庄子、孔子、孟子、墨子、韩非子等。初唐和盛唐时期,出现了李白、杜甫、白居易、李贺等杰出诗人。再比如古代欧洲的希腊,多位圣哲相继出世,创造了灿烂的古希腊文明。文艺复兴时期的欧洲更是名人迭出、如日中天,如达·芬奇、哥白尼、但丁、伽利略、莎士比亚等。18世纪的法国,出现了众多科学家和工程师,如数学家拉普拉希、物理学家库伦、化学家拉瓦锡、生物学家居维叶等。

　　文化传统是一个民族的文化积淀和精神支柱。一个民族的历史传统和文化价值观会在深层次上对人们的创新活动发挥深远的影响。应当承认,东方文明中譬如重传统、重实用、重和谐等许多不利于创新思维形成的文化传统和价值取向会干扰东方人对创新思维本能的追求,一味以求同心理压抑对未知的怀疑与探索。但创新是一个民族的灵魂,是一个国家的核心竞争力,我们应克服本民族文化传统中不利于创新思维发挥的因素,重视个性的发展与实证的研究,培养对大自然的兴趣、培养对客观世界和科学活动的兴趣,充分调动和发挥个体的创新才能,以提高本民族的创新能力。

二、影响创新思维形成的内在系统

　　心理学常把心理现象分为智力因素(观察、注意、感觉、知觉、直觉、记忆、想象等)和非智力因素(需要、理想、兴趣、动机、情感、情绪、意志、性格、气质等)两类,分别以"智商"和"情商"来衡量智力因素和非智力因素的水平。在创新思维活动中,智力因素属于认识范畴,组织和调控认知过程;非智力因素属于情绪范畴,主宰情感过程。一个人想在创新中获得成功,除了必要的智力因素,还要有优秀的非智力因素。两者紧密联系,互相影响。

(一)智力因素与左右脑的开发

　　智力因素是大脑对客观世界、主体自身和周围事件进行反映和做出反应的综合能力,是主客观相互统一、沟通、协调的能力。从思维的角度来说,智力主要涉及一般思维和信息加工能力。创新则是人类通过主动选择、改造,能动地适应环境的能力。因此,智力因素是创新思维的基础,创新思维是智力因素的最高表现形式。

　　创新思维是人脑特有的功能,也是人脑功能的最高水平。一个人创新思维能力的高低,取决于其大脑的开发利用程度。大脑的潜能远远超出人们的想象,且绝大部分尚待开发利用。尽管左右脑的协同发展是创新思维活动正常进行的前提,但在传统认知和当今教育实践里,人们普遍认为左脑是优势半球,右脑处于从属地位,活动实践大都围绕左脑功能,右脑功能开发不够、左右脑不平衡的开发状况在很大程度上妨碍了智力水平的提高和创造力的挖掘。因此,有必要加强右脑的开发,使大脑启动全脑思维,让两个脑半球相互配合以助力创新思维的发展。

　　从认知领域上看,右脑的功能开始得到重视。现代脑科学研究的一系列成果表明右脑在许多方面明显优于左脑。许多较高级的认识功能,如具体思维能力、直觉思维能力、对空间的认识能力、对错综复杂关系的理解能力以及形象记忆等都集中在右脑。诺贝尔医学奖的获得者、左脑优势论的颠覆者罗杰·斯佩里(Roger Sperry)曾说:"那个所谓次要的右半脑,我们以前认为它不具有认知能力并且很迟钝,某些权威人士还认为右半脑是无意识的,现在却发现,右脑实际上是高级的,特别是在进行某些智力活动时。"[①]美国科学家奥恩斯坦教授表示,如果一个人在使用其大脑的某一个半球方面受过专门训练,则他在使用另一半球时,常相对地表现出无能。"用进废退"的原则在大脑中同样适用。研究还发现,如果对弱半球予以刺激,使它与强半球积极配合,大脑的总能力和效率将会显著提高,取得高于两者简单叠加数倍的思维收益。可见未被重视的右脑同思维活动的指向有着极大关联,开发右脑的智力因素对创新思维的展开具有直接影响。

从实践领域上看,右脑的开发要从儿童、学校抓起。一个人从小到大学习了大量课程,演算了大量习题,参加了上千次考察和考试,应当说,大脑训练的机会是相当多的。但人们往往会忽略了这样一个事实:学生在学校思考的问题一般都是封闭型的,进入社会后,他们遇到的实际问题却往往是开放型的,两者的反差凸显了大脑使用的偏向性。长此以往,即使是学习成绩比较好的学生,也不见得有很好的创新意识和创新思维能力,而且他们本来具有的某些创新素质也可能由于缺乏应有的锻炼而日趋萎缩,因此,必须加以训练,使青春时期的聪明才智发挥其应有的作用。

封闭性问题的特点:

A. 有已知的确定的答案。

B. 问题的答案一般只有一个。

C. 教材和教师提供了思考问题所必需的信息。

D. 教材和教师提供的信息都是真实的、正确的,而且是经过提炼、整理的。

E. 教材和教师提供的用来解题的条件不多不少,恰好够用。如果学生发现条件不够;或者发现条件过多,有的条件用不上,那就能立即判定问题本身有破绽或自己对问题的解答存在错误。

F. 一般都有确定的思维程序和步骤。

G. 一般都有比较充裕的时间可以从容地思考。

开放型问题的特点:

A. 没有已知的确定的答案。

B. 问题的答案一般都不是唯一的,答案可能有几个,甚至会有很多个。

---

① 丹尼尔·平克:《全新思维》,林娜译,北京师范大学出版社,2006年,第13页。

C. 一般都缺乏思考问题所必需的信息,有时甚至还会根本不知道去哪儿寻找和收集必需的信息。

D. 有时好不容易才获得一些有关材料,却又往往支离破碎、真假混杂,还得再对它们逐一加以鉴别、整理和提炼。

E. 有时所获得的能用来解决问题的条件太少,远远不够用;有时得到的有关条件又过多。同时,一般都很难准确迅速地判定:已有的条件究竟够用不够用;哪些条件真正有用,或有多大作用;哪些条件貌似有用,实际上却起不了作用。

F. 没有确定的思维程序和步骤,有时该从哪儿开始思考都不知道。

G. 常常需要对问题迅速乃至立即作出回答,根本没时间去从容思考。①

就人脑功能来说,不存在哪一侧半球占优势的问题——左脑功能是智力活动的基础,右脑功能是创新性的源泉,只有当左右脑得到同步开发与利用,形成一个平衡发展的有机整体时,人脑的机能才可能健全、协调。但对个体来说,其左右脑的功能可能会不平衡,会有优势劣势之分。不同的人所具有的各种智力因素互有差异,因此,每个人都应当发挥自己的智力优势,有的人长于严密推理,有的人长于开拓创新,那就应当分别用其所长、避其所短。我们也要明了,长期偏用脑部机能,犹如长期偏用某一只眼睛或某一只耳朵,会不利于思维功能的全面发挥。

美国畅销书作家丹尼尔·平克(Daniel H. Pink)曾在《全新思维》中提出"六感"概念并对如何开发右脑能力进行探讨。他认为,当今时代是右脑崛起的时代,必须拥有"高概念"(High Concept)和"高感性"(High Touch)能力才可以适应发展的需求。"高概念"涉及创造艺术和情感美的能力,发现格调和机遇的能力,构思令人满意的故事的能力,把没什么关联的东西组合出新奇发明的能力。"高感性"涉及共情感知的能力,洞悉人际交往的精妙之处的能力,探寻内心愉悦并帮别人找到这种愉悦的能力,跳出日常琐事追寻目的和意义的能力。要拥有"高概念"和"高感性"的能力,就需要通过"六感"的技能来锻炼我们曾经低估和忽视的右脑。这"六感"具体是指设计感(Design)、故事感(Story)、交响能力(Symphony)、共情能力(Empathy)、娱乐感(Play)和探寻意义(Meaning),丹尼尔认为"六感"是每个人都能掌握的基本技能,关键在于你愿不愿意主动地开发和训练你的"右脑",从而启迪你的智慧、有效地提高创新能力。

我们应当在创新思维中让左右脑同时运转起来,力求既善于周密思考,有冷静的头脑和科学的求实精神,又善于运用非逻辑的思维方法,有广阔的视野和丰富的想象力。这是优秀人才都应当具备的一种素质和特征。

---

① 何名申:《创新思维与创新能力》,中国档案出版社,2004 年,第 25—26 页。

(二)非智力因素与创新思维的激活

1. 创新动机

动机、需要和兴趣是非智力因素的重要组成要素,是人有意识、有目的地反映和改造世界的原动力。创新动机是直接推动人们进行创新思维活动的诱因,因此也是创新心理学的一个重要问题。心理学家泰勒(Tal Ben-Shahar)曾经指出:"动机是创造力的主要成分,这实际上是每一个人的信念。"从本质上讲,动机是个体想要参与某项活动的驱动力量,心理学家将这种力量分为内在和外在两类。当个体做某件事是因为非常喜欢它,可以从中获得满足感,而不是为了得到某些外在奖赏,这说明个体受到的是内在动机的驱使;当个体做某件事是为了得到一些与这件事相关的其他利益,则说明此时是外在动机在起作用。

内在动机对创造力具有十分重要的作用。受内在动机驱使的个体,会关注任务本身,其动机目标的本质是个体与任务本身的融合。换句话说,具有创新思维的人,往往是有意识、有目的地遵循自己的兴趣做事,他们做某件事是因为他们喜欢做,而不是因为别人想让他们做。相关研究文献都支持内在动机对创造力具有重要作用这一观点。有研究发现,某一作品创造性的高低,与作者是否按自己的兴趣选择主题呈正相关。还有研究发现,从写诗中获得乐趣的儿童,比那些仅仅为了取悦老师而写诗的儿童更能够创造出富有新意的作品。这说明,个体内在动机的满足可以从其所参与的某项任务中获得,这是动机与任务之间最强的联结。相反,对那些受外在动机支配的个体来说,其动机目标和任务本身是明显分离的。

外科术发明者朱莉·亨利(Julian Henley)曾这样描述:"有些人从打高尔夫球中获得乐趣,有些人从品尝美味佳肴中获得乐趣,当我进行某一项研究时,可以废寝忘食,可以放弃打高尔夫球。因此,对我来说产生一种新的想法并在现实中加以证实,这一行为完全是内在、自发的,这个过程对我来说就像是我的业余爱好。"具有创新思维的人可以将自己所做的事情当作业余爱好,并且从中获得乐趣,因此,对他们来说,工作已然超越了它本身。

早期的实证研究发现,外在动机会损伤个体创新思维的内驱力,使个体关注任务目标,而忽视实现目标的具体途径和方法,因此具有消极作用。但是,心理学的问题自有其复杂性与辩证性。近期的一些研究也发现,尽管外在动机此前受到指责,但它对创造力并不完全只有负面影响。缺乏内在动机的外在动机可能会损害创造力,但如果将外在动机与内在动机结合起来,则可能会促进创新能力的提升。一般在创造性工作的早期阶段,即问题的形成阶段和观点的产生阶段,内在动机(刺激因素)尤其重要;而当创造性工作进入需要大量艰苦的劳动、需要对其所创造的产品进行完善的阶段时,外在动机就会显得格外重要。可以说,内在动机和外在动机是交互作用的,它们共同对个体发挥效用。许多具有高水平创造力的个体需要做的是,去寻找一种能够将报酬、奖赏与自己的兴趣高度结合的发展道路。

2. 创新意识

创新意识属于性格结构中对现实、现状的态度范畴。它以思维活跃，不因循守旧，不盲从，富于创造性和批判性，具有敢于标新立异、独树一帜的精神和追求为主要特征。只有具备强烈的创新意识，才能倾心于创意，敢为天下先。

求知欲是人类探求未知的欲望，是对学习、通晓和掌握新知识的欲望。当一个人在现实生活中发现自己与别人的知识经验、已知信息与未知信息之间差距过大或对未知的东西具有很大兴趣时，便会产生一种心理上的失调，并急于尽快消除这种不平衡的状态，从而萌发迅速采取行动的强烈愿望，这就是求知欲。人的所有行为都是为了满足某种需要，在欲望与动机的策动下才会发生、发展。人只有意识到自己有所欠缺，才会产生求知的迫切愿望，不停地追求新知，正是创新意识的一大显著特征。

好奇心是创意的萌芽。没有好奇心，就不会产生创新思维。人类文明发展史上的各种发明创造一再证明这样的事实：好奇心可以帮助人们选择创意方向，捕捉创新信息，激发创作思路，驱策创造行动。正如法国作家法朗士（Anatole France）所说："好奇心造就科学家和诗人。"对一些司空见惯的现象，大多数人因习以为常而漠然置之、不思寻根究源；有的人却不满足于惯常的解释和做法，在强烈的好奇心驱使下，力求重新认识并有新的作为。好奇心对创新思维活动具有莫大影响，它除了能使人善于发现奇事、产生奇想，还能使人把心理活动集中到奇事、奇想上来，从而使注意力集中持久、记忆迅速精确、情绪高昂饱满、思维灵活敏捷，为创新思维的顺利开展奠定良好的根基。

创造欲是一种不满足于现有的思想、观点、方法以及对事物的固化认知，而总想在已有基础上创新立异或推陈出新的强烈欲望。它表现为不安于现状、不甘愿墨守成规，对创意或创造怀有很大兴趣，大脑中经常出现诸如"为什么会这样？""能否换个角度看问题？""有没有更简捷有效的方法和途径？""还会有什么其他功能？""能不能再变一变？"等问题。有强烈创造欲的人，绝不满足于现成的答案，他们总想自己独立探索，发现新的东西。诺贝尔奖获得者温伯格（Steven Weinberg）曾说："这种素质可能比智力更重要。"有强烈创造欲的人富有进取心和进攻性，因而最具创新意识，并能及早将其转化为实际行动。

巴甫洛夫（Иван Петрович Павлов）认为："怀疑，是发现的设想，是探索的动力，是创新的前提。"大胆质疑也是创新意识的重要因素，没有疑问，就不会有创意。哲学家笛卡尔（Rene Descartes）在《谈谈方法》和《形而上学沉思录》两本著作中曾详细描述自己对万事万物的质疑，以及从质疑中所得出的创新结论。他认为，人与人之间在思维和知识方面的明显差异，是因为有些人没有正确地运用自己的"天赋良知"，他们犯了方法上的错误。方法错了，思维的路径就错了，在错误的道路上你越努力，就离真理越远。为了获得真理，首先要选择正确的方法，其第一步，就是要运用"质疑的方法"审查我们头脑中已有的知识和观念是否正确。世间的一切事物总在不断演变,人类的认识与实践也在不断发展,要有所创新,就得从质疑开始。

3. 创新人格

人格可以被看作人与环境交互作用的方式。20世纪早期,研究者倾向于将人格视为在各种情境中保持相对稳定的特质,不同的人具有不同的人格特质,他们建立了大量的理论来描述个性特质的维度。其中,创新人格是指创意活动中必备的、创造主体共同具有的个性特征。研究证明,良好的创新人格会激发或催化创意能力,因此,自觉避免不利于创意的人格特征的干扰、培养良好的创造个性是创新思维形成的重要途径。有学者将创新人格总结为12种个性特性,[①]较为全面地将这一复杂的问题进行了梳理。

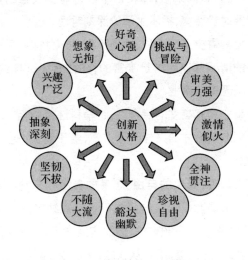

图6　创新人格的个性特征

好奇心强:不可遏制的求知欲望和好奇心是创新人格最突出的特点。研究表明,好奇心使创意在活动中具有"多样性",常常使他们产生许多新的联想。

挑战和冒险精神:创新往往要走前人未走的路,创新者必须有鲜明的挑战与冒险精神。有人曾对100位最重要的人物做过调查,他们"几乎是在积极地寻求挑战中成长的"。

审美力强:创新与美有不解之缘,对美的追求和对真、善的追求一样,是创新人格最重要的特征。创新者有强烈的美感,追求全面的、优雅的解决方式,思考和表达的严密性与最终产品的优雅性有关系。可以说,美学是一种高层次的创意学,两者结合可把两门学科的发展推向一个崭新的阶段。艺术美学、科学美学、技术美学等学科的蓬勃发展,显示了这一方向强大的生命力。有意识培养和自觉提高审美力正成为普遍趋势。

---

① 王文博:《创意思维与设计》,中国纺织出版社,1998年,第98页。

全神贯注:专心致志是创新人格的关键。创新者一进入创意状态,便别无他顾,将全身心都投入进去,往往是忘了世界、忘了时间、忘了自己,以至达到苦心孤诣、如痴如醉的境界。正如创造学家贝利所指出的,"事实上任何领域里的发明创造,在解决创造性任务时都需要全神贯注;不集中精力,创造者就无法取得有用的成果"。

想象无拘:科学家普利斯特利(J. Priestley)指出:"凡是能自由想象并把互不相干的各种观点结合起来的人,就是最勇敢、最有创造性的。"任何创造、创作或发明都离不开"形象化能力""感知确定对象的能力""空间想象力"。创造性强的人总是想象丰富,自由舒展,无拘无束,天上地下,幻梦现实,无不有他们想象的足迹。

抽象深刻:高度抽象,洞察深刻,能够透过现象察本质,把复杂现象简洁化、条理化。科学家固然需要高度的抽象能力和洞察力,即使艺术家也需要较强的抽象力和洞察力才能使作品更为深刻和典型,把握时代旋律,揭示生活的深刻哲理。

坚韧不拔:在创新中尤其需要坚韧不拔、锲而不舍、长期拼搏、百折不挠的精神。

激情似火:创新人格的情感世界应当是丰富的,往往有火一样的激情,对创新充满着深沉的爱,把创造看作是其乐无穷的事业。

兴趣广泛:现代创新事业具有高度的综合性、跨学科性,创新者要有广博的求知欲,多学科的知识。因此,大多数创造型人才的兴趣十分广泛,善于利用"他山之石"攻创新之"玉",出其不意地解决创意难题。

珍视自由:对创新人格来说,想象的自由、思考的自由和行动的自由极其珍贵。这种自由天地越大,创造成果就越丰硕。巴伦指出:"以不平常或独特的方式作出回答的能力随着自由的增加而增加。"创新思维一般有超前性,因此应当许可独辟蹊径。

不随大流:不满足现状,不随大流,不盲从权威,不从众,坚定自己的路,是创新者的可贵人格。

豁达幽默:创新者很少在生活小事和物质追求上斤斤计较,他们胸怀创意大目标,关心创新大局,注重净化心灵,摆脱俗气。他们喜欢"抓住事物的本质或根本",不管喜欢不喜欢,都绝不"被眼前的琐事搞花眼睛"和"对经常出现的枝节问题患得患失"。他们豁达大度,不拘小节,有深沉的幽默感。既不为别人的诋毁诽谤而悲观丧气,也不为自己的挫败而气馁,更不为一时的成功而得意忘形。幽默感是灵活思维的兴奋剂和调节器,常与灵感、直觉形影相随,保证创意思路的畅通;同时,幽默感又是抚慰心灵的镇静剂,使人保持一种坦然的乐观。总之,深沉的幽默标志着一种内在的心理自由,有了这种自由,就会有成功的创新思维和成果。

三、创新思维的演变过程

创新思维是有创见的思维过程,它不仅能把握事物发展的本质,而且能进一步提供具有新价值的思维成果,其实质是选择与重新建构的统一。借用《赖声川的创意学》中提到的一个比喻来形容,人的大脑就好比一台神秘的电脑,这台电脑平时自动搜集并储存一些文档,包括已经发生过的各种事件、各种素材,已经经历过的各种情感、各种思想,等等,这些文档就是创意工作的原始资料。在创新思维的发生过程中,这台电脑进入一种机制,自动搜索、挑选这些文档,并将这些文档重新排列组合放入同一个新文档中,形成新的创意构想,再通过不断地修改、补充使其完整。这台电脑配置的优劣决定了其重组要素能力的高下,唯有那些高效、先进的电脑机制才能运作出最佳、最快的创新思维。因此,创新思维就是一个"无中生有""有中出新"的"组合"过程,它需要创新思维方法和能力去逐步实现、完善。

选择是创新思维过程中的第一步骤,同时也是处于创新思维各个环节上的制约因素。当然,选择不是盲目的,创新思维选择的目标在于破旧立新,在于对未知王国外围层层阻碍和重重迷雾的突破。这之后才是新质在一个变更点上的爆发,才是新价值在一个缺口上的涌流,才是新方案、新思想、新理论、新成果诞生所带来的喜悦。

国学大师王国维在《人间词话》中,用三段绝美宋词诠释了"古今之成大事业大学问者"必然经历过的"三种境界":第一种境界——"昨夜西风凋碧树,独上高楼,望尽天涯路";第二种境界——"衣带渐宽终不悔,为伊消得人憔悴";第三种境界——"蓦然回首,那人却在,灯火阑珊处"。此"三境界"说也可视为对创新思维过程中主观感受的描述,分别对应着创意产生前后不断探索、比较、验证乃至顿悟的时刻。

重新建构,就是及时、有效地抓住新质,构筑起新的思维框架,迅速扩充其新的价值领域,完善和充实新的思想体系,为理论的发展和各种新的思维成果奠定新的基础。人类的创造行为、创新成果,都受到创新思维的制约,更准确地说,都受到重新建构后具有新的价值的思想体系的制约。这种新的思想体系,只有经过完善和充实之后,才有可能成为创意行为的指南。历史上的科学家、发明家、艺术家、思想家以及众多伟大的创新者,无不善于在思维中进行重新建构。

英国心理学家奥勒斯(G. Wallas)在 1926 年提出,科学创造一般都呈现"准备—酝酿—明朗—验证"四阶段的结构模式。第一,准备期。这一时期需要发现问题,提出创造性课题,搜集与课题有关的知识、材料,对材料进行整理和加工。第二,酝酿期。要在第一阶段的基础上,对问题做试探性解决,提出各种试探方案。第三,明朗期。经过第二阶段的试探,新的认识成果、新的观念和思想得以产生。这是创新思维最关键的阶段。正是在这一阶段,思维主体的思想得以摆脱旧经验、旧观念的束缚,新的思想脱颖而出,从而使思维产生质的飞跃。第四,验证期。这一阶段的主要任务是对第三阶段得到的初具轮廓的新思想进行验证。

选择是重新建构的基础，重新建构是选择的归宿。二者之间辩证统一，往往相互渗透，相互促进。

第三节　思维定式及其突破

思维定式是人们认识世界、改变世界的双刃剑，既具有积极意义，也具有消极作用。遇到新问题时，思维定式能够以新旧问题的共性特征为基础，将已有的知识与经验同新问题联系起来，或把新问题转化为熟悉的问题，从而按照明确的方向与目标将问题解决。同时，思维定式也容易令人们养成千篇一律、呆板机械的认识问题与解决问题的习惯，当新旧问题形式相似、实质不同时，思维定式就可能将人们引入误区。

思维定式是进行创新思维的最大阻碍，常见的思维定式有唯经验定式、权威定式、从众定式等，只有突破思维定式的限制、克服思维惰性，积极开阔视野、广纳新知，才能培养和增强我们的创新思维能力，为我们认识问题、解决问题提供有效的方法和途径。

一、思维定式的内涵及特征

思维科学中研究的思维定式源自心理学。"定式"这种心理现象最早由德国著名心理学家缪勒·利尔（Müller Lyer）发现。他提出，在人的意识中曾出现过的观念，有一种在意识中再重复出现的趋势。他通过大量的实验证明了心理定式的存在。比如，让一个人连续 10 次到 15 次手里拿两个重量完全相等的球，然后再让被试者拿两个重量不同的球，他也会感知为重量完全相等。反之亦然。

苏联心理学家曾做过一个关于心理定式的有趣实验。心理学家拿出一张照片对一组大学生一再介绍："我给你们看一位大科学家的照片，请你们谈谈对这位科学家的面部特征的看法。"这组大学生对照片的一致看法是：这位科学家那道深邃的目光，表明了他思想的深度；他突出的下巴，表明了他在科学研究道路上克服困难的决心。心理学家将同一张照片拿给另外一组大学生，并对他们反复强调："我给你们看一张罪犯的照片，请你们谈谈对这个罪犯的面部特征的看法。"这组大学生对照片的一致看法是：这个罪犯深陷的眼窝，表明了他内心深处的仇恨；他突出的下巴，表明了他死不悔改的决心。两组大学生看到的是同一张照片，得出的结论却如此不同。原因显然不在于他们各自不同的思想性格、价值观或审美观，而在于研究者对照片中人物身份做出的不同介绍。

心理学一般把心理定式解释为"过去的感知影响当前的感知"。思维定式因此可以解释为"过去的思维影响当前的思维"。在长期的思维活动中，每个人都形成了自己惯用的、程式化的思维模式。当面临某个事物或现实问题时,便会不假思索地把它们纳入已有的思维框架,并沿着习惯的思维轨迹对它们进行思考和处理。人类的大脑像装有电脑程序的机器那样,面对潮水般的信息能够做到"自动应答",对汹涌而至的信息自行筛选、分析和加工,不必另辟新路。这种熟悉的"习惯成自然"的方向和轨迹就是一个人特有的思维定式,它是一种思维模式或认知框架,是大脑所习惯使用的一系列程序和工具的总和。

一般来说,思维定式有两个显著特征——形式化结构和强大的惯性。所谓形式化结构,就是说,它仿佛一个架空的模型,只有当思维对象介入后,思维过程被启动,它才会发生作用。可以说,没有现实的思维过程,就无所谓思维的定式。所谓强大的惯性,表现在旧定式的消亡以及新定式的形成。一般来说,某种思维定式的建立需要经过长期的过程,它一经形成,就会顽固地支配人的思维过程、心理态势乃至实践行动。

宋朝著名文学家欧阳修曾在其《归田录》中记述过这样一个故事:富有的钱思公生性节俭,他的几个儿子尽管都已经长大成人,但除了逢年过节,却很难得到零花钱。钱思公有一个珊瑚雕成的精致笔架,是他的至爱之物,平时总放在书桌上,每天都要赏玩一番,要是哪天笔架不见了,他就会心绪不宁、坐卧不安,必定悬赏重金寻找笔架。他的几个儿子摸准了这一点,如果谁缺钱花,谁就会偷偷藏起笔架,等钱思公悬赏寻找时,便拿出来,说是从外面的小偷那里追讨回来的,于是就可以得到赏金。这样的事情,在钱思公家中一年至少要发生六七次。钱思公为何常被愚弄呢? 原因在于,他的思想中形成了这样的定式:笔架很值钱,小偷总想偷走,只要悬赏重金,儿子们就能把它找回来。

二、思维定式的二重性

思维定式,一方面有利于常规思维,另一方面却不利于创新思维,这便是思维定式的二重性。

思维定式对人们思考常规问题十分有利,它使思考者在思考同类或相似问题的时候,能够省去许多摸索、试探的步骤,使人驾轻就熟、得心应手,不走或少走弯路,这样既可以缩短思考时间、节省精力,又可以提高思考的质量和成功率。就思考者的情绪而言,还可以起到使思考者在思考过程中感到轻松愉快的作用。

品烟大师拿着香烟一看一吸就知道它的产地和等级,老农抓起一把土一瞥一捏就知道它适宜种何种作物,老工人一听机器运转的声音就知道它哪里出了问题,这些都与他们所拥有的丰富经验分不开。1932 年,美国福特公司的一台大型电机发生故障,公司请工程师学会的数位专家前来会诊,几个月查不出原因,后来只好花 1 万美元请来移居美国的德国科学家施坦敏茨(Steinmetz)。他在电机旁搭起帐篷,住在那里两天两夜没有休息,监测电机的声音。最后,他用粉笔在电机上画了一条线,说:"从这里打开电机,把做记号地方的线圈减少 16

圈，故障就可以排除了。"难题迎刃而解。

思维定式的弊端也十分明显。在人们面临新事物、新问题、新情况，需要开拓创新时，思维定式就会变成思维的枷锁，妨碍新观念的形成、新点子的构思。一个人长期习惯于按照思维定式考虑问题，很少进行创新思考，久而久之，就会把很多有相似点的不同问题看成是同一问题，用相同的办法解决。一旦进入了思维的"歧途"，往往需要耗费大量时间和精力才能"归返"，这也说明了思维定式的顽固性。就好像查理·卓别林（Charlie Chaplin）主演的《摩登时代》里那个滑稽的工人，由于从早到晚拧螺丝帽，一切圆的东西，包括衣服上的纽扣和圆形图案，在他眼里都变成了螺丝帽，都会用扳手去拧。

当然，社会生活中也有许多力量能够弱化思维定式。例如一些非常规事件的发生，或是一些偶然获得的意外资讯。但这类情况并非人人都能亲历，普通人要摆脱思维定式的束缚仍然十分困难。尤其是思维定式带有某种不可觉察性，仿佛理应如此，因此，要突破和变革思维定式就必须自觉地作出努力，有意识地进行系统的"自我审查"或"自我突破"。在创新思维活动过程中，无论哪一环节陷入困境，都有必要主动进行检查——我们的头脑中是否存在某种思维定式在起束缚作用？我们的创新探索是否被某种思维定式困住了手脚？

谚语有云"当局者迷，旁观者清"。当局者身历其"境"，熟悉情况，为什么还会"迷"呢？这常常是因为他们陷入某种思维定式后，只对与这种思维定式相符合、相一致的事物和现象才加以注意和重视，与思维定式不符合、不一致的事物和现象则会被忽略或有意排斥，这样自然难以全面了解情况、弄清实情。旁观者则不同，他们不在其"境"，超然事外，虽不及当局者熟悉某些情况，却也不会受到思维定式的影响和限制。他们对相关的各种情况都会抱有一种敏感和警觉，这样反倒更能看清楚事物的全貌与真相。

三、思维定式的突破

（一）唯经验定式及其变革

1. 经验的意义及其局限

"经验"一词有两种不同的含义：一种是表达哲学概念，指人们在同客观事物直接接触的过程中，通过感觉器官获得的关于客观事物的表面现象和外部联系的认识；另一种即我们所说的对经验的常规理解，它泛指人们在实践中获得的对从事某类活动有用、有益的知识或技能技巧。人一生中会积累大量的经验，这些经验不完全是感性内容，其中也包含着理性成分，是感性认识与理性认识的综合。

经验常具有如下特征：其一，个体差异性。个人的经历、感受不同，会形成不同的思维习惯与方法，从而显示出极大的个体差异性。其二，直接可行性。经验的内容都直接来源于实践活动,又可以直接回到实践活动中去。经验本身通常就是一些指导行动的具体指令,人们利用这些指令便可以直接调动和控制自己的操作行为,从而完成现实的实践活动。如演员的表演经验、教师的教学经验、运动员的竞赛经验等。其三,认识的表面性。经验只停留在对事物的表面联系与外部面貌的浅显认知上,还没有洞察到事物的本质和运动变化与发展的真实原因,往往是知其然而不知其所以然,懂得"是什么"而不懂得"为什么"。其四,自发的习惯性与连续性。人们的某种生活感受和实践体会的重复出现会促成人们形成某种经验,并使它们之间逐渐建立较为牢固的联系。于是,人们在运用经验进行思维活动或受到外界的相关刺激时,就会使自己的那些具有连续性的经验一个接一个地自动产生出来,构成一种连续的思维活动。[①]

经验对创新思维有利还是不利?这样的问题不能简单地"一刀切",只能具体问题具体分析。

首先,在处理日常性问题时,经验可以提高效率并指导实践活动。特别是一些技术和管理方面的工作,尤其需要丰富的经验。其次,经验是理论的基础,理论思维必须建立在经验之上才会有生命力,离开了经验,理论思维就无法进行。随着阅历的增加,经验也在不断增长、不断更新,人们便可以不断地从经验的比较中发现旧经验的桎梏,进而开阔眼界、增强见识、更新观念,使创新思维能力有所提高。

在某些场合与条件下,经验甚至还能拓展创意。探险家克里斯托弗·哥伦布(Christopher Columbus)在横越大西洋时,船上随行的有很多老水手。一天傍晚,一位老水手发现一群鹦鹉朝东南方向飞去,便高兴地说,"快要到陆地了。"因为鹦鹉需要着陆过夜,老水手由于经验丰富深谙此理,就这样,哥伦布指挥船队,追踪鹦鹉飞行的方向,发现了新大陆。

然而,对于过分依赖甚至崇拜经验的人来说,经验往往会形成固定的思维模式,削弱头脑中联想与想象的能力,形成"唯经验定式"。从这个意义上讲,经验具有很大的局限性,它束缚了思维的深度和广度。

首先,经验带有明显的时空狭隘性。任何经验都是在特定时空中产生的,它往往只能适应当时的时空,一旦超越这个范畴,它的有效性必然会受到质疑。中国古代的晏子曾提出,"橘生淮南则为橘,生于淮北则为枳",二者结出的果实相似,但由于水土不同,而味道相差甚远。西方也有类似的谚语——这个人的美味,是那个人的毒药(One's meat, another's poison)。世上没有万灵的药方,办事不能只凭经验,一时一地的经验,其有效的应用范围实际上相当狭窄,我们不应该忽略客观环境而任意套用。

其次,经验还具有主体狭隘性。个人的经验总是极其有限,以有限的经验应对无穷多的

---

① 贺善侃:《创新思维概论》,东华大学出版社,2006年,第63页。

事情和问题就难免会犯错。恩格斯（Engels）说过，单凭观察所得的经验，是不能够充分证明必然性的。黑格尔（Hegel）也指出，经验并不提供必然性的联系。因此，一旦拘泥于狭隘的经验，势必极大地限制个人的眼界，从而阻碍思维创新。寓言故事《驴子过河》就是典型案例。可怜的驴子驮盐掉入河中时会感到背上轻了不少，但是当它驮着棉花的时候，棉花遇水却加重了好几倍。从这个故事中可以看出，没有一成不变的事物，也没有放之四海而皆准的真理，必须以变化的眼光看待事物。

最后，经验之外还存在着偶然性。个人的经验往往是从以前常见的事物或现象中取得的。而在现实生活中，我们总要面对一些少见的或偶然性的事件或问题，如果套用旧有经验来处理，难免会产生偏差或谬误。

2. 唯经验定式的突破

要变革唯经验定式，就必须对经验有正确的认识。要看到无论是他人或自己以往所取得的经验，既可能具有一定的参考、借鉴价值，也可能具有只适用于某些时间、场合的局限性。创新思维要求拓宽思路，一旦形成唯经验定式，就要主动破除，冲破经验的狭隘眼界。在所思考的问题上，对某一经验是否会妨碍、束缚创新探索，需认真细致地加以鉴别。

"初生牛犊不怕虎""自古英雄出少年"，不妨以这些年轻人的突出贡献来激励自己：科学家布莱士·帕斯卡（Blaise Pascal）16 岁时写出一篇论述圆锥曲线的著名论文，19 岁时发明了演算，后来在哲学等领域也有很深的造诣；埃瓦里斯特·伽罗瓦（Évariste Galois）17 岁时完成5 次方程的代数解论，成为数学家；波义耳（Boyle）13 岁时提出了气压与沸点之间关系的新见解，后来成为英国皇家学会的卓越组织者；罗伯特·奥本海默（J. Robert Oppenheimer）12 岁时写出首篇学术论文，引起轰动，后来他主持研制了世界上第一枚原子弹。从某种程度上说，正是因为青年人的"经验少"，没有"框架"，敢想敢闯，反而容易获得成功。

有人对 1500 年至 1960 年全世界 1200 多名杰出的科学家作出统计，结果发现，科学发明的最佳年龄在 25 岁至 45 岁。也就是说，在科学史上有重大突破的人，几乎都不是当时的名家，而是学问不多、经验不足的年轻人，这是因为名家成名后，阅历、经验丰富了，但锋芒少了，难于突破，具有对别人指点迷津的能力，而自己去冲锋陷阵则显得力不从心。可以说，唯经验定式是创造发明的大敌，它会削弱大脑的创造力，造成创新思维能力的下降。因此，有志成才的年轻人缺少经验是局限，却也是"有利时机"。

（二）权威定式及其突破

1. 权威定式的形成及局限

社会必然存在权威，没有权威，就没有社会秩序，没有法律法规，没有行为规范。恩格斯曾说："一方面是一定的权威，不管它是怎样形成的，另一方面是一定的服从，这两者都是我们所必需的,而不管社会组织以及生产和产品流通赖以进行的物质条件是怎样的。"社会的稳定有序往往基于人们对权威的崇敬之情以及对权威的服从。然而,如果把权威绝对化、神圣化,对权威的崇敬之情就会演化为神化与迷信,变成对权威的盲目推崇。

在思维领域,不少人习惯引证权威的观点,不加思考地以权威的标准作为判定准则;一旦发现与权威相背离的观点或理论,便想当然地认为其必错无疑,或严厉自责,或对他人大加挞伐。这种思维定式就是权威定式。

思维中的权威定式不是人天生固有的,它来自后天的社会环境,是外界权威对人的思维的一种制约。权威定式的形成,主要通过两条途径:一是儿童在走向成年的过程中所接受的"教育权威";二是基于社会分工和知识技能的差异所导致的"专业权威"。

从"教育权威"的形成途径来看,一个人从儿童到成年要受到家庭教育、学校教育和社会教育,传统的教育多半是思维惯常定式的教育。对稚嫩弱小的儿童来说,家庭、学校和社会都是可依靠而又不可抗拒的外部力量,这些力量构成了一个个权威,权威们用一系列的"必须……""应该……""不能……"来教育儿童。如果儿童服从这些权威,就会从中得到奖励和各种好处;如果抗拒,就会吃苦头、受惩罚。从正反两方面的后果中,儿童体验到,权威力量是不可逾越,只能俯首听从。长此以往,这种思维模式在人的成长过程中被固化下来,教育所造成的权威定式最终得以形成。在传统社会里,这种人为形成的权威定式更加明显。通俗地讲,就是"听话"教育,在家听父母的、在学校听老师的、在单位听领导的,而唯独缺少"自我思索、标新立异"。

一位教师在课堂上告诉小学生,硫酸是一种腐蚀剂,能够除掉铁锈,恢复铁器光亮的表面。但是,如果不小心把硫酸滴到衣服上,就会烧出一个洞。课后,乐乐用硫酸溶液擦拭生锈的铁勺,果然擦得锃亮,得到了妈妈的夸奖。她心里想:"老师真了不起,听从他的话,我尝到了甜头!"文文则故意把硫酸溶液滴到自己的衣服上,结果衣服被烧出一个洞,挨了爸爸一顿教训。她想:"老师真了不起,不听他的话,我吃了苦头!"从某种意义上讲,成年人教育儿童与海洋公园训练动物,二者在方法上如出一辙,都是奖励其正确的行为、惩罚其错误的行为,而划分正确和错误的标准,却完全由成年人认定。

从"专业权威"的形成途径来看,所谓"闻道有先后,术业有专攻",一般来说,由于时间、精力和客观条件等方面的限制,每个人只能在一个或少数几个专业领域里拥有精深的知识,不可能成为全知全能的"万事通"。于是,在专业领域之外,人们不得不求助于各个领域内的专家。在多数情况下,按照专家的意见办事就会成功;否则,总要招致挫折或失败。这样,时间长了,人们便习惯于以专家的观点为标准,总是想当然地认为"听专家的准没错"。因此,在常人的思维模式中,专家成了权威,从而构筑起一道难以逾越的思维屏障。

意大利物理学家、天文学家伽利略(Galileo)曾经讲述了这样一个故事:一位经院哲学家不相信人的神经在大脑中会合这一科学事实，一位解剖学家便邀请他去参观人体解剖，他在解剖室里亲眼看到，人的神经的确是在大脑中会合的。解剖学家问他："现在你该相信了吧？"他回答："您这样清楚明白地让我看到了这一切，假如亚里士多德的著作里没有与此相反的结论，即神经是从心脏里出来的，那我一定会承认这是真理了。"在这位经院哲学家看来，权威的话就是永恒的真理，而与权威的话相矛盾的结论，哪怕符合事实，也不是真理。这是典型的"诉诸权威"，其思维过程被牢牢地绑定在权威性思维定式之中。

权威定式一经确定，便会受相关因素影响而不断得到强化。在传统社会，权威定式被统治集团有意培植起来，借以巩固自己的地位，扼杀反叛意识。因为统治者本身就是政治权威的代表，自身权威的巩固就会在全社会形成一种导向，使得普通民众对各类权威更加望而生畏、敬若神明，不敢生非分之想。

在中世纪的西方，《圣经》的权威至高无上，是一切法律、道德和日常行为的准则。教会动用各种手段维护《圣经》的权威，实际上是在维护自己的权威。在中国长期的封建社会里，"皇权"是至高无上的权威，皇帝的话是"金口玉言"，不得违逆。

某一领域的权威确定之后，除了不断强化，还会产生"权威泛化"现象。所谓"权威泛化"，是指把个别领域的权威过分地扩展到社会生活的其他领域之中。于是，某一领域的"明星""领袖"成了各个领域无所不能的权威。当然，并不是所有的权威都会过度"泛化"，有些权威尽管声誉已经远远超出了本专业范围，但他们仍然保持清醒的头脑，不随便对专业范围之外的事物作评论，对自己不擅长的领域也不愿厕身其间。

不管何种形式的权威强化或泛化，都会助长思维领域的权威定式。尽管从思维领域来看，权威定式有一定的益处，即在日常思维中为人们节省精力与时间。但从创新思维的角度来看，权威定式显然弊大于利。在需要推陈出新的时候，人们往往很难突破权威的束缚，有意无意地被权威牵着鼻子走。习惯于听从权威而失去独立思考能力的人一旦离开权威，常常会感到手足无措。

其实，古今中外的创新活动多数是从推翻过时的权威开始的，敢于向权威挑战，这本身就是一种创新行为。如亚里士多德所说，"吾爱吾师，吾更爱真理"。摆脱旧权威，需要勇气和胆略，需要时刻警惕权威定式的干扰，以保持创新思维的活力。

2. 权威定式的突破

人们尊敬权威，但不应该把他们的思维结论当作永恒的绝对真理来束缚自己的思维与创意。在面对权威时，我们应该时刻保持怀疑精神。

当然，我们所倡导的怀疑精神，是立足于科学基础之上的怀疑，它既不是无知的乱想，也不是无缘无故的猜疑，而是发现与创造的源头。从思维角度来说，一个人能够提出一个新问题，往往比解决一个旧问题更重要。这是因为，一个人解决某个问题，只需要某些技能，而一个人若想提出新问题、新观点,却需要具有超强的想象力和创新精神。所以,如果想要改变平淡无奇的生活现状,并在事业上有所突破,就要敢于怀疑权威,学会用发展的眼光发现问题,用全新的思维方式分析问题、解决问题。

突破权威定式,必须学会审视权威。

首先,要审视一下,所谓的权威是不是本专业的权威?每个人的认识都是有限的,权威一般也都有专业局限。面对社会上权威"泛化"的现象,我们在进行创新思维的时候应该提醒自己:他是哪个专业的权威?他对这个领域有深入研究吗?他那些不假思索、顺口而出的话对相关课题究竟有多大的参考价值?如果不具体问题具体分析,而一味地扩展权威的专业领域,这无疑将加剧人们思维过程中的权威定式。

其次,要审视一下,所谓的权威是不是本地域的权威?权威除了有专业性,还有地域性。适用于此的权威性意见,未必放之四海而皆准。所以,当我们听到某种权威性论断时,请想一想这种论断是不是适用于本地区,千万不能不加分析地盲目套用。经过审视之后,我们也许能够发现,不少的所谓"权威性论述"其实仅仅适用于一个极其狭小的空间范围,一旦超出这个范围,其"权威性"立刻丧失殆尽。

李四光是一位敢于大胆怀疑权威、勇于探索真理的科学家。当时,世界地质学权威们汇聚中国,在考察了我国的地质构造后,得出中国是一个贫油国的结论。李四光却不迷信权威,大胆提出异议。他突破了来自权威们的阻力、克服了研究条件落后等难以想象的困难,在对我国的地质结构进行深入研究后,预言我国石油的前景将十分辉煌,为后来大庆、大港、胜利等油田的相继发现奠定了理论基础。

再次,要审视一下,所谓的权威是不是当今的权威?权威具有时间性特质,随着时间的推移,旧权威必然不断让位于新权威。尤其在当今的知识经济时代,知识更新速度不断加快,不能与时俱进的权威也将更快地被时代淘汰。鉴于此,我们在面对权威的时候,要审视一下权威人士的言论是在何时发表的,考虑一下该言论在当今是否适用,分清其中哪些应该坚持、哪些应该丰富和发展,不能"生吞活剥"地对待权威言论。

获得 1906 年诺贝尔物理学奖的英国皇家学会会长、著名物理学家乔治·佩吉特·汤姆森(George Paget Thomson) 曾说:"经过二百多年的发展,物理学已形成严谨而完美的体系,以后物理学家只需做一些零碎的修补工作就行了。"汤姆森在气体放电理论与实验研究上作出过重要贡献,是彼时的权威人士,他的这段言论现在看来颇为可笑,但在当时不少人信以为真。

最后,还要审视一下,所谓的权威是否是真正的权威或权威言论?这里,有两种情况需要注意:一是借助某种力量包装出来的权威,如倚仗其政治地位、经济力量或借助新闻媒体炒作等手段登上权威宝座的所谓"专家",他们并非真正的权威;二是与自身利益有关的权威。受每个人所处的社会关系或隶属的利益集团的制约，即便是某个领域的专家，也可能为了服务于某种利益或目的而发表并不真实的"权威信息"。

假如某位科学家发明了一种营养品，那么他自己对这种营养品的评价就失去了权威性，因为他与这种营养品之间利益相关性过近。这与行政司法领域中的"回避制度"是相同的道理。与此类似，某个质量检测专家组如果要向受检对象收取赞助费，那么他们的检测结果同样失去了权威性，一位医学家，即便是得过诺贝尔奖，如果收取了厂商的费用，那么他对这家厂商某一产品的推荐也是靠不住的。

（三）从众定式及其突破

1. 从众定式的形成及其局限

"从众"就是服从众人、随大流。人类是集群性生物，喜欢一群人生活在一处，"群"的规模也大小不等，少到数十人（原始人部落），多到数亿人（现代的国家）。为了维持群体的稳定性，群体内的个体必然需要保持一定程度上的一致性。这种一致性首先体现在行为中，其次体现在感情和态度上，最终体现在思想和价值观方面。

但事实上，个体之间不可能完全一致，就像世界上不可能存在两片完全相同的树叶一样，一旦群体出现不一致，选择便只有两种：一是完全服从群体的权威，二是少数服从多数，与多数人保持一致。"个人服从群体、少数服从多数"的准则最初只是用来约束个人的行为，后来渐渐泛化，成为个人思维中固定化的存在，思维范畴的从众定式由此形成。

从众定式源于从众心理。在社会互动中，人们以不同的方式影响着与他们交往的人。同众人在一起，个体极易受到诱惑，所以旁人在场能促进或阻碍个体任务的完成。实验表明，个体往往易受到别人的诱惑而不相信自己的认知结果，其感受并遵从的压力会迫使个体接受大多数人的判断。这种情形不仅发生在模棱两可的状况中，在信息准确无误的条件下亦无法避免。这是因为，人们更倾向于相信大多数，认为大多数人的知识和信息来源更广、更可靠，正确的概率更高。在个体与大多数人的判断发生矛盾时，个体往往会跟从大多数而怀疑、修正自己的判断。

思维上的"从众定式"能够使个体获得归属感和安全感，消除孤单、恐惧等负面心理，同时，"人云亦云""随大流"又是相对安全的处世态度。因此，从众定式非常容易在社会环境中被不断放大与强化，成为大部分人的行动指南。在传统社会中，统治阶级通过各种手段，不断加强人们的从众定式，以维持全社会的统一性。社会的传统色彩越强烈，个人思维的从众定式就会越稳固。而从众定式较弱的人，常被认为是特立独行、标新立异、"不合群"，只要有机会，这种人就会被"群起而攻之"。因此，惩罚成为社会用来强化人们从众定式的重要手段，正如俗话所说，"枪打出头鸟"。

思维的从众定式有利于群体行动的整齐划一。但显而易见，它会妨碍个体的独立思考，不利于创新思维的培养与发展。如果在思维领域里一味提倡"从众"，个体便不愿开动脑筋，更谈不上立志革新，获得新的创意了。

2. 从众定式的突破

创新思维往往是改变思维从众定式的结果。创新代表着求异，趋同、人云亦云必然不会有创新。即便产生了新思想，经不起大众的反对、屈服于群体的压力、不能持之以恒，新的思想最终也会被放弃。因此，从众定式的变革需要提倡"反潮流"的精神。

不论生活在哪个时代、哪种社会，最早提出新观念、发现新事物的总是少数人，对这极少数人的新观念和新发现，彼时绝大多数人是不赞同甚至激烈反对的。因为这些"大多数"生活在相对固定的模式里，他们很难摆脱早已习惯了的思维框架，对新观念、新事物怀有一种天生的抗拒。尽管"真理总是掌握在少数人手中"，但必须经过相当长的一段时间，由少数人所发现的真理才会被慢慢传播出去、普及开来，成为普通民众能够接受的"常识"。所以，当我们在面对新的情况进行创新思维时，不必顾忌多数人的意见，要勇敢地打破封闭、开阔思路，努力获得新创意。

既然"反潮流"需要付出代价，我们就应当有"光荣孤立"的心理准备，明白"孤立"并不一定是坏事，勇于创新的人不应该害怕这种孤立，反而应以此为荣。况且，与早期那些创新先驱相比，"孤立"只是对创新思维的最微不足道的打击。回溯历史，古今中外新观念的倡导者和新事物的发现者们，几乎都不同程度地陷于寂寞无援、不被理解的困扰之中，特别是在那些保守或反动的时代，创新者甚至被当成洪水猛兽，受到了群体的严重惩处与伤害。

在企业经营活动中，盲目从众可谓大忌。看见越来越多的人经营某一新产品且盈利颇丰，自己也随之跟进，大量投入，企图趁机大赚一笔，这样做却常会因旺销时机已过而颗粒无收，甚至折了老本。精明的企业家不仅不会在产品经营方面盲目从众，在企业经营方案的决策上更不会犯此错误。在他们看来，对一个问题，"大家都这么认为""大家都抱有同样的看法"未必合理，这种"看法一致""全部赞成"的背后，很可能是从众定式在起作用。

(四)书本型定式及其突破

1. 书本知识与创新思维的关系

前文我们曾探讨过，"知识不等于思维能力，不能错误地将有知识等同于有运用思维方法的能力"。同样的，书本知识与创新思维也不是对等的关系。不少人认为，一个人的书本知识增多了，特别是上了大学，完成了硕士、博士学业后，他的各项能力，其中也包括创新能力，自然就会相应地同步提高。实际情况却并非如此。

首先，书本当中包含的是一种理论化的系统知识，是千百年人类经验和体悟的结晶，是经过头脑的思维加工（选取、抽象、截取等）之后形成的一般性内容。它陈述的内容与实际情形存在一定距离，也就是说，我们生活的现实世界是不断变化的，其与书本知识并不同步。

其次，现今的每本书专业性都很强，即使是涉及面广的"百科全书"类也不能包罗世界"万象"。书有专业性，自然就有其狭隘性，因此，绝不可对任何书本知识顶礼膜拜，尊奉为处处适用又永恒不变的"经典"。

医学史上曾发生过这样的事：公元前2世纪，罗马出现了一位伟大的医学家——盖伦（Calen），他一生写过256本书，在长达一千多年的时间里，他的书被医学家、生物学家们奉为至高无上的经典。盖伦在书中写到，"人的腿骨也像狗的腿骨一样是弯的。"大家也就一直相信人的大腿骨是弯的。后来有人通过解剖发现人的大腿骨是直的，按道理，这时就该纠正盖伦书上的错误，还原事物的本来面目。可是因为人们太崇拜盖伦了，这时仍然深信他书上说的不会错。但书上的内容又明明与事实不符，这该如何解释呢？大家终于找到了一种"答案"——因为在盖伦那个时代，人们都穿长袍，人的大腿骨得不到校正，所以是弯的。后来人们开始穿裤子，双腿被狭窄的裤腿紧紧箍住，经过几百年时间，逐渐把人的大腿骨弄直了。从这种可笑的解释中可以看出，对盖伦的盲目崇拜和迷信达到了何等程度！

即便书本知识反映的是关于客观事实与客观规律的科学知识，也还得看学习者是否能够正确、有效地加以应用。书本知识是潜在的力量，只有合理应用，才能成为现实的力量。不能认为谁读的书多、知识丰富，谁的创新能力就一定强。在知识经济的发展过程中，这一点尤为重要。知识经济中所谓的知识，主要不是指知识的储存，而是指知识的运用。那些在知识经济中大展拳脚的创业精英，他们的知识储备未必比别人多，但他们胜在能够正确地把自己的知识运用到现实生活中，转化为巨大的效益，成为一股强大的改造社会的力量。

可见，书本知识与创新思维之间是一种对立统一的关系。统一的一面表现在，知识是创新思维的基础，知识越多，对创新能力的提高就越有利。对立的一面表现在，知识增多创新思维不一定就会相应提高，二者并不必然同步发展，更不具有量的正比例关系。创新是要在继承的基础上有所突破、有所开拓，如果只局限在已有知识的范围内推演知识，则创新很难发生。同时，由于客观世界的发展变化和人类认识能力的不断提高，已有的某些知识会陈旧过时，暴露出这样或那样的缺陷和错误，干扰和模糊人们探索新事物、新观念的眼界与视线，因而，在一定条件下，书本知识可能成为创新思维的限制因素。

2. 书本型定式的突破

变革书本型定式的途径在于，既要接受书本知识的理论指导，又要避免它因可能包含的缺陷、错误或落后于客观现实的发展而阻碍创新思维。在创新思维过程中，应用相关书本知识，特别是对所思考问题起关键性作用的书本知识时，必须要有所检验，且必须以实践作为检验的最终标准与唯一标准。

首先,要用辩证思维方法,科学地认识书本和书本知识,要像古人那样,"尽信书不如无书",做到"读书而不为书所累"。读书一般要经历几个阶段才能悟出其中的道理。初读书时,常常容易"尽信",对书本敬佩得五体投地;后来读得多了,开动脑筋,做些比较,发现书与书之间、书与现实之间存在着不吻合,便会与辛弃疾产生同感——"近来始觉古人书,信着全无是处。"最后才有可能彻底破除书本型定式思维的枷锁。

其次,要跨出专业知识的小圈子,适当涉猎其他知识。个人的精力毕竟有限,专业的划分能使知识深入下去,但专业知识也会形成不小的阻碍,使人局限在某个专业之中,眼界过于狭隘,束缚了创新思维的发挥。如果可以跳脱出专业知识,不为专业知识所困,反而能有新的发现。获取专业外知识的过程也是一个思维训练的过程,长期地、经常地学习陌生、艰深的知识,需要人们不断思考,运用直觉、顿悟、猜测等形式的非逻辑思维,这样一来,我们的思维能力就可以得到有效的训练。

阿尔伯特·爱因斯坦(Albert Einstein)在十几岁的时候就阅读了哲学家伊曼努尔·康德(Immanuel Kant)的作品,显然,那时的他并不能完全读懂,但重要的是,他在学习过程中需要经常猜想作者的原意,长此以往,就形成了较强的抽象思维能力。他似乎仅凭经验世界的一点暗示就能找到问题的症结和答案,余下的事情不过是加以验证罢了。这一点在相对论的创建中也有所体现。数学家大卫·希尔伯特(David Hilbert)曾幽默地评价爱因斯坦的相对论:"我们这一代人一直在探讨关于时间和空间的问题,而爱因斯坦说出了其中最具有独创性最深刻的东西。你们可知道原因?那就是,有关时间和空间的全部哲学和数学,爱因斯坦都没有学过。"希尔伯特的话当然有些夸张,但爱因斯坦不为专业知识所缚,能够对几个相近学科的知识进行贯通性的思考是人所共知的事实。

最后,要将书本知识与现实相结合,找出其间差距的同时,多设想一些答案,多追求一些可能性,"睹一事于句中,反三隅于字外",书中所描述的知识、理论或经验不过是作者提供的一种启发,我们可以从中联想到自己的经历和实践,从而得到举一反三的效果。陶渊明曾说"读书不求甚解",意思是,读书不能死抠其中的字句,而应通过文字去领悟蕴藏于其中的更深刻的道理。

(五)自我中心型定式及其突破

1. 自我中心型定式的形成及其局限

每个人都拥有自己独特的经历、独特的经验、独特的个性以及独特的价值观,因此,在日常思维活动中,人们会自觉或不自觉地按照自己的观念和立场,用自己的眼光去考量别人乃至整个世界,从而产生自我中心型的思维定式。

人的认识活动是主观与客观的统一,是主客体交互作用的过程。主体的认识活动有受动性的一面,即主体的认识活动受客体的制约。另一方面,客体之所以成为客体,就是因为它被纳入了主客体关系,因而人的认识活动必然渗透着主体的因素,具有主体制约性。

人类认识活动的主体制约性表明,思维活动必然存在"自我中心"的形成机制,这是一种规律性现象,一旦将其绝对化,凡事都采取自身的立场,排斥他人的立场、观点和利益,便会形成自我中心型思维定式。在这种思维定式的束缚下,不只个人,甚至整个人类都有可能跳不出"人类中心主义"的圈子。

除了以自我为中心的主观局限,由于受到选择性注意的影响,还可能产生一种自我意识过于专注的定式思维。当我们的注意力集中于某件事情的时候,我们就会禁锢自己的思维,自动忽略其他事情。注意力最常使用的两大路径:一是由下而上(Bottom-Up Processing),二是由上而下(Top-Down Processing)。由下而上的路径可以定义为感觉讯息处理历程,它完全不费力且不需经过思考;由上而下的控制是由前额叶(大脑的总指挥)介入,经由意识缜密思索后加以处理。当我们太过专心注意某一点时,前额叶将集中支配注意力,大脑便汇聚所有资源于这一点,对周边其他事物的处理则转为自动化模式,这时即便周围出现不合常理的问题,我们也会视而不见。

2. 自我中心型思维定式的突破

变革自我中心型思维定式的根本途径在于"跳出自我",多与他人交流,试着站在他人的立场考虑问题,试着理解自我之外的事物和现象,在"自我"和"非我"的范畴中开阔视野。每个个体都有自己的独特之处,所以不应该用统一的标准去衡量自己与他人,否则就会产生许多误解、偏差、冲突和矛盾,生成怨怼、愤恨等负面心理,久而久之,就会无法与周围的人和谐共处。在现代社会中,只有充分的理解与宽容才能形成祥和的气氛,只有严于律己、宽以待人才能使自己与他人相处得更为融洽。

"跳出自我"还意味着可以站在别人的角度与立场去思考问题,从而避免自私和误解,形成与他人的有效沟通,圆融地化解矛盾、解决问题。可以多一点"同理心",感受和了解别人的情绪与思想,特别是在面对别人的批评时,"同理心"能够使人跳出自我中心型定式,理解他人的立场和感受,倾听别人的意见,体会对方的情感。意识到错误,就要有勇气承认;如果批评是破坏性的,也应该冷静地从中寻找合理的因素。

著名演说家戴尔·卡耐基(Dale Carnegie)有一次在电台发表演说,谈论一本名著的作者。由于不小心,他两次把这位作者的故居康科特镇说成是在新罕布什尔州,其实该镇位于相邻的马萨诸塞州。结果,卡耐基的错误遭到不少来信来电的指责批评,一位从小在康科特长大的女士甚至写来一封愤怒加辱骂性的信。卡耐基几乎被激怒,他觉得自己虽然犯了一个地理错误,但那位女士却在礼节上犯了更大的错误。在卡耐基准备回击那位女士时,他忽然意识到，互相指责和争论是毫无意义的。自己错了，就应该主动、迅速地承认，这才是最好的策略。于是他在广播里向听众道歉，还特意给那位侮辱他的女士打电话，向她承认错误，并表示歉意。那位女士为自己那封言辞激烈的信而感到惭愧，她说："卡耐基先生，您一定是个大好人，我很乐意和您交个朋友。"卡耐基的策略最终化干戈为玉帛，将愤怒的敌人变成了和善的朋友。卡耐基认为，任何人都有犯错误的可能，如果我们错了，主动承认不是比让别人来批评指责更好吗？

"自我贬抑"是自我中心型思维定式的另一种表现形式。"自我贬抑"即总是认为"我不行，我做不到"，而不想去尝试、不敢去实践。但事实也许并非如此。只要变革这种思维定式、确立起信心，定会挖掘出隐藏于自身的潜力，从而成就原本不敢设想的事业。

有一个发生在美国的故事：一位叫亨利的青年，三十几岁仍一事无成，整天在唉声叹气中度日。一天，他的好友告诉他："我看到一份杂志，里面讲拿破仑有一个私生子流落到美国，这个私生子又生了一个儿子，他的全部特点跟你一样：个子很矮，讲的也是一口带法国口音的英语……"亨利半信半疑。他拿起那本杂志琢磨半天后，终于相信自己就是拿破仑的孙子。此后，亨利完全改变了对自己的看法。从前，他以自己个子矮小而自卑，如今他欣赏自己的正是这一点，"矮个子真好！我爷爷就是靠这个形象指挥千军万马的。"以前，他觉得自己英语讲得不好，而今他以讲带有法国口音的英语而自豪。当遇到困难时，他会认为"在拿破仑的字典里没有'难'字"。就这样，凭着他是拿破仑孙子的信念，三年后，他成为一家大公司的董事长。后来，他请人调查身世，才知道自己并不是拿破仑的孙子，但他说："现在我是不是拿破仑的孙子已经无关紧要了。重要的是，我懂得了一个成功的秘诀：当我相信自己的能力时，它就会发生。"

(六)其他类型思维定式

1."标准答案"的唯一性

一位美国学者说，一个普通大学毕业生将承担 2600 次测试、测验和考试，于是那个"标准答案"的态度在他们的思想中变得根深蒂固。对某些数学问题而言，这或许是对的，因为正确答案确实只有一个。困难在于，生活中大部分问题的答案是不确定的，因而可以采取多种方法去解决问题。如果认为只有一个正确的答案，那么在找到一个答案时，一切都将停滞。这种思维定式一旦加以扩展，就会形成迷信标准答案唯一性的思维枷锁，导致思维的偏狭。

诺贝尔经济学奖获得者赫伯特·西蒙在其著作中曾提到，一位自满者的特征如下：他在稻草堆里找到一根针，就歇工不找了。另一个尽善者要搜遍草堆，把所有的针都找出来，以便取得针尖最锋锐的一根。当然，在生活中我们也许没有足够的时间把草堆翻遍，但是"唯一标准答案"的思维定式常常让我们找不到那根最尖的针。寻找唯一答案势必抑制思维,寻找多种可能性才是推动创造力的行动,因为每一种可能性都代表着成功的希望。

2. "名言警句"的至理性

对耳熟能详的格言、谚语、名人名言,人们往往会不经过思索与审查,"轻松愉快"地全盘接受,并加以引用、传播。可是,这些警句未必完全正确,也不见得都具有普遍的指导意义,因此应认真思考其真实性、正确性和指导价值。

一般来说,广泛流传的名言警句,或来自广大群众的经验总结,或来自哲人英才的真知灼见,它们都凝结着前人宝贵的知识与智慧,对人们的认识与实践具有不同程度的启发、指导价值。正因如此,它们才得以"广泛流传"。但客观世界自有其复杂奥妙,人的认识往往会滞后于客观事物的发展变化,即使是超凡出众的伟人英杰,有时也难免言语失实、有所偏颇,如果不通过自己的独立思考,盲目接受与铭记那些名言警句,则头脑中必会形成不利于创新的思维定式。

3. "为求稳妥"怕失败

传统社会以"求稳"为特征,人们内心深处不愿、不敢冒险,只想老老实实、平平淡淡地生活,将"创新"抛诸九霄云外。的确,创新是有风险的,任何新的突破都可能意味着翻天覆地的变化。但若是怕冒风险、过分求稳、恐惧失败,不敢闯一闯、试一试,势必会因循守旧,陷入思维定式之中。

这种定式之所以会起作用,主要是因为人们害怕冒险带来的失败后果。失败意味着损失和痛苦,一旦失败,我们可能会面对经济收入锐减或社会地位下降等困境,产生负面的自我评价。实际上,失败并没有人们想象中的那般可怕,我们应放开手脚、看淡成败,大胆接受挑战,以从容的、无所畏惧的心态向着创新目标前进。

4. "过分求序"怕杂乱

整洁有序是日常生活中的一般要求,而创新却要在有序视角与无序视角的切换中实现。有时候,你越是阻止它、整理它、规定它,你就越可能扼杀它,这也是左脑思维的典型表现。如果单纯追求有序,抵触杂乱无章,认为"一切都必须井然有序"而排斥无序视角,就有可能阻碍创新,形成"过分求序"的思维定式。

5. "过分麻木"不敏锐

对一些现象见得多、见得久了,就有可能变得迟钝麻木,在头脑中形成这样的思维定式——这一现象十分寻常,不足为奇。这种低度敏感与漫不经心极有可能与重大发明发现失之交臂。因此,我们应对客观世界抱有强烈的好奇心,以创新敏感面对它们,及时给予它们必要的关注、审视与分析、研究,避免有探索价值的事物轻易溜走。

【思考题】

1. 为自己作一个未来三年的生涯规划。在这三年中,你要掌握哪些新的知识和技能? 你要在学业和生活上达到怎样的目标? 你将被什么样的动力推动? 你将受到哪些客观条件的影响? 你需要哪些人的帮助? 你要做哪些具体的、比较重要的事情?

2. 分析一下自己在习惯性思维上存在哪些定式? 有什么表现? 要克服自身的思维定式,需要注意哪些方面? 需要做出什么努力?

【延伸训练】

右脑开发训练

下面是几种简单易行且效果明显的右脑训练方法,如果能持之以恒,肯定会有所收获。

1. 左侧身体训练法

右脑支配左半身,控制左手运动,反过来,左手、左半身的器官也刺激右脑。有意识地调动左手、左腿、左眼、左耳,其中,左手及手指的运动尤其会对大脑皮层产生良性刺激。美国巴尔的摩约翰·霍普金斯大学的科学家对美国的 10 万名 12 岁至 13 岁儿童进行调查后发现,在学习测验得分最高的儿童中,20% 以上是左利手(左撇子)或左右开弓,这一比例是一般儿童的两倍,左利手儿童多早慧,这是因为他们具有把左脑的逻辑思维与右脑的直观性、艺术性巧妙结合的能力。对大部分惯用右手的人来说,有意识地多使用左手和左侧身体,将有利于右脑的开发。

2. 右脑训练游戏

a. 左手猜拳游戏:左手握拳,进行"石头""剪子""布"的游戏。这一游戏在左手握拳、展拳的过程中锻炼了右脑的灵活性。

b. 在地上画两个同样大小的圆圈,每个圆圈中都放入同样数量的小石子。两人同时提起右脚,用左脚将石子拨到另一个圈子内,先完成者为胜。右脚落地一次,在自己圈内加一粒石子作为惩罚。

c. 曼陀罗训练:曼陀罗卡片是由红、黄、蓝、绿四种颜色组成的一组对称图形。所谓曼陀罗训练就是紧盯着曼陀罗图,记住每个曼陀罗的形状和颜色,然后在记忆中进行再现的训练方法。这种方法能够激活右脑。如果紧盯着曼陀罗图看 10 秒钟,闭上眼睛就能准确再现曼陀罗的颜色和形状,这就证明你的右脑想象能力已经被开启。持续做这种练习会很自然地开发出你的右脑想象能力。

3. 左右脑协调训练法

a. 打字练习

打字需要左右手的高度协调,这本身就锻炼了左右脑的协调。在输入汉字时,大脑首先需将汉字拆成字根,这是一个分析过程,主要由左脑完成;接下来需要将字根转换成字母,再将它们组合在一起,这是综合的思维过程,一般由右脑完成。苏联著名教育家苏霍姆林斯基说:"儿童的智力发展表现在手指尖上。"他将双手比喻成大脑的"老师",因为人体的每一块肌肉在大脑层中都有着相应的"代表区"——神经中枢,其中手指运动中枢在大脑皮层中所占的区域最为广泛。因此,打字时,指尖与键盘的接触就能使左右脑不断地得到协调训练。

b. 乐器练习

无论是弹奏乐器、吹奏乐器还是打击乐器的演奏,都需要左右手的高度协调,手指指尖也经常能得到刺激,因此它和打字练习一样,是协调左右脑十分有效的训练方法。

4. 入定

科学家研究发现,经常进入没有语言的无意识状态有利于右脑开发。据说测定坐禅高僧的脑电波图后发现,其脑波速度有所降低,处于一种接近睡眠的状态。但坐禅不同于睡眠,它是一种清醒的无意识状态。

传说中有道高僧可面壁数十年,连身影都印入石壁之中,终得以"大彻大悟"。近代的一些企业家、政治家也尝试在繁忙的公务中坐禅,以排除干扰、求得灵感。

当然,我们一般不可能去禅寺坐禅,但可以每天抽十分钟时间进行冥想。我们可以选择舒适的位置,盘腿而坐,调整呼吸,放空大脑。这时就可以在不受左脑干扰的情况下,拥有单独使用右脑的时间,使右脑潜能得到开发。①

---

① 参考杨雁斌:《创新思维法(第二版)》,华东理工大学出版社,2002 年,第 48—52 页。

\\\ 方法篇

创新思维的提升方法

第四章

创新思维形式

　　创新思维有诸多具体形式,本章介绍了发散思维、聚合思维、逆向思维、横向思维、意象思维、联想与想象、直觉与灵感等较为常见的创新思维形式,同时介绍了逻辑思维与创新的关系,以期通过这些形式借鉴助力创新思维的提升。

第一节　发散思维

一、发散思维的概念

　　发散思维(Divergent Thinking)又称辐射思维、放射思维、多向思维、扩散思维或求异思维,是指大脑在思维时呈现出的一种扩散状态的思维模式,它表现为思维视野广阔,呈多维发散状,能够从多方面寻找解决问题答案。如"一题多解""一事多写""一物多用"等方法培养的就是发散思维能力。发散思维能力是一种综合性、高层次、全方位、立体化的非逻辑思维方式,具有多向性、变通性、独特性、求异性等特质。因此,不少心理学家认为,发散思维是创造性思维的主要特征,是测定创造力的重要标志之一。

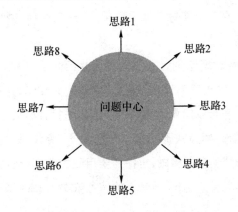

图7　发散思维示意图

发散思维最早由美国心理学家吉尔福特提出。1967 年他在《人类智力的本质》中提到，"从给予的信息中产生信息，其着重点是从统一的来源中产生各种各样的为数众多的输出"。其模式是"从一到多"，有人形象地描述发散思维像夜空中怒放的礼花。发散思维的方式是多方向、多思路、多角度的思考，不局限于既定的理解，从而提出新问题、探索新知识或发现多种解答和多种结果的思维方式。[①]

由上图可知，思维的起点是问题中心或研究对象，而各条思路就像车轮的辐条一样向外辐射。虽然每一条思路都由同一问题中心出发，但各条思路之间并没有逻辑上的联系，不能作直接转换。发散思维的这一特点使我们能够捕捉到思维目标、脱离头脑中已有的逻辑框架，得到意想不到的创意，从而找到创新点或创新萌芽。

基于发散思维与创造力关系的认知，许多心理学家将发散性思维水平的高低看作一个人创造力水平高低的判断标准，通过对发散思维能力的测试来评定人的创造品质或潜力。当前较为流行的创新思维测验和创造力测验基本上都属于发散思维测验，目前最有影响并被广泛使用的有，南加利福尼亚大学发散思维测验、托兰斯创造思维测验、芝加哥大学创造力测验，等等。测验题有"你能想出厨刀有多少种用途？""马铃薯和胡萝卜究竟有多少相似之处？""砖头有什么用？"等。通过对答案的数量、灵活程度和新异成分的分析，可以评判受测人的创新思维品质。

1987 年，我国"创造学会"第一次学术研讨会在广西壮族自治区南宁市召开，会议集中了全国在科学、技术、艺术等领域涌现出的杰出人才。为扩大与会者的创造视野，会议也聘请了国外著名的专家、学者，其中有日本的村上幸雄先生。会上，村上幸雄先生为与会者讲学，深受大家的欢迎。其间，村上幸雄先生拿出一把曲别针，请大家动动脑筋，想想曲别针都有什么用途？ 与会者积极响应，议论纷纷，有的说可以别胸卡、挂日历、别文件，有的说可以挂窗帘、钉书本，大约说出了二十余种，大家问村上幸雄："你能说出多少种？"村上幸雄轻轻地伸出三个指头。有人问："是三十种吗？"他摇摇头。"是三百种吗？"他仍然摇头。他说："是三千种。"大家都异常惊讶。

然而就在此时，中国魔球理论创始人许国泰先生给村上幸雄写了个纸条，说："幸雄先生，对曲别针的用途我可以说出三千种、三万种。"幸雄十分震惊，大家也不相信。许先生说："幸雄所说曲别针的用途，我可以简单地用四个字加以概括，即钩、挂、别、联。我认为远远不止这些。"接着，他把曲别针分解为铁质、重量、长度、截面、弹性、韧性、硬度、银白色等十个要素，用一条直线连起来，形成信息的横轴，再把需要用到的曲别针各要素用直线连成纵轴，两轴相交、垂直延伸，形成信息反应场，将两轴上的信息依次"相乘"即可完成信息交合。于是，

---

① 吴多辉：《每个人都是创新天才——像乔布斯一样思维》，成都时代出版社，2012 年，第 58 页。

曲别针的用途就无限扩大。例如加硫酸可制氢气、可加工成弹簧、做成外文字母、做成数学符号进行四则运算等。许国泰先生的表现令与会者十分惊讶。

发散思维在创造过程中并非"孤军奋战"，它是创新思维的核心、创新过程中的"先行军"。任何一种创新活动都是多种思维方式共同运作的结果，创新思维本身就是一种借助于联想与想象、直觉和灵感，使人们打破常规、寻求变异、探索多种解决问题的新方案或新途径的思维方式，是多种思维方法的综合与交替运用。而发散思维作为一种多角度、多向度、多层次寻求多种答案的思维方式，最集中地体现了创新思维的本质特征。

二、发散思维的主要特征

发散思维是多方向、易变通、自由开放的思维方式，具有以下几种主要特征：

(一)多向性与多元性

发散思维的思维线索沿多个不同方向延展，彼此之间没有交集，是既发散多元又不失秩序的一种思维方式。发散思维的多向性指的是发散思维能够涵盖更丰富的创新元素。利用多向性优势，发散思维活动往往能够生发出意想不到的创新点，在"越多越好"原则指导下，产生新想法、新方案的可能性大增，为优质方案的出现提供了基数基础。

(二)流畅性与自由性

该特性指的是观念的自由发挥，强调在尽可能短的时间内生成并表达出尽可能多的思维观念以及较快地适应、消化新的思想理念。流畅性与机智、敏捷等思维特质密切相关，是衡量一个人思维顺畅与否、反应迅速与否的重要指标。这种特质受大脑先天性发育程度的重要影响，但也与后天的训练和培养密不可分，正确的思维训练方法往往能够锻造出机敏聪慧的大脑。自由性强调发散思维不受束缚的特质，它能够打破思维定式，冲出固有思维的牢笼，使思维自由徜徉。流畅性和自由性反映的是发散思维的速度和数量特征。

(三)独特性和求异性

该特性体现的是人们在发散思维中做出不同寻常的、异于他人的新奇反应的能力，标志着思维活动进入了创新的高级阶段。并非只有发现人类从未发现过的新事物、解决人类从未解决过的新问题才算独特，一个人通过独立思维而产生的思想、见解、发现和解决问题的方案，虽然就人类而言是已知的，但对本人来说是全新的，这也是一种独特性思维。

(四)变通性与通感性

变通性就是克服人们头脑中固有的思维定式和僵化的思维框架，按照某一新的方向来思索问题、探求答案的过程，它反映了思维的灵活性或随机应变的能力。变通性需要借助横向类比、跨域转化、触类旁通，使发散思维沿着不同方面或方向扩散，表现出极其丰富的多样性和多面性。哥伦布竖立鸡蛋就是一例。一般人在自己头脑中设置了一个先决条件——不准打破鸡蛋，这就使思维受到了限制，而哥伦布将鸡蛋按向桌面，蛋壳破了，鸡蛋也就竖了起来。

人是拥有多种感观的高级动物，在进行创新活动时，人们能够调动多重感官，达到"通感"的效果。发散思维不仅运用视觉思维和听觉思维，还可以利用其他感官思维来获取信息并进行加工，创作诗歌、乐曲等艺术作品是创新，创作菜肴、食品等生活物品也是创新，创新活动没有高低、优劣之分，都是人思维能力和感官能力的综合体现。发散思维作为创新思维的核心，必然需要在各类创作活动中调动人的多重感官，例如，一档美食类节目，就需要创作人员从视觉、听觉甚至味觉和嗅觉的感官感受进行发散创新，以求更好的播出效果。发散思维还与人的情感相关联，人的情绪情感能够激发更多的思想观念，将各个感官捕捉到的信息附以情感色彩，能够提高发散思维的速度与效果。

发散思维的这些特征彼此联系，思路流畅和观念的自由往往是产生其他两个特征的前提，反映了思维的数量和速度；变通性反映的是思维的灵活和跨越，变通能力越强，产生独特想法的可能性就越大；独特性和求异性在流畅性和变通性的基础上形成，反映的是本质和目标，在发散思维中起核心作用。

三、发散思维的作用

发散思维在创造性活动中具有十分重要的作用，它与聚合思维一样，是创造性思维中常用的思维路径。发散的过程是由点及面的开放性思考过程，聚合则是将横斜逸出的思维枝丫进行归拢和集中的过程，在创新活动中，二者往往相伴而生，其中，发散式、辐射式的思考往往是创新活动能否取得收效的关键。具体来说，发散思维在创造性行为中具有以下几种作用：[①]

(一)核心性作用

发散思维处于整个创新思维结构中的核心位置。想象是人脑创新活动的源泉，联想使源泉汇合，而发散思维为源泉的流淌提供了广阔的通道。发散思维沿着分立的方向，冲破逻辑思维的羁绊，让想象和联想张开翅膀，在广阔的天空中自由翱翔，为创新活动积累大量素材。正如吉尔福特所说："正是发散思维，使我们看到了创新思维的最明显标志。"

---

① 参见王永杰主编：《创新：方法与技能实务》，西南交通大学出版社，2007年，第126—127页。

(二) 基础性作用

创新思维的技巧性方法中,许多都与发散思维密切相关。发散思维转化为这些技法的组成部分,为这些方法的成功运用发挥着基础支持作用。比如,在奥斯本智力激励法中,最重要的一条原则就是自由畅想,这实际上就是鼓励参与者进行发散思维。

(三) 保障性作用

发散思维的主要功能就是为随后的收敛思维提供尽可能多的解题方案。这些方案不全都正确、有价值,但一定要有足够的数量保证。由此可见,在整个创新思维过程中,发散思维实际上担负着保障的作用。阿诺德·汤因比(Arnold Joseph Toynbee)说:"要获得一个好想法的最佳方式是拥有许多想法。"著名数学家怀特海(Alfred North Whitehead)甚至认为:"也许第一千个观念恰恰就是将改变世界的观念。"

四、发散思维的训练技巧

(一) 发散思维的训练要点

发散思维解决的是思维导向的问题,其实质是要冲破思维惯性的束缚。因此,发散思维仅仅起到了导向作用,它并非创新思维过程的主体,更不是创新思维过程的全部。如果把发散思维等同于创新思维,就会使我们的创新思维培养进入误区。

发散思维具有流畅性、变通性、求异性、独特性等特征,从思维能力层次上看,流畅性要求的思维能力层次比独特性要低,从流畅到独特的过程是发散思维一步一步深入的过程。因此,进行发散思维训练要循序渐进。

在发散思维训练中要把握好发散思维和想象思维的关系。发散思维和想象思维密不可分,我们向四面八方随意展开想象的过程就是在进行发散思维。所以在训练时,应尽量摆脱逻辑思维的束缚,学会跳出事物的一般规律,从多种角度放射性发散思路,尽可能多地聚拢创新性元素,不以习惯性思维进行常规思考。大胆想象、联想,而不必担心其结果是否合理、是否有实用价值。当然,由于长期养成的思维习惯,如果在一开始无法产生独特性的思维结果也不要着急,应该从流畅性到变通性,再到独特性,循序渐进,逐渐进入较高水平的发散思维状态。同时,在训练中对发散思维的结果,互相之间不要攀比,不要认为发散思维的结果少,自己的创造力就不强。发散思维能力不仅需要训练,还需要人们的知识、经验和想象能力加以辅助。随着各方面素质的不断提高,再经过训练,发散思维能力便会有大幅度提升。

（二）发散思维的方法指导

1. 一般方法

进行发散思维训练要勤于实践，注意有意识地使自己的思维保持活跃，遇到问题时应尽可能地多方位、多角度、多方法地去思考、去拓展。例如，"一只杯子掉下来碎了"，如果继续展开会形成怎样的问题呢？运用发散思维，可以从多个维度、不同学科进行思考，如：

【物理题】这是自由落体运动，杯子从多高的地方掉下来才能碎呢？

【化学题】杯子里装着酒精，掉进了火堆里。

【经济题】杯子是刚买的，如今碎了还要再买一个，去取钱的时候银行卡忘在了 ATM 里。

【语文题】你让我太伤心了，伤得如同这只杯子一样……

【社会问题】杯子从大厦楼顶掉下，砸死了人，引起骚乱，被定性为恐怖袭击。

【心理问题】那一声破碎的声音触动了一个女孩，于是她花了一下午的时间去查询"为什么噪声会让人紧张"？

【情感问题】那是男朋友送给自己的情侣杯，这会造成一个感情风波。

【时间问题】杯子摔碎了，乱了心情，还要再买，直接提升了时间成本。

【历史问题】那是乾隆用过的杯子，有很多关于它的故事，杯子是那些历史故事的唯一承载，如今破了，一段历史就这样彻底消失了。

【政治宗教问题】那是来我国参展的基督教圣杯，结果被一官员不小心打碎，那一幕又恰好被国际记者拍到，因此变成了一个政治和宗教问题。

看似简单的"杯子碎了"竟然可以联想到 10 种不同类别不同维度的问题，也许你会产生困惑，这些都是凭空想象出来的吗？当然不是，单纯的无序发散往往收效甚微，而有序的、整合的发散通常能够获得更为有效的新观念与新方法。

发散思维的生发和训练有 7 大途径，我们可以将其作为主要途径进行思维的扩散。

表 1　发散思维的 7 种途径

材料发散	以某个物品尽可能多的"材料"为发散点，设想它的多种用途。 　如：作为一种材料，报纸可以用在哪些地方？反过来，作为物品帽子，都可以用哪些材料制作？
功能发散	从某事物的功能出发，构想出获得该功能的各种可能性。 　如：需要获得一种取暖功能，可以有哪些途径？反过来，一个物品废纸盒可以有哪些功能（用途）？

结构发散	以某事物的结构为发散点,设想出利用该结构的各种可能性。 如:一个典型结构,可以用在哪些地方?一个待设计的物品,可采用的结构形式有哪些?一个简单的结构,可进行哪些添加构成新结构?
形态发散	以事物的形态为发散点,设想出利用某种形态的各种可能性。 如:一种形态,红颜色可以用于哪些方面?反过来,物品衬衫可以使用哪些颜色?
组合发散	以某事物为发散点,尽可能地把它与别的事物组合成新事物。 如:一个事物,汽车可与哪些事物进行组合?
方法发散	以某种方法为发散点,设想出利用方法的各种可能性。 如:一法多用(一种方法多种用途)和一能多法(实现一种功能借助多种方法)。
因果发散	以某个事物发展的结果为发散点,推测出造成该结果的各种原因,或者由原因推测出可能产生的各种结果。 如:一果多因,寻求事物变化的原因;一因多果,寻求事物变化的结果。

2. 思维导图

思维导图又称为心智图法,是一种射线图分析方法,也是较为流行的发散思维训练方法和全脑式学习方法。这种思维方法的鼻祖是公元 3 世纪柏拉图学派的思想家玻奥菲瑞(Poephyry),他率先运用射线图的形式来表述亚里士多德的逻辑类别。20 世纪 60 年代,英国著名心理学家、头脑基金会总裁东尼·博赞(Tony Buzan)致力于寻找一种便捷化、可视化的方法来表达思想观点和支持学习与记忆活动。他发明了一种用色彩笔画出信息丰富的图形,从人的核心想法发散开来,帮助人们理解和明确目标的思维方法,这种方法就是后来十分流行的心智图法。正如英国生活咨询师、英国生活俱乐部创始人妮娜·格温菲德(Nina Grunfeld)所说:"思维导图有很好的可视性,简单,经济,而且非常清晰。"作为一种视觉化的快速分析问题的方法,思维导图号称"大脑万用刀",它已成为全世界范围内广为流行的思考利器。

思维导图总是从一些中心概念和问题入手,将各种想法以及它们之间的关联性用图像的方式呈现出来。通常情况下,我们记录思考过程的方式是从左写到右,像做笔记或者列清单。思维导图则完全相反,它模拟的是大脑真正的思考方式,鲜活、跳跃、直观。"右脑负责创造性和想象,而左脑则进行逻辑分析。思维导图之所以有效,是因为它能同时调动左右脑",博赞说,"思维导图能激发字词、图形、色彩、数字、次序和因此勾画出的图景。如果能同时运用左右脑,那就不仅是简单的能量叠加,而是能量倍增。" 由此可知,思维导图是一种放射性的思考方式,注重图文并茂,简单又极其有效,是一种革命性、全脑式的思维工具。

博赞解释："一个生活中的重大决策,可能涉及成百上千个因素,如果同时思考的事情超过7个,大脑就会迷茫、惊慌甚至躁动。因此把事情写下来,能帮我们更好地理解。"当我们在一张纸上,用字词、图形的网状形式呈现它们时,大脑就对这些因素进行了编程,不但确认更多细节,也对多种因素进行整合。具体的思维导图制作方法与步骤如下:

表2　思维导图制作步骤表

制作工具	一些A3或A4大的白纸。 一套12支或更多的软芯笔。 4支以上不同颜色、色彩明亮的涂色笔。 1支标准钢笔。
主题	a)最大的主题(文章的名称或书名)要以图形的形式体现出来。 我们以前做笔记,会把最大的主题写在笔记本页面上端的中间。而思维导图则把主题体现在整张纸的中心,并以图形的形式体现。我们称之为中央图。 b)中央图要有三种以上的颜色。 c)一个主题一个大分支,思维导图把主题以大分支的形式体现出来,有多少个主题,就会有多少条大的分支。 d)每条分支要使用不同的颜色,这样可以对不同主题的相关信息一目了然。
内容要求	e)运用代码 小插图不但可以强化每一个关键词的记忆,同时也能突出关键词要表达的意思,还可以节省大量的记录空间。当然,除了这些小的插图,我们还有很多代码可用,比如厘米可以用CM来代表。因此,可以用代码的要尽量用代码表示。 f)箭头的连接 当我们分析信息时,各主题之间会有信息相关联的地方,可以把有关联的部分用箭头连起来,以便直观了解到信息之间的联系。在分析信息时,很多信息均有联系,但若全部用箭头连接会显得比较杂乱。解决这个问题的方法就是运用代码,用同样的代码在信息旁边进行标注,当看到同样的代码时,就可以知道这些信息之间是彼此关联的。 g)只写关键词,并且要写在线条的上方 思维导图的记录用的全都是关键词,这些关键词代表着信息的重点内容。不少人刚开始使用思维导图时,会把关键词写在线条下面,这是不对的,记住一定要写在线条上方。
线条要求	h)线长=词语的长度 思维导图有很多线段,每一条线段的长度都与词语的长度一致。刚开始使用思维导图的人会把每根线条画得很长,词语写得很小,这样不但不便于记忆,还会浪费大量的空间。

线条要求	i) 中央线要粗 思维导图层次感分明,越靠近中间的线会越粗,越往外延伸的线会越细,字体也是越靠近中心图的越大,越往外就越小。 j) 线与线之间相联 思维导图的线段之间是互相连接的,线段上的关键词之间也是互相隶属、互相说明的关系,而且线段的走向一定要尽量平行,换言之,线条上的关键词一定要能直观地看到,而不是必须把纸张旋转 120 度才能看清楚写的是什么。 k) 环抱线 有些思维导图的分支外面围着一层外围线,它们叫环抱线,这些线有两种作用:第一,当分支多的时候,用环抱线把它们围起来,能让你更直观地看到不同主题的相关内容;第二,可以让整幅思维导图看起来更美观。需要注意的是,要在思维导图完成后,再画环抱线。
总体要求	l) 纸要横着放 大多数人在写笔记时,笔记本是竖着放的。但做思维导图时,纸要横着放。这样空间比较大。 m) 用数字标明顺序 可以有两种标明顺序的方式,主要依需要和习惯而定: 第一种:可以从第一条主题的分支开始,用数字从 1 开始,把所有分支的内容按顺序标明出来,这样就可以通过数字知道内容的顺序了。 第二种:每一条分支按顺序编排一次,比如第一条分支从 1 标明顺序后,第二条分支再从 1 开始编排,也就是说,每条分支都重新编一次顺序。 n) 布局 做思维导图时,它的分支可以灵活摆放,除了能厘清思路,还要考虑合理利用空间,可以在画图时思考,哪条分支的内容多一些,哪条分支的内容少一些,把内容最多的分支与内容较少的分支安排在纸的同一侧,这样可以更合理地安排内容的摆放,画面看起来也会很平衡。画思维导图前,应思考如何布局会更好。 o) 个人的风格 每一幅思维导图虽然都有一套规则,但都能形成个人的风格。因此学会思维导图后,鼓励探索自己的风格。 ★思维导图这 15 条技法中,关键词是最重要的部分。思维导图只记录关键词,若关键词选择不当,思维导图所表达的信息就可能不准确,要想学会全面地分析信息,需要学会找出信息当中哪部分是关键部分,并搜索到它们的关键点,也就是关键词。

（三）发散思维的案例启发

学习应用发散思维技巧时,首先可以通过一些具体案例来分析和辨别发散思维的不同路径,以加深对发散思维特质的认知和理解。平时多积累一些发散思维的成功案例,深入探究其成功原因,能够对我们的发散思维训练起到引领和指导作用。我们可以从下面三则案例中分析发散思维的运用方法。

案例一:红砖的用途,首先是作为建筑材料,可以盖房子(包括盖大楼、宾馆、教室、仓库、猪圈、厕所……)、铺路面、修烟囱等;从砖头的重量来说可以有压纸、腌菜、砝码、哑铃练身体等作用;从砖头的固定形状来说,可以有尺子、多米诺骨牌、垫脚等作用;从砖头的颜色来看,可以有水泥地上当笔画画、压碎做红粉末、做指示牌、磨碎掺进水泥做颜料等作用;从砖的硬度可以有椅子、锤子、支架、磨刀等作用;还可以从红砖的材质来看,可以刻成一颗红心献给心爱的人、在砖上制成自己的手印和脚印、变成工艺品留念等作用。

案例二:日本有一厂家生产瓶装味精,产品质量很好,可销售量一直徘徊不前。后来厂家将味精瓶内盖的 4 个孔改为 5 个孔,通过改进设计提升了产品销量。

案例三:英国知名思维训练学者爱德华·德·博诺(Edward de Bono)曾提出过一个关于发散思维的经典问题:有个装满水的杯子,如何在不倾斜杯子或打破杯子的情况下,设法取出杯中全部的水? 这一问题并没有标准答案,用意就在于鼓励回答者发散思维,提供越多答案越好。当然,博诺也提供了几种答案供大家参考:

将沙或小石子放入杯中以替换水;

使用海绵或其他的吸收剂;

以布块利用毛细管现象使水流出来;

用吸管把水吸出来;

将水结成冰块取出来;

用强风把杯中的水吹出来;

使用清洁剂使水变成泡沫流出来;

将水煮沸使水蒸发;

以离心力让杯子旋转;

把充满气的气球放入杯中,将杯中的水挤出来,等等。

第二节 聚合思维

一、聚合思维的概念

聚合思维也称为"聚敛思维""求同思维""辐集思维"或"集中思维",是指在解决问题的过程中,尽可能利用已有的知识和经验,把众多的信息和解题的可能性逐步引导到条理化的逻辑序列中,最终得出合乎逻辑规范的结论。

1960年,英国某农场主为节约开支,购进一批发霉花生喂养农场的10万只火鸡和小鸭,结果这批火鸡和小鸭大都得癌症死掉了。我国某研究单位和一些农民用发霉花生长期喂养鸡、猪等家畜,也产生了上述结果。1963年,澳大利亚又有人用霉花生喂养大白鼠、鱼、雪貂等动物,结果被喂养的动物也大都患癌症死掉。研究人员从收集到的这些资料中得出一个结论:霉花生是致癌物。后来经过化验研究发现,霉花生内含有黄曲霉素,而黄曲霉素正是致癌物质。这就是聚合思维法的运用。

聚合思维法是人们在解决问题的过程中经常用到的思维方法。例如,科学家在科学试验中,要从已知的各种资料、数据和信息中归纳出科学的结论;企事业单位的合理化改革,要从众多方案中选取最佳方案;公安人员破案时,要从各种迹象、各类被怀疑人员中发现作案人和作案事实,这些都需要运用聚合思维方法。

二、聚合思维的主要特征

聚合思维与发散思维的原理相反,发散思维要求我们将思路打开,囊括尽可能多的创新元素,聚合思维则是要在此基础上,将这些元素进行分类和编号,最后排除对创新活动无用的冗余元素,因此,聚合思维要求封闭式、连续性、实际性的思考模式。总的来说,聚合思维具有如下特征:

(一)封闭性

如果说发散思维的思考方向是以问题为原点指向四面八方的,具有开放性,那么,聚合思维则是把许多发散思维的结果由四面八方集合起来,选择一个合理的答案,具有封闭性。

(二)连续性

发散思维的过程,是从一个设想迁移到另一设想,它们之间可以没有任何联系,是跳跃式的思维方式,具有间断性。聚合思维的进行方式则相反,是一环紧扣一环的,具有较强的连续性。

（三）综合性

在聚合思维过程中，要想准确地发现最佳方法或方案，还必须综合考察各种发散思维成果，进行归纳综合、分析比较，聚合式综合并不是简单的排列组合，而是具有创新性的综合，即以目标为核心，对原有的知识从内容到结构上进行有目的的评价、选择和重组。

（四）求实性

发散思维所产生的众多设想或方案，一般来说，多数是不成熟、不切实际的，对发散思维的结果必须进行筛选。聚合思维就可以起到这种筛选作用。被选择出来的设想或方案必须以实用标准进行判断，要切实可行。

三、聚合思维与发散思维

聚合思维也是创新思维的一种形式，它与发散思维不同，虽都从问题出发，但发散思维要求想出的办法、途径越多越好，聚合思维则需要在众多的现象、线索、信息中，根据已有的经验、知识或在发散思维中找到的最佳方案，得出最好的结论或选出最好的解决办法。

在创新思维中，聚合思维与发散思维相辅相成，在创新活动进行时，常常需要发散思维进行高容量的扩展，以增加更多的创新元素，此后便要进行聚合思维，即找准一条线索，将冗余的信息排除出去，进行集中而有效的思考，以期获得最终的创新结果。

聚合思维与发散思维指向相反且作用不同，聚合思维是一种求同思维，要集中各种想法的精华，为寻求最有实际应用价值的结果而把多种想法理顺、筛选、综合、统一，形成对问题系统全面的考察；发散思维是一种求异思维，要求在最广泛的范围内搜索各种不同的可能性。没有发散思维就不能提出全新的假设和答案，就不会有创造性思维；但发散思维提出的新答案必须经过聚合思维的检验证明才能确定其正确性。

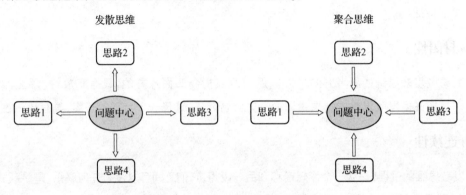

图8　发散思维与聚合思维的区别

聚合思维与发散思维既有区别,又有联系,既对立又统一。没有发散思维的广泛收集、多方搜索,聚合思维就没有了加工对象,就无从进行;反过来,没有聚合思维的认真整理、精心加工,发散思维的结果再多,也不能形成有意义的创新结果,也就成了废料。只有两者协同动作、交替运用,一个创新过程才能圆满完成。

四、聚合思维的训练技巧

(一)聚合思维的训练要点

在应用聚合思维时,一般要注意三个要点:

一是收集掌握各种有关信息。采取多种方法和途径,收集和掌握与思维目标相关的信息,资料与信息越多越好。这是选用聚合思维的前提,有了这个前提,才有可能得出正确结论。

二是对掌握的各种信息进行分析清理和筛选,这是聚合思维的关键点。通过对收集到的各种资料进行分析,区分它们与思维目标的相关程度,以便把重要的信息保留下来,把无关的或关系不大的信息淘汰。经过清理和选择后,还要对各种相关信息进行抽象、概括、比较、归纳,从而找出它们共同的特性和本质特征。

三是客观地、实事求是地得出科学结论,获得思维目标。人是感情动物,在逻辑思维过程中会受到主观因素的影响。因此,在进行聚合思维时,应尽可能避免由于非客观因素带来的偏差,而是以科学的精神进行总结并得出结论。

(二)聚合思维的方法指导

聚合思维是创新性思维群中偏向逻辑性思维的一种思维方法,需要创新活动参与者更多的理性思考,并且具备一定的归纳、总结甚至整体规划的能力。聚合思维的有效性从某种程度上讲,受到"聚合"方向准确性的影响,在初期,判断各类信息与思维目标的相关性时,往往需要创新主体敏锐的洞察力和准确的判断力。这种能力虽然与先天因素有着十分密切的联系,但也并不是不能通过后天培养而来。在创造性思维的研究领域,聚合思维的训练方法一直是学者关注的焦点,其具体方法更是万芳竞艳、层出不穷。以下是聚合思维训练与应用的一些常用方法:

1. 辏合显同法

所谓"辏合显同",就是把所有感知到的对象依据一定的标准"聚合"起来,显示出它们的共性和本质。这一方法的运用在于具备善于寻找共同点、把分散的东西集中起来的能力。这种能力不是单纯地把原本的东西机械相加,而是要通过有机整合,形成新质。

我国明朝时，江苏北部曾经出现了可怕的蝗虫，飞蝗一到，整片整片的庄稼被吃掉，颗粒无收，当时主管农业水利的朝廷官员徐光启看到人民的疾苦、想到国家的危亡，毅然决定去研究治蝗之策。他搜集了自战国以来有关蝗灾情况的资料，在浩如烟海的材料中，他注意到蝗灾发生的时间，151 次蝗灾中，发生在农历四月的 19 次，发生在五月的 12 次，六月的 31 次，七月的 20 次，八月的 12 次，其他月份总共只有 9 次。他从而确定蝗灾发生的时间大多在夏季炎热时期，以六月最多。他在史料中也发现，蝗灾大多发生在"幽涿以南、长淮以北、青兖以西、梁宋以东诸郡之地（相当于现在的河北南部，山东西部，河南东部，安徽、江苏两省北部）。为什么多集中于这些地区呢？经过研究，他发现蝗灾与这些地区湖沼分布较多有关。他把自己的研究成果向百姓宣传，并向皇帝呈递了《除蝗疏》。徐光启在写《除蝗疏》的整个思维过程中，运用的思考方法就是"辏合显同法"。

2. 层层剥笋法

该方法又称分析综合法。我们在思考问题时，最初认识的仅仅是问题的表层，比较浅显。只有经过层层分析，向问题的核心一步步逼近，抛弃那些非本质的、繁杂的特征，才能揭示出隐蔽在事物表面现象背后的深层本质。比如法官办案、新闻真相调查等都属于层层剥笋。这种方法要求我们要有一定的逻辑思维能力。在柯南道尔的《福尔摩斯探案全集》中，福尔摩斯凭着惊人的记忆力、丰富的想象力侦破了许多案件。书中福尔摩斯说过这么一段话："一个逻辑学家不需要亲眼见到或者听到过大西洋或尼亚加拉瀑布，他能从一滴水上推测出它有可能存在。所以整个生活就是一条巨大的链条，只要见到其中的一环，整个链条的情况就可以推想出来了。"

1940 年 11 月 16 日，纽约爱迪生公司大楼窗沿上发现了一个土炸弹，并附有署名 F. P 的纸条，上面写着："爱迪生公司的骗子们，这是给你们的炸弹！"后来，这种威胁活动越来越频繁，越来越猖狂。1955 年竟然放上了 52 颗炸弹，并炸响了 32 颗。对此事报界进行了连篇报道，惊呼其行为太过恶劣，要求警方给予侦破。纽约市警方在 16 年中煞费苦心进行调查，但所获甚微。所幸还保留几张字迹清秀的威胁信，字母都是大写。其中，F. P 写道："我正为自己的病怨恨爱迪生公司，要使它今后悔自己的卑鄙罪行。"警方请来了犯罪心理学家布鲁塞尔博士。博士依据心理学常识，应用层层剥笋的思维技巧，在警方掌握的材料基础上作出如下的分析推理：(1) 制造和放置炸弹的大都是男人。(2) 他怀疑爱迪生公司害他生病，属于"偏执型"病人。这种病人一过 35 岁病情就会加速加重。所以 1940 年他刚过 35 岁，现在（1956年）他应该 50 岁出头。(3) 偏执型病人总是归罪他人。因此，爱迪生公司可能曾对他的问题处理不当，使他难以接受。(4) 字迹清秀表明他受过中等教育。(5) 约 85% 的偏执狂有运动员体型，所以 F. P 可能胖瘦适度，体格匀称。(6) 字迹清秀、纸条干净表明他工作认真，是一个兢兢业业的模范职工。(7) 他用"卑鄙罪行"一词过于认真，爱迪生也用全称，不像美国人所为。所以他可能在外国人居住区。(8)他在爱迪生公司之外也乱放炸弹,显然有 F.P 自己也不知道的理由存在,这表明他有心理创伤……形成了反权威情绪,乱放炸弹就是在反抗社会权威。(9)他常年持续不断乱放炸弹,证明他一直独身,没有人用友谊或爱情来愈合其心理创伤。(10)他无友谊,却重体面,一定是个衣冠楚楚的人。(11)为了制造炸弹,他宁愿独居而不住公寓,以便隐藏和不妨碍邻居。(12)地中海各国用绳索勒杀别人,北欧诸国爱用匕首,斯拉夫国家恐怖分子爱用炸弹。所以,他可能是斯拉夫后裔。(13)斯拉夫人多信天主教,他必然定时去教堂。(14)他的恐吓信多发自纽约和韦斯特切斯特。在这两个地区中,斯拉夫人最集中的居住区是布里奇波特,他很可能住在那里。(15)持续多年强调自己有病,必是慢性病。但癌症不能活 16 年,恐怕是肺病或心脏病,肺病现代已易治愈,所以他是心脏病患者。

　　根据这种层层剥笋式的方式,博士最后得出结论:警方抓他时,他一定会穿着当时正流行的双排扣上衣,并将纽扣系得整整齐齐。而且,建议警方将上述 15 个可能性公诸报端。F.P 重视读报,又不肯承认自己的弱点。他一定会做出反应,以表现他的高明,从而自己提供线索。果不其然,1956 年圣诞节前夕,各报刊载这 15 个可能性后,F.P 从韦斯特切斯特又寄信给警方,"报纸拜读,我非笨蛋,绝不会上当自首,你们不如将爱迪生公司送上法庭为好。"依循有关线索,警方立即查询了爱迪生公司人事档案,发现在 20 世纪 30 年代的档案中,有一个电机保养工乔治·梅特斯基因公烧伤,曾上书公司诉说染上肺结核,要求领取终身残废津贴,但被公司拒绝,数月后离职。此人为波兰裔,当时(1956 年)为 56 岁,家住布里奇波特,父母早亡,与其姐同住一个独院。他身高 1.75 米,体重 74 公斤。平时对人彬彬有礼。1957 年 1 月 22 日,警方去他家调查,发现了制造炸弹的工作间,于是逮捕了他。当时他果然身着双排扣西服,而且整整齐齐地系着扣子。

3. 目标确定法

　　所谓"目标确定",是指确定搜寻目标,进行认真的观察,作出判断后找出其中的关键,围绕目标进行定向思维,目标的确定越具体越有效。比如在进行学术论文写作时,我们往往需要在一个较大的学科领域进行方向选择,在确定了方向之后,还要根据已有资料、研究兴趣、研究难度等因素缩小选题范围,选题宜小不宜大,只有目标明确,选题精准,才能够完成一篇优秀的学术论文,否则很可能由于选题范围过大,目标不明确,而乏善可陈,流于空泛。除此之外,在企业进行产品营销时,首先要考虑的就是目标受众,只有找准目标受众,才能进行精准营销,避免不必要的人力物力浪费。

　　第一次世界大战期间,法国和德国交战时,法军一个旅的司令部在前线构筑了一座极其隐蔽的地下指挥部。指挥部的人员深居简出,十分诡秘。不幸的是,他们只注意了人员的隐蔽,而忽略了长官养的一只小猫。德军的侦察人员在观察战场时发现,每天早上八九点钟,都有一只小猫在法军阵地后方的一座土包上晒太阳。德军依此判断：(1)这只猫不是野猫，野猫白天不出来，更不会在炮火隆隆的阵地上出没；(2)猫的栖身处就在土包附近，很可能是一个地下指挥部，因为周围没有人家；(3)根据仔细观察，这只猫是相当名贵的波斯品种，在打仗时还有兴趣养这种猫的绝不会是普通的下级军官。据此，他们判定那里一定是法军的高级指挥所。随后，德军集中六个炮兵营的火力，对那里实施猛烈袭击。事后查明，他们的判断完全正确，这个法军地下指挥所的人员全部阵亡。

也是在第一次世界大战时，各国训练了许多专职人员去辨别天空中的飞机，要求他们当飞机在很远的距离时就能够判别出飞机的型号。现代军队对各种武器装备的识别，也要运用这一"目标识别"方法进行训练，将观察对象的关键特征与头脑中的有关概念相联系。在思维过程中使用目标识别法，一般先要设计或确定某一思维类型的关键现象、本质、看法等，然后再注意这一目标。这样的结果，一是会促使我们去寻找不同的思维模式和思维类型，二是能够使我们明白无误地注意到思维过程，三是能使我们识别特定的思维类型并采取相应的行动(比如，我们发现了一个关键的迹象，就可以使自己的注意力集中指向这个迹象)。

4. 聚焦法

聚焦法就是人们常说的沉思、再思、三思，是指在思考问题时，有意识、有目的地将思维过程停顿下来，并将前后思维领域浓缩和聚拢起来，以便帮助我们更有效地审视和判断某一事件、某一问题、某一片段信息。由于聚焦法带有强制性指令色彩，其一，可通过反复训练，培养我们的定向、定点思维的习惯，形成思维的纵向深度和强大穿透力，犹如用放大镜把太阳光持续地聚焦在某一点上，就可以形成高热。其二，经常对某一事件、某一问题、某一片段信息进行有意识地聚焦思维，自然会积淀起对这些信息、事件、问题的强大透视力、理解力，以便最后顺利解决问题。

达尔文是善于积累第一手资料的能手。从1831年踏上军舰作航行考察开始，他就孜孜不倦地收集各种珍贵的动植物和地质标本，挖掘古生物化石，研究生物遗骸，观察荒岛上许多生物的习性。经过长达27年的资料积累和分析、写作，终于发表了著名的《物种起源》。

门捷列夫在发现元素周期律并制成元素周期表之后，有人认为他的成功来自偶然的运气。一次，《彼得堡小报》记者问他："您是怎样想到您的周期系统的?"门捷列夫正言厉色回答："这个问题我大约考虑了20年，认为坐着不动，一行一行地写着，突然就成了，事情并不是这样!"当有人称誉他是天才时，他又笑着说："天才就是这样，终生努力便成天才。"他写《有机化学》一书时，两个月内几乎没有离开书桌。

隐形飞机的制造也是一种多目标聚焦的结果。要制造一种使敌方的雷达探测不到、红外及热辐射仪等追踪不到的飞机，就需要分别做到雷达隐身、红外隐身、可见光隐身、声波隐身四个目标，每个目标中还有许多具体的小目标，通过具体地完成一个个小目标、分目标，最终制造出隐形飞机。以上例子充分证明了"集中目标加大火力""术业有专攻"的重要性。

5. 间接注意法

间接注意法,即用一种间接手段去寻找"关键"技术或目标,达到另一个真正目的的方法。也就是说,需要把对象分门别类,在分类的过程中导致另一个后果。对被分类的对象进行仔细考察,去评估每一种相关分类的价值,这才是使用间接注意法的真实意图。在军事战略理论中,英国战略家利德尔·哈特(Liddell Hart)提出了著名的"间接战略"原则。他认为,间接路线战略,就是要使战斗行动尽量减少到最低的限度,其主要原则是避免正面强攻和直接作战。他认为,在战略上,最漫长迂回的道路常常是达到目的的最短途径。军事上的典型战例有围魏救赵、欲擒故纵、围点打援、迂回进攻、声东击西,等等。

一个农夫叫懒惰的儿子把一堆苹果分为两种装进两个竹篓。一个竹篓装大的,一个竹篓装小的。傍晚农夫回到家里,看见儿子已经把苹果分开。而且,鸟啄虫蛀的烂苹果也被挑出来堆在一边。农夫夸他儿子干得漂亮。然后取出一些口袋,把两个篓子里的大小苹果混装在一起。儿子气坏了,认为父亲在耍花招,只是想看看他是否愿意干活。农夫告诉儿子说,这不是什么花招。原来他是要儿子检查每一个苹果,把烂苹果扔掉。两个竹篓分装不过是间接手段,农夫的目的是要儿子非常仔细地检查每一个苹果。如果他直截了当叫儿子把烂苹果扔掉,那儿子就不会仔细检查每一个苹果,只会急急忙忙地把苹果翻检一下,寻出那些一望而知已经坏透了的烂苹果,而不去检查那些貌似完好其实已经坏掉的苹果。

以上几种方法是我们在运用聚合思维时经常使用的方法,但在进行具体实践时,方法并不是唯一的、排他的,而是可以共同利用的,在一种思路不通时不必钻牛角尖,换一种思路或许可以收获意外的结果。当然,这些方法并非聚合思维仅有的训练方法,还有更多的内容等待我们在实践中去探索和总结。

第三节　逆向思维

一、逆向思维的概念

逆向思维(Reversed Thinking)又称反向思维,是指从反面或对立面提出问题、思索问题的思维过程,常以背离常规的思维方法来解决问题。俗语中"反过来想""反其道而行之"说的就是逆向思维。

人的思维活动存在正向和逆向两种方式。正向思维是沿着人们习惯性的、由因到果的思路思考问题。通常情况下,这种思维方式比较有效、经济,能解决大部分常规问题。在传统观念中,正向思维一直是人们思维取向的主流,如果有人采取与之相悖的思维取向来思考问题,可能会被视为异类,甚至会遭到"卫道士"们的排斥与压制。但实践证明,正向思维并不是完美无缺的,在很多具体情况下,正向思维不能对客观事实作出最为深入而有效的判断——这是因为在思维过程中,思维起点和思维终点各有不同的思维视野,有的问题从正向的起点出发看起来似乎理所当然,却局限在思维起点有限的认识范围,难以掌控思维过程中的诸多变数,而未能对整体事件进行更为全面客观的认识。因此,在需要创新时,正向思维这种常规思维方法有时不仅不能解决问题,还会限制人们的思路,影响人们的创造性。这时如果善于转换视角,从反方向去探求和思考,也就是采用逆向思维,往往会引发新的思索,产生超常的构思和不同凡俗的新观念,逆向思维也就体现了其独有的应用价值。

我国发明家苏卫星发明的"两向旋转发电机"诞生于 1994 年,同年 8 月获中国高新科技杯金奖,并受到联合国 TIPS 组织的关注。1996 年,丹麦某大公司曾想以 300 万元人民币买断其专利,可见其发明价值之大。说到"两向旋转发电机"的发明,也应归功于逆向思维。翻阅国内外科技文献可知,发电机共同的构造是各有一个定子和一个转子,定子不动,转子转动,而苏卫星发明的"两向旋转发电机"定子也转动,发电效率比普通发电机提高了四倍。苏卫星说:"我来个逆向思维,让定子也'旋转起来'。"这是他的思维基础,也是他对创造发明思想的一大贡献。

二、逆向思维的主要特征

(一)普遍性

任何事物都具有正反两个方面,既可以从正面思考问题,也可以从反面思考问题。所以,逆向思维在不同领域、不同活动中都具有适用性。思维实践证明,人们已经在实际的思维过程中经常性地使用了逆向思维。无疑,逆向思维具有普遍性特征。

(二)多样性

不同领域或不同事物的表现形式多种多样,这就决定了逆向思维必须根据实际情况采取相应的思维形式,例如,事物属性上对立两级的转换,如坚强与懦弱、优点与缺陷等;结构、位置上的互换颠倒,如上与下、左与右等;过程上的逆转,如气态变液态、液态变气态,电转为磁、磁转为电等;方法或手段上的变换,如正面论述转为反面论证、反面论证转为正面论述等。

(三)批判性

在思维实践过程中,逆向思维建立在对传统、惯例、常识的反叛基础上,是对常规思维的否定和挑战。它克服了思维定式,破除了由经验或习惯造成的僵化的认识模式;但同时也需要胆量和勇气,即需要批判性精神。正是这种批判性精神决定了逆向思维的批判性特征。

(四)新奇性

逆向思维以反方向、反常规的方式提出问题、思考问题、解决问题,所以常常能收到令人振奋的效果,给人耳目一新的感觉,具有突出的新奇性。

(五)突破性

运用常规思维,由于受经验或习惯的束缚,思想观念会长期停留在原有基础之上,很难有进步和发展。而运用逆向思维,就会冲破常规的束缚,找到前人从未想到的解决问题的方法。不少科学家的创造发明、政治家的思想观念都是运用逆向思维创造出了灿烂成果。

三、逆向思维的客观依据

(一)事物之间的"顺向"关系与"逆向"关系是相对的

任何事物都具有绝对和相对两种属性。事物的绝对性是无条件的、不可改变的;事物的相对性是有条件的、可改变的。就逆向思维中的"逆向"关系来说,它的绝对性表现在,它本身不是"顺向"关系,并区别于"顺向"关系;"逆向"关系的相对性则表现在,具有"逆向"关系的两个或多个事物,在特定条件下,可能具有"顺向"关系,而具有"顺向"关系的事物也可能在特定条件下存在"逆向"关系。

(二)许多不同的事物在相反的条件下会产生相同的结果

不同的事物虽处于相反的条件下,但它们包含的各具体因素所起的复杂作用有可能产生相同的影响、造成相同的结果。这样的现象相当普遍。例如,睡眠过多或过少都会头脑发昏、精神不好;要使煮开的水不沸溢出来,既可以从锅里舀出一些水,也可以从灶下取出一些柴。

(三)事物之间可能在特定发展阶段发生关系颠倒

事物之间的关系在一定发展阶段会发生变化,这是普遍规律。这种变化有时会呈现某种关系颠倒的状态。其具体表现多种多样,产生的原因也多种多样。例如,我国在改革开放之前,长期以来都是"以产定销",产品与市场的关系是"产品——市场",即工厂根据上级下达的计划安排产品的生产,再由商业部门送到市场上出售。现在则发生了根本性变化,产品与市场的关系倒过来成为"市场—产品"，也就是，现在的工厂是根据市场的需求"以销定产"。[①]

四、逆向思维的类型

(一)结构逆向思维

结构逆向思维是指从已有事物的逆向结构形式中去设想，以寻求解决问题新途径的思维方法。一般可以从事物的结构位置、结构材料以及结构类型进行逆向思维。

家用洗衣机的脱水缸，它的转轴是软的，用手轻轻一推，脱水缸就东倒西歪。可脱水缸在高速旋转时，却非常平稳，脱水效果很好。当初设计时，为了解决脱水缸的颤动和由此产生的噪声问题，工程技术人员想了许多办法，加粗转轴，无效，加硬转轴，仍然无效。最后，他们采取逆向思维，弃硬就软，用软轴代替了硬轴，成功地解决了两大问题。这是一个由结构逆向思维而诞生创造发明的典型例子。

1945年的德国一片荒凉，一位年轻人在街上叫卖："收音机，卖收音机!"但当时的德国已禁止制造收音机，即使出售收音机也违法。后来，这位年轻人将组合收音机的所有零件全部准备好，一盒一盒以玩具的形式贩售，让顾客自己动手组装。这一做法果然奏效，一年内卖掉了数十万组。

(二)功能逆向思维

功能逆向思维是指从原有事物的相反功能方面去设想，寻求解决问题新途径的思维方式。事物的功能可以逆向转变，对人不利的作用也可以变为对人有利的作用。功能逆向就是从事物某种作用的相反方向去思考，从而提出新想法，实现创新。

众所周知的"粘贴纸"的发明，就是3M公司职员借助功能逆向思维实现的，他将原本发明失败的低黏合度纸张处理为可以随意粘贴撕取的"即时贴"，为公司创造了巨额的利润。

日本是一个经济强国，却又是一个资源贫乏国，因此他们十分崇尚节俭。当复印机大量吞噬纸张的时候，他们一张白纸正反两面都利用起来，一张顶两张，节约了一半。日本理光公司的科学家不以此为满足，他们通过逆向思维，发明了一种"反复印机"，已经复印过的纸张经过它后，上面的图文消失了，重新还原成一张白纸。这样一来，一张白纸可以重复使用多次，不仅创造了财富、节约了资源，也使人们树立起新的价值观——节俭固然重要，创新更为可贵。

---

① 何名申：《创新思维与创新能力》，中国档案出版社，2004年，第347—351页。

(三)状态逆向思维

状态逆向思维是指人们从事物某一状态的逆向方面来认识事物,引发创造发明的思维方法。

传统的破冰船依靠自身的重量来压碎冰块,因此它的头部都采用高硬度材料制成,且设计得十分笨重,转向不便,所以这种破冰船非常害怕侧向的流水。苏联科学家运用逆向思维,变向下压冰为向上推冰,即让破冰船潜入水下,依靠浮力从冰下向上破冰。新的破冰船设计得相当灵巧,不仅节约了许多原材料,还不需要很大的动力,自身的安全性也大为提升。遇到较为坚厚的冰层,破冰船就像海豚那样上下起伏前进,破冰效果出色。这种破冰船被誉为当时最有前途的破冰船。

(四)因果逆向思维

因果逆向思维是指从已有的事物的因果关系中变因为果,去发现新的现象和规律,寻找解决问题新途径的思维方法。在电的发明史上,从汉斯·克里斯蒂安·奥斯特(Hans Christian Oersted)的电能生磁到迈克尔·法拉第(Michael Faraday)的磁能生电,它们之间有着因果逆向思维的联系。其他如托马斯·阿尔瓦·爱迪生(Thomas Alva Edison)发现送话器听筒音膜有规律振动的现象到他发明留声机,近代无线电广播的播放与接收,录像机的发明与摄像机的发明,这些都是因果逆向思维的成果。

五、逆向思维的训练技巧

(一)逆向思维的训练要点

运用逆向思维,一般要注意三个要点:

一是必须深刻认识事物的本质。所谓"逆向",不是简单的、表面的逆反思维,不是别人说东我偏说西,而是真正从逆向中进行独到、科学的创新性思维。只有严格遵循客观规律,认清事物本质,才能避免在进行逆向思维时从一个极端走向另一个极端。

二是坚持思维方法的辩证统一。正向与逆向本身就是对立统一的,无法截然分开。机械地套用正向或逆向思维都会使思维方式陷入泥沼,应当灵活机动地将两者进行合理转换,从而实现思维的目标。

三是思维立意要积极有益。逆向思维应经得起推敲,避免肤浅化、恶俗化,那些不具普遍性、违反科学精神、有悖于人类情感和共识的"逆向"都是不可取的。

（二）逆向思维的方法指导

作为重要的创新思维方法，逆向思维同其他的创新思维方法一样，都是人类实践经验的总结和提炼，归根到底，都反映着事物的客观规律。作为一种方法论，逆向思维具有明显的工具意义，古今中外不可计数的事例表明，像企业经营、科学研究等创新性极强的人类活动都少不了逆向思维法的运用。

1. 属性逆向法

事物的属性往往是多向位的，一件事情可以从不同的角度去理解，即使是同一件事情，从不同角度观察，其性质也是多方面的，可以相互转化。就像"以酒解酒、以毒攻毒、鹰羽射鹰"等，本身就包含着矛盾性。通过改变事物的某种性质，去促使人们需要的某种变化的事物发生，从而使事物的属性"有所颠倒"，基于这一机制，人们对目标事物的某一性质及其依存条件进行逆向思维，便有可能在预见该事物发生某种"颠倒"的重大变化的基础上，获得对事物的某种新认识、解决问题的新办法或从事某种创造发明的新设想。

有一次，草原失火，烈火借着风势无情地吞噬着草原上的一切。那天刚巧一群游客在草原游玩，一见烈火扑来，个个惊慌失措。幸好有位老猎人与他们同行，他一见情势危急，便要大家拔掉面前的干草，清出一块空地来。这时大火逼近，情况十分危险，但老猎人胸有成竹，他见烈火像游龙一样越来越近，便果断地在自己脚下放起火来，眨眼间升起了一道火墙向三个方向蔓延开去。奇迹发生了，老猎人点燃的这道火墙并没有顺着风势烧过来，而是迎着烈火烧过去，当两堆火碰到一起时，火势骤然减弱，然后渐渐熄灭。游客们脱离险境后向他请教以火灭火的道理，老猎人笑笑说："今天草原失火，风虽然向着这边刮来，但近火的地方气流还是会向火焰那边吹去。我放这把火就是抓准时机，借这股气流向那边扑去。这把火把附近的草木烧了，那边的火就再也烧不过来了。"

2. 因果逆向法

逆向思维中"倒因为果、倒果为因"的方法在生活中的应用极其广泛。有时，某种恶果在一定的条件下又可以反转为有利因素，关键是如何进行逆向思考。有些事物之间，甲能产生乙、乙也能产生甲，对具有因果关系，特别是一因一果关系的甲乙两事物，以作为结果的事物乙为出发点，倒回去思考甲，自然能对甲，以及甲、乙之间的关系获得新的认识。

"倒因为果"最典型的案例是人类对疫苗的研究。人类在抗击一场场灭顶之灾的努力中，唯一有效的法宝就是"倒因为果"的逆向思维。其实早在我国的宋朝就已运用此法，当时人们把天花病人皮肤上干结的痘痂收集起来，磨成粉末，取一点吹入天花病患者的鼻腔。后来这种天花免疫技术传入欧洲，英国医生用同样的原理研制出更安全的牛痘，为人类彻底根治天花作出了贡献。

3. 缺点逆向法

"缺点逆向"强调的是反过来考虑如何直接利用这些缺点做到"变害为利",对事物中已经发现的缺点,除了采用"改进"策略,"逆向"是成本更低的"直接利用"。这是一种利用缺点,化被动为主动、化不利为有利的思维方法,这种方法并不以克服事物的缺点为目的,相反,它是将缺点化弊为利,找到解决问题的创新思维方式。

某时装店的经理不小心将一条高档呢裙烧了一个洞,其身价一落千丈。如果用织补法补救,也只是蒙混过关,欺骗顾客。这位经理突发奇想,干脆在小洞的周围又挖了许多小洞,并精心修饰,将其命名为"凤尾裙"。一时间"凤尾裙"销路顿开,该时装店因此获利并一举成名。无跟袜的诞生与"凤尾裙"异曲同工——因为袜跟容易磨破,一旦破损就毁了一双袜子,商家于是运用缺点逆向思维,试制成功无跟袜,创造了良好的商机。

4. 过程逆向法

事物起某种作用的过程具有确定的、显著的方向性,显示着事物的某种发展趋势。当事物的发展趋势发生了方向颠倒的重大改变,人们对它的认识和态度就会随之作出调整。因此,在某一创新问题的思考过程中,如果将原初发展过程倒过来思考,便有可能促成头脑中产生与问题的新的发展趋势相适应的新设想。

人在电影院看电影,历来都是银幕上的画面动,人坐着不动,将过程反过来,画面不动,人动——就产生了地铁广告的创意;大商场里的电动扶梯,使顾客登楼方便、省力,其设计思想就是将原本的过程逆反,让"路动"而"人不动"。

5. 方位逆向法

方位逆向法就是双方完全交换,使对方处于己方原先的位置。它指的不仅是物理空间,更是一种对立抽象的本质。相反相成的对立面有入与出、进与退、上与下、前与后、头与尾,等等。

方位逆向,首先在于"设身处地",在实际应用中,需要真正站在他人的角度,尤其是存在利益关系的"敌对方"的角度看待和分析事物。学习这一点,不仅需要一颗真诚的心,更重要的是创新的智慧。站在对立面研究解决问题的方式,和对方换一个角度,就是一次"逆向换位"。方位逆向思维还可以多次换位,甚至反复逆向换位。之所以要进行多次、反复的逆向换位,是因为我们必须考虑到"对立"的一方可能也在进行方位逆向思考。思考他人—作出反馈—再思考他人对于你的反馈会作出何种逆向反馈—重新反馈……这就是方位逆向思维的升级,是对换位思考的终极把握。在这样的换位对抗中谁胜谁负,就要看谁在逆向思维上胜人一筹了。

20世纪60年代中期,当时在福特一个分公司任副总经理的李·艾柯卡(Lee Iacocca)正在寻求方法改善公司业绩。他认定,达到该目的的灵丹妙药在于推出一款设计大胆、能引起大众广泛兴趣的新型汽车。在确定了最终决定成败的人就是顾客之后,他便开始绘制战略蓝图。以下是艾科卡如何从顾客着手,反向推回到设计一种新车的步骤:顾客买车的唯一途径是试车。要让潜在顾客试车,就必须把车放进汽车交易商的展室中。吸引交易商的办法是对新车进行大规模、富有吸引力的商业推广,使交易商本人对新车型热情高涨。说得实际点,他必须在营销活动开始前造好小汽车,送进交易商的展车室。为达到这一目的,他需要得到公司市场营销和生产部门百分之百的支持。同时,他也意识到,生产汽车模型所需的厂商、人力、设备及原材料都得由公司的高级行政人员来决定。艾科卡一个不漏地确定了为达到目标必须征求同意的人员名单后,就将整个过程倒过来,从头向前推进。几个月后,艾科卡的新车型野马从流水线上生产出来,并在 60 年代风行一时。它的成功也使艾科卡在福特公司一跃成为集团的副总裁。

6. 心理逆向法

心理逆向法是指在思考过程中摒弃自身局限,先探究对方的思想,再逆对方的思路而行事。虽然在方位逆向法中我们已经熟悉了对方的心理,但在心理逆向法中,需要更近一步,逆反对方心理而找出对策,让对方跟着我们的思路走,做出我们需要对方做出的选择。

心理逆向法体现着一种"料敌在前、抢占先机"的精神,立足于对对方心理的预测和反馈,依此布局,使其防不胜防,在应对自如之余还能反将一军。"让对方跟着自己走",听起来似乎很困难,但如果尝试着持续训练逆向思维的思考能力,慢慢就会发现,这一方法其实可以掌握。所谓"送者贱、求者贵",人们的心理往往是这样:越压制意味着越加强。许多悖论性的心理法则也间接证明了心理逆向的存在。

表 3　悖论性心理法则列表

心理法则名称	悖论性心理法则解释
贝克法则	你所能提供的东西你一个也不要。
博肯法则	剧场里越不靠近通道的座位上的观众来得越晚。
格里森法则	极小的洞终将把最大的容器流空,除非它是故意用来排水的,而在这种情况下它又会堵塞。
贾斯特法则	车越破开得越疯。
梅尔法则	要不是最后一分钟,那就什么事也做不成。
韦伯法则	如果你顺当地找到停车的地方,那你就会在之后找不着你的车。

7. 雅努斯式思维法(对立互补法)

"雅努斯"是罗马神话中的两面神,他的头部前后各有一副面孔,一副凝望着过去,一副注视着未来。雅努斯式思维法就是以把握思维对象中对立的两个面为目标,自觉遵循逆向路径研究问题。它要求人们在处理问题时既要顺着正常的思路研究问题,也要倒过来从反方向逆流而上,看到正反两方的互补性。

雅努斯式思维的第一步建立在逆向意识之上。首先,必须认识到事物都由两方面构成,我们面对的问题必然存在其对立面。也就是说,当你面对一个难题时,你可能会面对这个难题的条件、问题和答案。你需要做的是对这个难题的构成要素重新洗牌,逆向思考。

第二步,是把握对立面之间相互渗透的关系,以达到对问题解决的质的飞跃。要时刻谨记——对立是为了共存。

第三步建立在对前两步扎实把握的基础上,这一步要求解析对立的双方,然后进行重组建构。

逆向思维的训练方法并不局限于上述七种,逆向思维的运用也不能依靠单一的方法,而是多种方法相互交织、共生共长。因此在进行创新思维活动时,不要抓住一种方法不放,特别是遇到较为复杂的问题,应该多种方法并用,多管齐下、协同发展,这样才能够有效地将创新思维运用到极致。

第四节　横向思维

一、横向思维的概念

所谓横向思维(Lateral Thinking)是指突破问题的结构范围,从其他领域的事物、事实中得到启示而产生新设想的思维方式。由于改变了解决问题的一般思路,试图从其他方面、方向入手,思维广度便得到大幅增加,从其他领域中得到解决问题的启示成为可能,因此,横向思维常常可以在创新活动中起到巨大作用。横向思维重在思维往横侧、宽处的延伸和拓展,因此又称侧向思维。对"横向"或"侧向"的理解一般有两层含义:一是解决问题时,故意暂时忘却原来占据主导地位的想法,去寻找原本不会注意的侧面通道,即另一思路;二是作为一种解决问题的技巧,不从正面突破,而是迂回包抄,即间接注意。

横向思维的概念最早由世界知名思维训练专家爱德华·德·博诺提出。在其专著《新的思维》中,他用"挖井"作比喻,阐述了纵向思维与横向思维的关系。他认为,纵向思维是从常规的、单一的概念出发,并沿着这个概念一直推进,直到找出最佳方案、方法或结果。但是,万一作为起点的概念选错了,以致找不到最佳方案,或得不到正确的结果,问题就会变得相当复杂。这正像挖一口井,如果最初挖井的位置选择不当,即使费了很大劲,挖得很深,仍不会出水,怎么办? 对大多数人来说,放弃可惜,只好继续挖下去,并鼓励自己,"马上就要出水了,千万不能放弃,坚持就是胜利!"随着不断地开掘,人们一方面越来越感到失望,另一方面又觉得希望越来越大,这就是典型的"纵向思维"。横向思维是在纵向思维得不到正确的结果、遭遇挫折、山重水复疑无路的时候,避直就曲、另辟蹊径。并不能再挖,放弃它! 横向思维要求我们,一旦发现位置错误,必须果断放弃、另寻新址。

爱德华·德·博诺博士是牛津大学心理学和医学博士、剑桥大学医学博士,曾任职于牛津大学、伦敦大学、哈佛大学和剑桥大学。他第一次将创造性思维研究建立在科学基础之上,是思维训练领域的权威。他是横向思维理论的创立者,目前已著书五十多部,其中《我对你错》一书受到了三位诺贝尔奖得主的推崇。他在神经学、医学、心理学等跨学科理论积累上创立了最庞大的创造性思维训练体系,他的名字也已成为创造力与新思维的代名词。

二、横向思维与纵向思维

横向思维与纵向思维并非彼此隔离、相互排斥的,相反,两者相辅相成、互为补充。人类思维的发展趋向是建立起纵向思维和横向思维有机结合的立体思维模式。

横向思维与纵向思维的区别如下:

表4　横向思维与纵向思维的区别列表

横向思维	纵向思维
启发性的	分析性的
跳跃	按部就班
不必保证每个步骤的正确	保证每个步骤的正确
可以不用否定来堵死某些途径	用否定来堵死某些途径
欢迎偶然闯进的东西	集中一点,排除非相关因素
范畴、类别、名称可以不固定	范畴、类别、名称固定
遵循最无希望的途径	遵循最有希望的途径

爱德华·德·博诺在论述横向思维的特征时曾说:"如果说纵向思维是充分性比较大的思维,那么横向思维就是充分性比较小的思维。"纵向思维之所以是"充分性较大的思维",是因为纵向思维者往往对局势采取最理智的态度,从假设—前提—概念开始,依靠逻辑认真思考,直至获得问题的答案;横向思维之所以是"充分性较小的思维",是因为它建立在理由不充分的基础之上,对问题本身提出问题,进而得到一种看问题的新方法、新路径。

有一家公司新搬入一幢摩天大楼,不久就遇到了一个难题。由于当初楼内安装的电梯过少,员工上下班时经常要等很长时间,为此怨声不断。公司总裁于是把各部门负责人召集

到一起,请大家出谋划策解决电梯不足的问题。经过一番讨论,大家提出了四种解决方案:

第一种:提升电梯上下速度,或者在上下班高峰时段,让电梯只在人多的楼层停。

第二种:各部门上下班时间错开,减少电梯同时使用几率。

第三种:在所有的电梯门口装上镜子。

第四种:安装一部新电梯。

根据爱德华·德·博诺的说法,如果你想出的是第一、第二或第四种,那么你的思维方式属于纵向型或传统型。如果你提出的是第三种,那么你的思维方式属于水平型,属于横向思维。经过慎重考虑,该公司选择了第三种方案。该方案付诸实施后,员工乘电梯上上下下,再也没有了抱怨声。爱德华·德·博诺总结说:"等着乘电梯的人一看到镜子,免不了开始端详自己的镜中形象,或者偷偷打量别人的打扮,烦人的等待时刻就在镜前顾盼之间悄悄过去了。该公司的难题固然由电梯不足引起,但也与员工缺乏耐心不无关系。"

从创新思维的角度讲,应当对横向思维带来的新设想、新概念多加运用。纵向思维是一种相对传统的逻辑思考方式,即思考者是从事物的某个状况直接推演到另一状况,就好像盖一栋大楼时,把石头一块接一块牢固地叠起来。因此,纵向思维和稳定有关,它是在寻找一个令人满意的答案,然后就此打住。横向思维则和移动、改变有关,它绝不是要证明什么,而是不断探寻、引发新想法。因此,横向思维是有创造力的,它的目的是从一种看事情的方法转移到另一种方法,总是在寻找更好的方案,总是带着希望——希望可以经由重新组合而达到优化。简言之,纵向思维是在寻找答案,而横向思维是在寻找问题。纵向思维者会判断什么是对的,然后全心投注于此;横向思维者则寻找替代方案。纵向思维者说:"这是看问题最好、最正确的方法。"横向思维者则说:"想一想有没有其他方法,换个角度来思考一下。"

在实际的思维过程中,人们经常交替使用"横向"和"纵向"两种方式。那些思维敏捷的人,经常能表现出良好的"临场应急"本领。这种本领在社交场合很有用处,它可以让我们摆脱尴尬的境地,或者反抗某些人的恶意攻击。这其中常用的方法就是把横向思维与纵向思维结合起来,因此,最优顺序是先用"横向转换"找出合适的线索,再采用"纵向进退"进行深入思考。只有把横向思维和纵向思维结合起来,全面思考、逐级排除,最后找准方向、有的放矢,才是提高思维效率的有效途径。

三、横向思维的训练技巧

(一)横向思维的训练要点

在运用横向思维时,一般要注意以下要点:

一是寻求各种观点。一般而言,处理问题时,首先要规定解决问题的范围,只有在这个范围内才能使用累积逻辑的方式。但在实际生活中，解决办法在范围之外的情况也很多。因此，应对问题本身及解决方案提供多种选择。

二是打破定式，提出富有挑战性的假设。在对问题进行假定时，我们容易受到支配性观点的束缚。"支配性观点"指的是推动现实生活的现成概念，对创造活动来说，它是很大的障碍。为了产生新的设想，首先要消除这些障碍，要有意识地找出支配现状的观点，使之明确化，然后指出其弱点，这样一来，就可以避开现成概念，自由地进行想象。

三是要对各种假定提出诘难。通常情况下，人们在思考某件事情时，总能够作出几种假定——它们看来是如此明显，以至于我们会无意识地把它们视为理所当然。但是，当抱着怀疑的态度仔细追究时，它们可能被证明是不可能或不恰当的，继而可以将思想上的障碍扫清。

四是养成寻求多种解决方法的习惯。不要执着于好像是最有希望解决问题的那种办法，人们可以给自己确定一个可供选择的方法的定额，它可以起到刺激作用，以期头脑不断地寻求观察问题的其他办法，寻求类比和可能的联系。

五是不要急于对头脑中涌现出的想法加以判断。众所周知，许多科学发现常以假线索作为先导，因此，在没有确定某种想法会引出什么结果之前，不要将其放弃，也许它恰巧能孕育出更进一步的想法。这样做的目的在于发现一种新的、有意义的思想组合，而不问其通过何种途径实现。

六是将问题具体化，使之在头脑中形成一幅图像。这幅图像可以通过改变各个部分，或对它们进行重组而予以重新构思。要能注意到分歧点，发现相互的关联，考虑到各部分的功能以及怀疑的限度。多数情况下，粗略的图解、符号化要素更利于思考。

七是要从问题之外寻求偶然的刺激。一个人应该在头脑中留有空白，并随时等待着接受能引起思维刺激的信息。有意识地扩大接触面、对他人的建议持开放态度等都有可能因随机信息的刺激获得有益的联想和启发。灵活地利用偶然机会，利用交叉刺激萌发新想法，这自然会令问题迎刃而解。

（二）横向思维的方法指导

横向思维是一种提高创造力的系统性手段，有意识地使用一些特定的步骤和技巧能够实现横向思维能力的提升。作为"横向思维"概念的提出者，爱德华·德·博诺的研究成果给了我们实现这一目的的契机，其中实用性最强、流行度最广的当属"六顶思考帽"法。

爱德华·德·博诺的代表作《水平思考法》和《六顶思考帽》被译成37种语言、行销54个国家，在这些国家的企业界、教育界和政界得到了广泛的推广和肯定——1984年首次个人承办奥运会成功并获得1.5亿美元巨额利润的美国商人彼德·尤伯罗斯将自己的超凡成就归功于"水平思考法",他曾参加过爱德华·德·博诺举办的青年总裁组织"六项思考帽"培训班;1996 年,美国联邦法律大会邀请爱德华·德·博诺讲授六项思考帽,听众是来自 52 个联邦国家和被邀请国家的 2300 余名高级律师、法官和知名人士;美国军方也认识到爱德华·德·博诺博士以六项思考帽为代表的创新思维工具的价值,邀请他担任海军顾问,为全球热点政治谈判提供咨询;美国波音公司将六项思考帽引入罢工谈判中,成功避免了一次罢工,后来又用同样的方法防止了罢工,第三次矛盾出现后,工会向公司管理层要求,不使用六项思考帽就不愿意谈判。

在中国,爱德华·德·博诺的横向思维理念更有特殊意义。2002 年,他来到中国,为 2008 年奥运组委会官员做水平思考培训,在培训中,爱德华·德·博诺通过随机抽取的词语"体育馆"联想到"重量",最终使北京奥运组委会想到了一个用观众的"加油"声控制平台升降的方案。2004 年年末,爱德华·德·博诺再次受北京奥组委、北京市政府之邀,到北京亲传创新秘诀。

"六项思考帽"是指用六项颜色不同的帽子为比喻,把思维分成六个不同的方面,这六种思维方式并不代表六种性格,而是指每一个人在思考问题时都可以扮演六种不同的角色。本质上,"六项思考帽"是一个角色扮演游戏,它强调的是"能够成为什么"而非"本身是什么"。它寻求的是一条向前发展的路,而不是争论谁对谁错。

现在绝大多数重要的创新都不是完全由个人完成的,一般都需要依靠团队的智慧和经验,在集体讨论中,由于各自任务目标的不同,加之文化背景和知识结构的差异,往往会出现不必要的争论,每个人只关注自己的研究领域的特点。也许我们每个人的观点都是正确的,但不能有效地达成具有建设性的共识,不能很好地完成团队中的智力资源整合。六项思考帽帮助我们建立了一个平衡的系统平台,使混乱的思考变得更清晰,使团体中无意义的争论变成集思广益的创造,使每个人变得富有创造的活力。

就每个参与个体来说,六项思考帽旨在使思考者便于在同一时间内只做一件事情,学会将逻辑与情感、创造与信息等区分开来,脱离思维的俗套而对事物产生新的看法。就如爱德华·德·博诺所说:"思考的最大障碍在于混乱,我们总是试图同时做太多的事情。情感、信息、逻辑、希望和创造性都蜂拥而来,如同抛耍太多的球。"在思考的时候,我们可能同时顾及许多方面:要尊重事实,建立其中的逻辑关系,同时又不能忽略感情因素,这些都会造成我们的思考障碍,影响我们作出最佳的判断或选择。因此,六项思考帽中代表着六种特定类型的思考方式,一次只能戴一顶,一次只用一种方式进行思考。这使得我们指导自己的思考过程如同指挥乐队一般,唤起我们想要的,给人以热情、勇气和创造力,让每一次会议、每一次讨论、每一份报告、每一个决策都充满新意和生机。

六项思考帽可以说是一个全面思考问题的模型,是一个利于人际沟通的操作框架,是一

六项思考帽

 白色暗示着纯洁。白帽思维代表客观的事实和数字。

 红色暗示喜欢、厌倦、愤怒等情感特征。红帽思维代表直觉和预感。

 黄色代表阳光和乐观。黄帽思维代表着正面、积极。

 黑色是阴沉、负面的。黑帽思维考虑的是事物的负面、风险。

 绿色代表生机。绿帽思维代表创造力，产生新的想法。

 蓝色是冷静的。蓝帽思维代表思维过程的控制与组织。

图9　六项思考帽

个操作简单、经过反复验证的思维工具，更是一种提高团队智商的有效方法。

白色思考帽像白纸，代表中性和客观。它思考的是客观的事实和数据。

红色思考帽像火焰，代表情绪、直觉和感情。它提供的是感性的看法。

黄色思考帽像阳光。它意味着乐观、充满希望的、积极的思考。

黑色思考帽像法官的黑袍，代表冷静和严肃。它意味着小心和谨慎，它指出了任一观点的风险所在。

绿色是草地和蔬菜的颜色，代表丰富、肥沃和生机。绿色思考帽指向的是创造性和新观点。

蓝色是冷色，也是天空的颜色。蓝色思考帽是对思考过程和其他思考帽的控制和组织。

这种方法反映了人类思维的一些特性，因而极具实践价值。例如，戴上白色思考帽，与人沟通时彼此不谈情绪、感觉，只以理服人，这样可避免出现无谓的争议；戴上红色思考帽，可以让人们如实地表达内心的感觉，如果在思考过程中不能表达情绪和感觉，它们就会在暗地里骚动，影响人的思考；黑色思考帽是一项"批评帽"，这是因为人类心灵的负面倾向非常强烈，思考者必须有完全否定的机会，这样可以阻止我们去做不合法的、危险的事情；与否定、负面的黑色思考帽相反，黄色思考帽是一种建设性的思考，包含积极的态度、更好的建议、解决与改善问题的想法；绿色思考帽承认创造力是思考的关键成分，要求我们去发现更好的想法。在绿色思考帽下，可以提出各种可能性，如问题的多重选择或解决问题的多种途径；蓝色思考帽是思考中的思考，它象征整体的控制。蓝色也代表控制时不可或缺的公正、超然与冷静，它决定思考工作的进行方式。

团队的讨论和对话可以获得六项思考帽带来的最大收益，一个典型的六项思考帽在团队中的实际应用步骤为：

第一,陈述问题事实(白帽);

第二,提出如何解决问题的建议(绿帽);

第三,评估建议的优缺点:列举优点(黄帽);

第四,列举缺点(黑帽);

第五,对各项选择方案进行直觉判断(红帽);

第六,总结陈述,得出方案(蓝帽)。

值得注意的是,六项思考帽在实践中的使用顺序并不固定,也就是说,凡在合适的情况下都可以使用相应的思考帽。因此,使用者用何种方式去排列帽子的顺序就显得非常关键。这要求使用者首先应真正掌握各项思考帽的应用方法——哪种适于考察问题;哪种适于解决问题;哪种适于协调争论;哪种适于得出结论,等等。其次,使用者应掌握组织思考的流程。我们可以想象,一个人写文章的时候需要事先计划自己的结构提纲,以便自己写得有条理;一个程序员在编制大段程序之前也需要先设计整个程序的模块流程。思维同样如此。六项思考帽不仅定义了思维的不同类型,还决定了思维的流程结构对思考结果的影响。如果使用者不能熟练掌握思考帽本身和思考的流程,那么它将形同虚设。

第五节　意象思维

一、意向思维的概念

"意象"是中国传统美学的核心概念,其源头可以追溯至《易传》,《易传·系辞传》中写道:"书不尽言,言不尽意,然则圣人之意,其不可见乎? 子曰:圣人立象以尽意。"其中"圣人立象以尽意"意思是说,圣人常以"象"来表达难以尽言之意,我们因此可以借助象来充分理解圣人的思想。在"言不尽意"的时候,具体的、微观的、显露的"象"就起到了中介作用,人们能够由此了解抽象的、宏观的、隐含的"意"。

最早将"意""象"合为一词的是汉代的王充,他在《论衡·乱龙》中说:"夫画布为熊麋之象,名布为侯,礼贵意象,示义取名也。"这里的意象指的是"熊麋之象",本意是说同类事件之间可以相互印证,不过,其中也透露出将含有寓意的图象称为意象的思想。

将"意象"一词引入文学领域的是南朝梁代著名的文学理论家刘勰,他在《文心雕龙·神思》中说:"然后使玄解之宰,寻声律而定墨;独照之匠,窥意象而运斤。"《神思》是《文心雕龙》的第二十六篇,主要探讨艺术构思的问题。刘勰将构思列为其创作论的总纲,认为艺术构思是"驭文之首术,谋篇之大端",它由构思前的准备工作讲起,由构思而至想象,由想象而至意象，由意象而至语言声律。最为重要的是，在进行艺术构思时，创作者的内心情感要与最终创造的形象之间保持高度契合。

意象是美的本体，因此有"美在意象"之说，它的基本规定就是"情景交融"，比如，诗人杜甫《月夜忆舍弟》中的名句"露从今夜白，月是故乡明"所体现的就是"情境交融"而产生的审美意象。诗人在战乱的月夜思念亲人，这里的"月"已不再仅指真实存在的月亮，而是被诗人赋予了思乡之情的"意象之月"。因此，世界处处都可以看见月亮，而独有故乡的月亮最为明亮。这里，诗人所营造的就是"有景的情"和"有情的景"。

所谓意象思维，简言之，即创作者头脑中形成的关于客观世界的景象与所要表达的主观思想感情融合一致的形象化的思考过程。意象思维是直观形象的，但在其所呈现出的对客观世界主观化的反映中，思维主体的个人意识被更多地融入其间，呈现出标签化的个人风格。

中国人对意象世界比较敏感，这是中华文化发展至今而留存下来的审美基因，是中华民族经过长期思考与实践创建出的独特的洞悉世界、创造文明的认识观与方法论。它以中国古代的老庄哲学思想为核心，以辩证的思维观为基础，既有别于具象思维也不同于抽象思维，它是我国传统文化的思维大观，带有空灵缥缈的中国韵味。在意象思维中，"意"与"象"是互通共识的有机体，"意"者即人的意识、意念，"象"者则指代大千世界和宇宙万物。意象思维正是"人与物"感应式的联系纽带和"人对物"的认识法则，也是以主观意识与客观存在的共在性与可知性为基础的综合性思维方式。意象思维灵动、跳跃，洒脱不羁，因而极富创造性，同时，正是由于没有恒常的章法与固定的模式，意象思维往往并不严谨，更谈不上精确，缺少基础学科所必需的科学性与理性，而常被运用于艺术领域。

二、意向思维的类型

意象思维按照不同的分类标准，可以分为不同的思维类型。

（一）符号意象思维、玄想意象思维与审美意象思维

按照所反映内容的不同，意象思维可以分为符号意象思维、玄想意象思维与审美意象思维。符号意象思维指的是以符号代表某些神秘的自然法则，如《易经》中的卦象；玄想意象思维指的是以观念来表征事物的本质，如"道""天理"等；审美意象思维则是指通过审美意象的塑造达到艺术的最高境界，如诗词歌赋、音律鼓乐、花鸟山水画等。

我们最为熟悉的当属审美意象思维。中国人大多自小就会背诵诗歌，诗歌是审美世界的一座宝库，辛弃疾有词云"自有渊明方有菊，若无和靖即无梅"，直译过来就是，没有陶渊明与林逋，世界上就不会有菊与梅，我们知道，陶渊明是爱菊咏菊的代表人物，这正像林逋对待

梅一样,如果没有他们对菊与梅的描摹,没有他们赋予菊与梅的高洁品格,我们所拥有的只能是真实世界中属于植物学科的菊与梅,而不会了解到意象世界中带给我们审美体验的菊与梅。如今,当我们看到自然界中的菊或梅时,除了赞叹植物本身生命的美感,也会联想到文人墨客赋予它们的精神象征,审美意象思维的意义正在于此——它丰盈了人们的精神世界、丰富了人们的内心与情感。

(二)局部意象思维与整体意象思维

按照涉及范围的大小,意象思维可以分为局部意象思维与整体意象思维两类。局部意象思维是指蕴含于整体意象思维之中,对整体意象思维的彰显起到提点作用的零星意象思维。整体意象思维是指借由局部意象思维的有序排列和有机组合熔铸而成的完整意象思维。认识主体通过想象和联想的方式能够将局部意象思维扩展为整体意象思维,在这一过程中,被隐藏或被忽略掉的内容能够借由主观的能动作用而自行补充完整。

以国画大师齐白石先生的名作《蛙声十里出山泉》为例。一次,老舍先生来到齐白石先生家中做客,他拿起案头书本,随手翻到清代诗人查慎行《次实君溪边步月韵》一作,便选出"蛙声十里出山泉"一句请齐白石先生作画。如何用视觉表现听觉? 怎样用笔墨在纸张上体现出"蛙声"? 这实在是个涉及艺术表现的高难度问题。经过几天的认真思考,白石老人凭借自身的艺术修为出色地完成了"任务"。老舍先生看到画作后拍案叫绝,评价到"查初白句蝌蚪四五,随水摇曳;无蛙而蛙声可想矣。"这幅画作充分体现了中国画"诗中有画、画中有诗"的审美境界,画中一道山泉急流喷涌而出,游弋玩耍的几只小蝌蚪顺流而下,如此畅快淋漓、充满童真童趣的景象令观者自然联想到画外的青蛙与夏夜的蛙声。此时,观者似乎已经听到了远处和着流水之音的一片蛙鸣,耳畔奏响了一曲充满生机的自然的乐章。借由齐白石先生的画作,这句诗也跳出了原诗的意境,成为独具意蕴的传世之作。

(三)单一意象思维与组合意象思维

按照思维对象的多寡,意象思维可以分为单一意象思维与组合意象思维。单一意象思维以某一整体事物为思维对象;组合意象思维则以多个分散意象的有机组合作为思维对象,这种复合的表象性整体也可称作群体意象。此种情形常见于古诗词中对形象细节的叠化使用。

如范仲淹《苏幕遮》上阕:

碧云天,黄叶地,秋色连波,波上寒烟翠。山映斜阳天接水,芳草无情,更在斜阳外。

词中各短句自成一景,景物之间彼此并置呼应,借由读者的组合想象融为一体。

而李清照《永遇乐》在开篇提出三个连续的疑问——

图 10　齐白石《蛙声十里出山泉》

落日熔金，暮云合璧，人在何处。

染柳烟浓，吹梅笛怨，春意知几许。

元宵佳节，融和天气，次第岂无风雨。

这景与情的交织融合，仿佛一组蒙太奇镜头，在穿插跃动间流露出词人"此去经年""更与何人说"的落寞。景的可爱与人的沧桑相反相成，景愈热闹而愈显无情，人在美景之中便愈发凄怨酸楚。而在作者营造的意象世界中，读者自然会渐渐染上一抹哀伤，并将这种情感体验沉入自己的记忆世界与审美世界。

（四）静态意象思维与流动意象思维

按照思维的流动性，意象思维可以分为静态意象思维与流动意象思维。静态意象思维指的是思维对象能够在短时间内保持相对稳定状态的意象过程，动态意象思维则是指意象过程长时间处于变化之中。静态意象是动态意象的片段，比较易于描述，动态意象的表述则相对困难，它是静态意象富于变化的组合，这种变化既可以是过渡性的，也可以是跳跃性的，不论哪一种,动态意象之间的联系都要力求顺畅自然。

动态意象中最具活力的是动作性动态意象。它通常以动词连缀起一系列动作,使人们在头脑中形成类似视觉的观感。如:他站着;他走来走去;他摇着扇子走来走去。第一句是静态意象,第二句是动态意象,第三句是动作性动态意象,其鲜活程度次第上升。一般而言,如果动作性、表情性和色彩性的动词与形容词恰当选用,动态意象就会生动逼真。

南宋词人陆游在南郑,途经四川蟠龙山时巧遇蟠龙桥落成,于是应当地官员与民众之邀,在桥头石壁题下对联"桥锁蟠龙,阴雨千缕翠;林栖鸣凤,晓日一片红。"当地的肖姓父女看到后,女儿肖英姑认为有一字"不太贴切,弱了气魄"。肖英姑出自书香门第,家道中落后随父亲隐居山间,在父亲的教导下,熟读诗书,通晓天文地理,是当地有名的才女。英姑的评价传入陆游耳中,他苦思冥想也不知是哪一字弱了气魄,于是登门请教,英姑笑言:"'林栖鸣凤,晓日一片红',若改为'一声红'岂不更妙? 凤凰叫而旭日升,有声有色。不知大人以为如何?"陆游听罢,连声称妙。一字之差,高下立判。可见,动态意象的营造较之静态描摹更为引人入胜。

《文心雕龙·神思》中有云:"故寂然凝虑,思接千载;悄焉动容,视通万里;吟咏之间,吐纳珠玉之声;眉睫之前,卷舒风云之色;其思理之至乎?"意即文章构思应由静入动,由直观可感的静态意象进入带有流动性的动态意象之中,从而使观者体味到不同于现实原型的情境,给人们带来更多的启迪。

三、意象思维的主要特征

意象思维是一种极具个性的思维方式,虽然这种思维方式较难把握,但只要我们逐渐了解它的思维流程就会发现,这种思维方式蕴含的创造性与文化特质是其他思维方式无法比拟的,它自由飘逸、魅力非凡。意象思维既是独立的思维形式,也是高级的思维过程,具有随意性、直观性和象征性特征。

随意性指的是,意象思维中"意"与"象"之间的联系不是固定的、一成不变的。每个个体的生活经验不同、知识结构不同、敏感程度不同,因此面对同一事物,每个人的感受也会不同。例如,同样将竹视为审美对象,有人歌颂其品格高尚,称其为"叶落根偏固,心虚节更高";有人嘲讽其腹内中空,称其为"竹似伪君子,外坚中却空"。同样是吟咏月亮,有人感喟"露从今夜白,月是故乡明",有人慨叹"人有悲欢离合,月有阴晴圆缺,此事古难全"。存在于客观世界的自然物本身并没有改变,竹还是那株竹、月亮还是那个月亮,产生变化的是不同的创作者以及他们各不相同的人生经历,他们将自己的生活际遇加入创作之中。因此,就算是同一事物,也能够呈现出不同的意象世界,给欣赏者带来不同的审美体验。即使是同一创作者,他在"意"与"象"之间建立的联系也并不固定,在"情"与"景"的相互作用下,创作者也会根据当时已然变化了的心境呈现出与以往不同的意象世界。

直观性指的是意象思维必须以审美客体对感官的直接刺激为基础，以视觉、触觉、味觉甚至痛觉引起主体对意象的感知，从而达到"触景生情"的效果。思维主体在进行创作的过程中投入个人的内心感受，欣赏者凭借艺术作品还原其中的真情实感，努力将其与自身的经历联系起来并慢慢体会作品中蕴含的真正意味，在"人同此心，心同此理"的基础上构筑起主观世界与客观世界沟通的桥梁。这里，"象"的中介性要求它必然是直观可感、具体直接的，只有这样，人们才能准确地把握"意"的内涵。现代诗人艾青从他的创作体验中总结出意象思维直观性的真实描述，"意象：翻飞在花丛，在草间，在泥沙的浅黄的路上，在静寂而又火热的阳光中……它是蝴蝶——当它终于被捉住，而拍动翅膀之后，真实的形体与璀璨的颜色，伏帖在雪白的纸上。"可见，在意象思维过程中，"象"不但要易于理解，更要饱含感情，"情"是"象"之所以具有说服力的重要原因。滕守尧在《审美心理描述》一书中写道："艺术家在表现一种情感时，并不是像日常人那样，不由自主地将它发泄出来，在发怒时不一定是暴跳如雷，在欢乐时不必蹦蹦跳跳、手舞足蹈；而是首先进入想象境界，将情感化为意象——如一幅画面、一种情景、一桩事件等表面上看去是在描述景物和事件，实则是表达自己的感情，或者对自己的内心情感进行解释和披露。"这正是艺术家赋予意象以生机的方法。

象征性指的是意象思维需要借助比喻和象征发挥作用。象征是根据事物之间的某种联系，借用某种具体的、形象的事物，表现抽象的概念或思想，表达深刻的感情或寓意的艺术手法。象征与比喻类似，鲁迅曾经对比喻手法进行过深刻的分析，"比喻的本体与喻体之间既类似又差异，包含着相反相成的因素：两者不合，不能相比，两者不分，无须相比。不同处愈多愈大，则相同处愈有烘托；分得愈开，则合得愈出意外，比喻就愈神奇、效果愈高。"也就是说，本体和喻体既要有相似性，又不能完全一致，在相似性基础之上，本体与喻体之间的联系越新奇则所取得的修辞效果就越好。象征较之比喻中本体与喻体的关系更为松散、意义颇为蒙眬，比如《关雎》中的"参差荇菜，左右流之。窈窕淑女，寤寐求之"，诗中以生于清水之中的荇菜象征青春少女的纯洁，《卷耳》中以能够附在衣物上"不盈顷筐"的苍耳象征少女对心上人的眷恋，这些都是借象征物表达真情实感的鲜活例证。细腻而丰富的情感表达能够令读者在琢磨与玩味之中展开更为积极的心理活动，使他们在头脑中自行完成对作者意图与情感的复原。

意象思维是随意的、直观的、具有象征意味的，但这并不意味着意象思维可以完全脱离理性。理性思维对意象思维的影响固然十分微弱，但理性思维的特点与优势有时会对意象思维起到重要作用。人类的思维活动需要大脑的左右半球协调运作，主要分管形象思维的右脑与主要分管逻辑思维的左脑在进行思维活动时，本身就处于一个无法拆分的动态过程之中，意象思维也是如此。当意象思维过于活跃时，理性思维就能够为我们提取出最为有效的那一个思维结果。

四、意象思维的作用

　　意象思维能够成为思维创新的推动力,源自"意"与"象"之间是自由联系的,人们可以对事物进行拆解与整合,或者打破原有意象的构成,形成新的意象,或者直接建立两者之间的全新联系。这些意象伴随着人们的经历与体验的不断增加,会不断地呈现出新的组合方式,在与原有意象的交互作用中,流动性的新意象将以最适合的形式展现出来。当以空间为中介的意象在将各种数据、信息和主观经验作为原材料,迅速产生新的结构、新的观念与新的问题时,人们的知觉水平将会大幅提升,想象力和创造力便会得到更好的发挥。

　　意象思维能够促进艺术创作水平的提升。意象思维与形象思维不同,它虽然具有形象性,但其重点在于突出形象背后的意蕴与内涵。以油画为例,油画是西方绘画的主要形式,强调真实性与立体感,画家林风眠先生超越了中西绘画的区隔,将中国的意象思维融入油画创作之中,形成了具有东方气韵的艺术创作方法。在他的作品中,我们既能够发现西方油画色彩明丽的特质,也能够找到追求意境的中国风味。下图的风景作品虽然使用了油画颜料,但画面采用的透视法是中国画常用的散点透视,这使得整部作品充满新意。意象思维具有的文学性与哲学性常常会使作品富有灵气,从而提升其艺术与审美价值。

图11　林风眠作品

　　意象思维能够带来美的体验。中国传统美学观念中有"美在意象"之说,它既否定纯粹的主观世界之美,又否定外在于人的物理世界之美,美必须建立在主观世界与客观世界之外的情景交融的意象世界之中。意象绝不等同于物的表象,虽然它不能脱离表象而存在。象必须由心而造,以意取之。如清代画家方士庶所说:"山川草木,造化自然,此实境也。因心造境,以手运心,此虚境也。虚而为实,是在笔墨有无间。故古人笔墨具此山苍树秀,水活石润,于天地之外别构一种灵奇。"这样的世界便是美的世界。艾青认为审美意象是"美的凝结"，它深化了美感，并使其有所寄托。在诗意的认知中，它凝结成了能够被感知的、带有主观想象基因的形象与样貌。

意象思维能够形成民族风格。中国人在意象的理解方面具有得天独厚的优势，与西方的思维方式不同，东方思维更偏重"虚"而不是"实"，表象背后的意义才是东方思维追求的目标。正像西方人看到京剧、昆曲表演会惊叹不已，但他们并不能够理解策马、推窗等程式化动作的美感，也很难体会出写意的舞台背景所特有的妙处，这是东西方文化的差异性使然。思维方式并没有优劣好坏之分，我们不能够片面地认为哪种思维方式更为高级，而应该认识到，这种差异恰好是形成世界文化多样性的原因所在。不同的文化孕育出不同民族的思维方式，它为每个民族贴上了独一无二的文化标签，运用本民族最具特色的思维方式，就能够在艺术创造与生活、生产领域形成鲜明的民族特色。

五、意象思维的训练技巧

（一）意象思维的训练要点

与其他创新思维方法不同，意象思维方法更为抽象、更为复杂。一方面，这种思维方法很难总结出规范化的操作程序，我们无法按照具体实施步骤细化每一个思维环节。另一方面，它需要思维主体具有一定程度的文化底蕴与艺术修养，而这种隐性能力的培养不可能一蹴而就。因此，意象思维方法的学习与掌握就显得颇有难度。不过，难于掌握并非不能掌握，只要我们不急功近利，而是用心学习、努力积累，相信这种思维方法会给大家带来一些感悟与启迪。

在科技水平不断进步、科技产品日益增多的今天，人类社会从文字时代的注重理性进入视听时代的注重感知觉。在影像时代，普通人的生活与工作节奏也在日复一日的机械循环中不知不觉地逐渐加快。身处这样的社会环境，人们没有时间、没有精力也没有意愿去进行更为深刻的思考，汲取蕴含于文字之中的力量与养分也成为奢望，娱乐化、碎片式、注重视觉刺激的内容成为人们日常文化消费的主要对象。

在以视觉传播为主导的时代背景下，意象思维自然要比以往更加重视和强调意象的视觉化。视觉是生理学术语，也是人体正常的组织机能。研究表明，视觉系统是人们获取外部信息的最主要途径，大约有80%的信息接收源于视觉系统，选择、判断、识别、记忆等心理过程也同样离不开人类视觉认知能力的基础性作用，纷繁复杂的视觉现象通过感官中介形成视觉感受，在各种心理机制的作用下，人们便拥有了丰富多样的视觉心理变化。

与意象思维有关的一种典型视觉现象就是马赫带。所谓马赫带是指人们在敏感变化的边界上，常会在亮区看到一条更亮的光带，而在暗区看到一条更暗的线条。在欣赏水墨画

图 12　马赫带

时,我们经常能够体验到马赫带现象。比如一幅水墨夜景图,月亮会被作者以淡墨勾勒晕染出轮廓,而不用墨色填充月亮,也就是说月亮的中心位置显现出的是纸张本来的颜色,但看过整幅画后,我们就会因为墨色轮廓而觉得月亮的区域比纸张颜色更为明亮,仿佛月光透出清辉,静静地洒向大地。月亮和纸张的颜色相同,正是由于马赫带现象的作用,才会让观看者觉得两者之间存在差异。

　　除了要重视视觉效果,意象思维还应该强调新意。对创作者来说就是要创新"意"与"象"之间的联系,使两者之间产生更为丰富的对应关系;对欣赏者而言,应在理解文本的基础上充分发挥自身的想象力、融入个人的经验与情感,以此拓展和深化自己的审美体验。

　　我们以东晋女诗人谢道韫的一则小故事为例。谢道韫是东晋政治家、军事家、当朝宰相谢安的侄女,世人称她有"咏絮之才"。根据《世说新语》中的记载,一日大雪,谢安在自家庭院和子侄辈谈诗论道,当他看到纷飞的雪花时,欣然问道:"白雪纷纷何所似?"他的侄儿谢朗回答:"撒盐空中差可拟。"谢朗少有文名,他的回答也算应景,而此时静坐一旁的谢道韫则轻轻答道:"未若柳絮因风起。"此句一出,博得满堂喝彩。将作为本体的"白雪纷纷"与作为喻体的"撒盐"建立比喻关系,无论形状、形态、颜色都有相通之处,因此可以视作恰当的明喻,但以"被风吹起的柳絮"描摹雪花,不但形状、形态、色彩相似,还将雪花轻盈飞舞的翩然洒脱表现得淋漓尽致,瞬间诗意盈满、意境全出,比"撒盐"句精彩高妙得多。

　　当然,意象思维训练倡导新意并不等于唯"新"是举,不是说只要新颖就具有超越一切的思维价值。事实上,新意需要以合理联想为基础,也就是说,"意"与"象"之间的联系应该是能够想到,却从来没有人用到的,那种完全没有根据的凭空臆想绝不被包含在"新意"当中。比如将雪比作柳絮是富有新意,而将雪比作宝石就毫无道理可言了。

(二)意向思维的方法指导

　　意象思维的培养是一个漫长的过程。

　　在理论层面,我们需要熟悉中国哲学思想与美学思想,掌握一些文论知识。理论是经验的总结与升华,借助这些经验,我们能够更深刻地理解意象为何、意境为何、境界为何,这三者之间的逐层递进是如何实现的,我们将创作者的意象思维创作过程与欣赏者的意象思维鉴赏过程并置,在反复的推演与研究中必然能够对意象思维产生更为透彻的感悟。

　　虽然艺术的种类相当丰富,难于逐一了解、参详,但艺术的本质与宗旨是不变的、同一的,也就是说,我们可以选择自己感兴趣的某一领域或某些内容,深入探究其核心,触类旁通地掌握理解和运用意象思维的方法。阅读经典诗文、欣赏名画古曲，甚至学习某种乐器或某种创作方法都不失为提高意象思维水平的有效途径。

在技法上，我们可以根据视觉及心理特点，运用明暗、色彩、运动、空间、形状等因素进行创作。例如，可以通过学习色彩搭配逐渐掌握视觉情绪表达的方法。不同色彩会带给人们不同的感知体验，每种色彩都具有它自己的个性特征，色彩心理学就基于这一理论而产生。色彩的视觉性同样受到民族心理影响，最直观的例证就是中国与西方对红色的不同理解，这里的区别不在颜色本身，而在于对它进行阐释与使用的具体的民族国家。

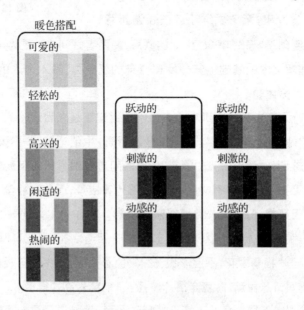

图 13　配色矢量图

在将注意力投入意象思维的视觉化之余，我们也应该开发利用其他感知系统，例如，充分运用数字视听手段，将声、光、电熔于一炉，利用联觉触发对意象世界的全方位体验。

图 14　3D 打印作品

当然,意象思维最深刻的基础就是人的内心。只有那些内心敏感细腻、对世界充满感情、对自然无限敬畏的人,才能够体会意象之美、营造出纯然之境。也许保有人类原初的赤子之心便是拥有意象思维最直接的方式,当我们能够自由地、喜悦地将打上主客观世界烙印的意象世界呈现出来时,我们便能够顺畅地、自然地融入其间,在意象世界中领略真、善、美的奥妙。

第六节　联想与想象

一、联想思维

(一)联想思维的概念

联想思维是指人们在头脑中将一种事物的形象与另一种事物的形象联想起来,探索它们之间的共同的或类似的规律,从而解决问题的思维方法。

客观世界由形形色色的事物构成,不同事物之间又存在各种各样的差异,这些差异使得整个世界姿态万千,也使人们难以将不同的事物联系在一起。事实证明,事物之间的差异越大,将它们联想到一起就越困难,一旦将两种看似不相干的事物联系起来,往往就能作出创新。

因此,联想思维有着广泛的基础,为我们提供了无限广阔的天地。一个人如果不会运用联想思维,学一点就只知道一点,那么他的知识是零碎的、孤立的。可如果他善于运用联想思维,就会由此及彼扩展开去,做到举一反三、闻一知十、触类旁通,从而突破思维定式,获得创新的构思。

瑞士人美斯托拉,有一次上山打猎,回到家里发现裤子上粘了许多草籽,他灵机一动,"能不能人工造出一边是钩形刺另一边是纺织环的东西呢?"不久,这种被称为"魔术带"的新鲜事物就被人们接受,慢慢演变成今天人们常用的尼龙子母扣。正是美斯托拉将草籽的特性进行联想,才使尼龙子母扣发明出来。类似的,我国春秋战国时期有一位工匠名叫鲁班,据史料记载,在一次采药时,他被锯齿草割伤手指,于是发现锯齿形状更容易割破东西,他受此启发,发明了锯子。

(二)联想思维的生理基础

大脑的神经联系可以分为两种:一是固定的神经联系,一是暂时的神经联系。固定的神经联系是与生俱来的,不学自有。它是各种本能与遗传的生理基础。暂时的神经联系是后天的,需要通过学习获得。它是人的各种思维活动的生理基础。

人之所以能在头脑中进行联想思维,简单地说,是由于客观世界的各种联系多次重复出现,反映到人的头脑中,大脑皮层的某些神经元之间就会建立起一定的暂时性联系,种种暂时性联系就成为大脑中的"记忆链条""记忆模式"。当再次遇到这些"记忆链条""记忆模式"中的某个或某类事物时,人们就能或快或慢地想起与之相关而并不在眼前的另一个或另一类事物来。这便是联想思维的生理基础。

联想思维是一种跳跃式的检索方式,它能挖掘出深藏于人脑深处的信息,有利于大脑信息的储存和检索,是人类思维操作系统的主要形式。有了它,人在思考的过程中才能快速地从大脑的信息库中检索出所需要的信息,其中也包括潜藏于记忆深处、似乎早已被遗忘的信息。因此,联想思维是打开深层记忆之门的"钥匙"。人们设计出来的许多记忆方法,都是基于联想思维的这一作用:将那些需要记忆的信息视为"环节"或"要素",把它们串联起来,纳入一定的概念或形象的"链条"中。

(三)联想思维的类型

1. 相似联想

相似联想意指在头脑中,根据事物之间的形状、结构、性质或作用等某一方面或某几方面的相似性进行联想,以获得对事物的某种新的认识,或引发出某种新的设想。

随着科学知识的不断丰富与发展,人们能够越来越细致准确地将客观世界的事物分门别类。无论这些事物之间的"差异"有多大、"距离"有多远,它们总是有着某些相同或相似之处。事物之间的相同或相似之处,有的大且多、有的小而少;有的表现于事物的外部、有的存在于事物的内部;有的昭然若揭、有的若明若暗、有的深藏不露。

在研究创新思维方法方面卓有成就的英国生物学家贝弗利奇(W. I. B. Beveridge)在他的《科学研究的艺术》一书中说:"独创性常常在于发现两个或两个以上研究对象或设想之间的联系或相似之处,而原来认为这些对象或设想彼此没有关系。"根据事物之间的某种相似性运用相似联想,有助于人们在创新思维过程中扩大视野、扩展思路,形成新的认识、产生新的设想。

四川居民姚岩松曾意外发现,蜣螂滚得动一团比它自身重几十倍的泥土,但拉不动比那轻得多的泥土。他曾开过几年拖拉机,便联想到,能不能学一学蜣螂滚动土块的方法,将拖拉机的犁放在耕作机身动力的前面,而把拖拉机的动力犁放在后面呢?经过实验,他设计出了犁耕工作部件前置、单履带行走的微型耕作机,以推动力代替牵引力,突破了传统的结构方式。

2. 接近联想

接近联想是根据事物之间空间或时间上的彼此接近进行联想,进而产生某种新设想的思维方式。

万事万物都不是孤立存在的,它们总是在空间上或时间上保持着联系。由一事物联想到与之相近的另一事物常能启发人们的思考,打开思路、扩宽视野,在思想上建立起事物之间的联系。

"秋水共长天一色",这是由于空间上的接近而引起的联想;"叶落而知秋已至",这是由时间上的接近而引起的联想。当然,空间上的接近联想和时间上的接近联想不可能截然分开,如"落霞与孤鹜齐飞"就既有空间上的接近联想,也有时间上的接近联想。

俄国伟大诗人普希金说:"我们说的机智,不是深得评论家们青睐的小聪明,而是那种使概念相接近,并且从中引出正确的新结论来的能力。"这种能力指的正是接近联想的能力。

苏东坡当年在杭州任地方官时,西湖的很多地段都已被泥沙淤积起来,成了当时所谓的"葑田"。苏东坡多次巡视西湖,反复考虑如何加以疏浚,再现西湖美景。某一天,他忽然想到,可以把从湖里挖上来的淤泥堆成一条贯通南北的长堤,既便利来往的游客,又能增添一处景致。苏公妙计,一举数得。

3. 对比联想

对比联想是根据事物之间存在着的互不相同或彼此相反的情况进行联想,从而引发出某种新设想的思维方式。

客观事物之间普遍存在着相对或相反的关系,事物内部更是普遍存在着对立、统一的两个方面。利用客观事物之间这种相对或相反的关系进行联想,能够帮助人们从相对或相反的事物的观察与思索中悟出巧妙的创新构思来。

美国艾士隆公司董事长布什耐在郊区散步时发现,有几个孩子在玩一只昆虫,这只昆虫不但满身泥垢且长得十分难看,他想,市场上都是形象优美的玩具,假如生产一些丑陋的玩具投入市场会怎样呢?结果这些玩具一经推出便大受欢迎,为他带来了丰厚的利润回报。

4. 连锁联想

连锁联想是根据事物之间这样或那样的联系,一环紧扣一环地进行联想,从而引发出新设想的思维方法。人们在思考解决问题的办法时,常需要根据事物之间环环相扣的衔接关系进行连锁联想,否则就有可能粗暴地打乱、破坏自然或社会本应具有的平衡与和谐,从而造成某种损失或灾祸。

某化肥厂想要生产饮料,因为可以利用生产化肥的软水处理和冷冻设备以及生产化肥所剩余的蒸汽，于是他们办起了饮料厂，由饮料厂，他们又联想到香精生产，于是先后创办了玫瑰花生产基地和香精厂，然后又建立了水泥厂、化工机械厂、建筑公司，这些工厂为他们带来了综合效益，使他们赢得了巨额的财富。

5. 飞跃联想

飞跃联想是指在头脑中从一个事物形象，就其某一点或某个方面，联想到与之似乎没有任何联系的另一事物形象，使思维活动大跨度跳跃，以获得对事物的某种新的认识或引发出某种新的设想的思维方法。

美国一支探险队首次在南极过冬时遇到了一个难题——队员们打算把船上的汽油输送到基地，但由于输油管长度不够，当时又没有备用的管子，无法输油。队长想，能否用冰做成管子呢？由于南极气温低至 −80°C，冰比钢还要硬，怎样才能使冰成为管状且不致破裂呢？他又想到了医疗上使用的绷带，他们试着把绷带缠在铁管上，然后在上面浇水，水结成冰后，再拔出铁管，就做成了冰管子，这样再把冰管子一根一根连接起来，需要多长就接多长，成功解决了这一难题。

(四)联想思维的训练技巧

1. 联想思维的训练要点

《文心雕龙》中有言："思接千载，视通万里。"也就是说，人的联想思维可以不受时间和空间的限制，能超越古今、横贯宇宙。人人都有一定的联想能力，区别只在于联想的广度、深度和速度的不同。一般来说，一个人的知识、经验越丰富，联想的质量也越高。

因此，进行联想思维的训练，首先要"敢于想"。不怕做不到，就怕想不到。"做不到"可能是由于主客观条件的限制，现在做不到，一旦条件成熟，就有可能"做到"。但若"想不到"，那"做到"只能是痴人说梦。所以要打破常规、突破定式，任联想思维自由飞翔。其次要"能够想"。联想思维的火花迸发于丰富的知识储备，知识量、经验值的多寡直接影响联想思维的实现程度。所以，我们应博览群书，扩大知识领域、丰富表象储备，这样才能够产生科学的创造联想。

2. 联想思维的方法指导

第一，自由联想法。自由联想法是一种主动的积极联想，是在自由奔放、毫无顾忌的情况下进行的联想，该方法属于探索性的，它由美国芝加哥大学的心理学家首先提出并开始实验。心理学家提出一个有趣的问题，要求接受试验的人尽快地想到许多观念，再从这些观念中选出新的观念来。例如，提及"飞机"一词，就可以联想到飞机的原理、起飞的上升力、着陆的下降力以及飞机冲力必须超过它的阻力，等等。联想思维能力更强的人还会联想到鸟的飞翔、宇宙飞船、飞行火车等。心理学家经过一系列的追踪研究发现,自由联想越丰富的人创新能力也越强。

第二,强制联想法。强制联想法是使思想按照一定的方法或方向进行展开的思维方法。该方法由苏联心理学家发明,它要求接受试验的人拿出一本产品目录随意翻阅,联想翻看到的两种产品能否构成一种新事物。在具体应用训练时,强制联想法大体可以分为两类:

(1)类比法

类比法是指把陌生的对象与熟悉的对象、把未知的东西与已知的东西进行比较,从中获得启发而解决问题的方法。类比法的实施分为四种:直接类比、仿生类比、因果类比和对称类比。

表5 强制联想—类比法

实施方法	原理	案例
直接类比	根据原型启发,直接将一类事物的现象或规律用到另一类事物上。	日本在扣子上戳个小洞注入香水,成为"香扣子"。
仿生类比	根据生物特性,将其利用到另外的事物上。	根据气步甲虫(当它遇敌时会喷出一种液体"炮弹"),德国科学家研制出世界上最先进的二元化学武器。
因果类比	根据某一事物的因果关系推出另一事物的因果关系,而产生新成果。	美国一位教授通过研究放掉浴缸里的水时产生的水流旋向,推断出了台风旋向。
对称类比	利用对称关系进行类比而产生新成果。	化妆品都是女人的专用,根据对称类比,男士化妆品应运而生。

(2)移植法

移植法是指把某一事物的原理、结构、方法、材料等转到当前的研究对象中,从而产生新成果的方法。移植法的实施分为原理移植、结构移植、方法移植、材料移植。

表6 强制联想—移植法

实施方法	原理	案例
原理移植	将某种科学技术原理转用到新的研究领域。	受贺卡启发,台湾一位业余发明家将其移植到汽车倒车提示器上,产生著名的"倒车请注意"。

续表6

实施方法	原理	案例
结构移植	将某事物的结构形式和结构特征转用到另一事物上，以产生新的事物。	美国将拉链结构移植到外科手术的缝合上。
方法移植	将新的方法转用到新的情境中，以产生新的成果。	香港一集团老总参观荷兰的"小人国"（荷兰风光的缩影）受到启发，建成了"锦绣中华园"。
材料移植	将一种材料的特性应用到其他事物上，产生新发明。	亚硫酸锌具有白天能吸收光线、夜间发光的特性，有人将它制成电器开关、夜光工艺品、夜光航标灯、夜光门牌等。

二、想象思维

(一)想象思维的概念

想象思维是我们在创新活动中经常应用到的思维方式，属于人类特有的高级认知过程。这一思维过程是人发挥主观能动性，将头脑中已有的知识和形象重新组合成新事物、新形象，构思出某些新观念、新理论的过程，也是一种从现有事实出发，又超越事实的思维活动。

想象是创造者对头脑中的信息进行形象性描写或艺术夸张的思维方法，常伴随生动的图像。想象力能提升创新的层次，它不受已有事实的局限，也不受抽象思维的束缚，所以能成为创新的源泉，可以说，有什么样的想象力，就有什么层次的创新。

根据科学推论，人类最早的想象力源于火，我们的祖先曾经过着和动物一样茹毛饮血的生活，食物都是生食。一次闪电引发森林大火烧死了很多动物，人类的祖先有的逃出火灾，有的被烧死在森林里。因为肚子太饿，人类只能食用那些被烧死的动物。煮熟的食物能让人体更好地吸收营养，另一方面，动物体内的寄生虫也因为火的作用而被杀死，减少了人类疾病的发生。人类看着跳动的火苗开始思考，如何把火种保留下来，如何用火取暖，如何开发火的多种用途……进而开始想象更多的图景，渐渐地通过想象力创造了语言、文字、工具与技术。

(二)想象思维的类型

想象思维有别于一般的心理想象，心理想象是指人们对头脑中已有的表象进行加工改造，而产生新形象的心理过程。按照16世纪英国著名哲学家培根的分类，以是否"有目的"

为标准,想象可以分为无意想象和有意想象。无意想象是没有特定目的、不自觉的想象,梦是无意想象的极端情况。有意想象是带有目的性、自觉性的想象,它按照一定的思路,对某一问题进行有步骤的思考,从而设想解决问题的方法。有意想象在科学探索、文艺创作中必不可少。

根据"有意"中所包含的创造性成分的多少,可再进一步分为再现性想象和创造性想象。再现性想象是指根据语言或文字的描述或图样的示意,在头脑中形成相应形象的过程。再现性想象的特点是再现,即想象者头脑中产生的形象是别人早已创造出来的,想象者不过是使其重现出来而已。比如没见过飞机的人,根据乘过飞机的人的描述,能想象出飞机的大致模样;建筑工人根据设计图纸能想象出未来的建筑物的形象。

创造性想象是根据一定的目的和希望,对头脑中已有的表象进行分解与组合,独立地创造出崭新形象的过程。它有很强的理性成分、很高的创造性程度,是人类基本的创新思维方法之一。

幻想是创造性想象的特殊形式,其突出特点是脱离现实、指向未来。只有这样,幻想才能在没有现实干扰的理想状态下纵横驰骋,从而做出创新。但幻想有很大的不确定性,常不被人们所重视,甚至被当作贬义词。从创新角度看,这是很不公正的。幻想是一种极其可贵的品质,人们在认识世界、改造世界的活动中,很需要幻想精神和幻想思维。大量事实表明,幻想可以使人产生创造的欲望,可以激发人们的上进心,为人类的不断进取指明方向。

(三)想象思维的作用

爱因斯坦说:"想象力比知识更重要,因为知识是有限的,而想象力却能环绕世界,推动着进步,并且是知识进化的源泉,严格地说,想象力是科学研究中的实在因素。"但是,在 20 世纪以前,人们一般不会承认想象具有认识作用,因而也否定了想象思维的存在,严重低估了想象思维对创新的重要意义。20 世纪以来,经过爱因斯坦等许多科学家对想象思维的创造性作用的深刻阐述与强调,人们才逐步认识和肯定了想象思维的重要性。

想象思维的创意作用主要表现在以下三个方面:

一是补充作用。想象思维使人有可能超越经验范围和时空限制,从而获得更多的知识。

二是预见作用。人们凭借想象思维可以在头脑中"预见到"尚未产生的事物,进行各种创新活动。

三是代替作用。有时,人们的某些需要不能得到满足、某些思想不能得以实现,此时便可借助想象思维得以达成。

我们在肯定想象思维具有重要创新作用的同时,也应看到,要让想象为我们带来富有价值的成果,还必须将想象思维与理性判断结合起来。英国著名哲学家、数学家怀特海说:"一些人仅仅以获得知识为目标而不去发挥想象力,他们是一群学究;另一些人仅仅运用想象力而不具有起码的必备知识,他们是一群疯子。"想象思维必须同鉴别力、判断力相结合,才能使其指向正确的方向,结出富有价值的硕果。成年人的想象力一般都弱于儿童,但成年人想象思维的质量和实际价值高于儿童,其原因就是在于成年人具有比儿童更高的鉴别力与判断力。

想象思维越超脱、越大胆,就越新颖别致,越富有创新价值,同时,包含的谬误也越多。德国诗人约翰·沃尔夫冈·冯·歌德(Johann Wolfgang von Goethe)说:"有想象力而没有鉴赏力是世界上最可怕的事……想象……越和理性相结合越高贵。"人的想象既要摆脱和冲破逻辑推理的束缚而展翅高飞,又要借助严密的逻辑推理,对想象思维的产物进行审核筛选与加工制作,使其最后得以开花结果。

想象思维同样需要以知识、技能和经验作为基石,应依据自己的实际情况去想象可能实现的事情,把现实的处境和理想的心境结合起来,这样才会收到最佳效果。

(四)想象思维的训练技巧

1. 想象思维的训练要点

进行想象思维训练时,应注意以下要点:首先是要突破经验主义的认知条框,透过有限的条件深入无限的遐想之中,推测过去、预示未来,摆脱具体和现实的束缚,自由地进行排列组合。其次,要保持和发展自己的好奇心,对世界抱有新奇的幻想,善于观察和发现。再次,应善于捕捉富于创造性的想象思维的产物,进行思维加工,使之转变为有价值的成果。最后,应保持童心,激发并守护儿童般的想象力。

在想象思维训练中,将思考的内容用语言表达出来是相当重要的环节,它不但是梳理生活经验的过程,也是将经验在头脑中组织、整理后进行表达的过程。想象思维鼓励大胆地想,更鼓励大胆地说,只有将其通过语言表述出来,才能留下较为深刻的印象,从而为下一次的想象思维乃至实践活动积累经验和素材。

2. 想象思维的方法指导

想象思维的魅力在于它能将我们带入一个全新的世界、一个瞬时虚拟的世界。想象思维在创新中的应用可以遵循以下几种方法加以训练:

一是组合想象。组合想象是指,在头脑中对某些事物形象,或整体或抽取部分,根据某种需要,将它们结合成为另一种有其自身结构、性质、功能与特征的新的事物形象。

二是充填想象。充填想象是指,在仅仅认识了某事物的某些组成部分或某些发展环节的情况下,在头脑中通过想象,对该事物的其他组成部分或其他的发展环节加以填补充实,从而构成一个完整的事物形象或构成一个完整的事物发展过程。

　　三是纯化想象。纯化想象是指,在头脑中抛开与所面临事物无关或关系不大的事物的某些因素或部分,只保留必须着重考察的某些因素或部分,以构成反映该事物某方面本质与规律的简单化、单纯化、理想化形象。

　　四是取代想象。取代想象是指,设想自己处于某人的位置上或某事的情境中,通过揣摩其人的思想感情或其事的具体情景,以求得恰当的解决问题的办法或启示。

　　五是预示想象。预示想象是指,根据已有的知识、经验和形象积累,在头脑中构成既体现着某种设想或愿望,又有一定的现实根据,当前虽不存在,以后却有可能产生的某种事物形象。

　　六是导引想象。导引想象是指,通过在头脑中具体细致地想象和体验自己为完成某一复杂任务正进行的努力,以及任务完成后的成功情景与喜悦心情,从而高度调动和发挥自身潜在的智力和体力,以促进任务顺利、出色地完成。

三、联想思维与想象思维的关系

　　联想思维和想象思维在人类的思维活动中起着基础性作用。两者都属于形象思维范畴,可以借助形象展开,也都呈现为非逻辑形式,但仔细分析,联想思维和想象思维仍然存在区别:

　　联想思维只能在已存入人的记忆系统的表象之间进行,想象思维则可能超出已有的记忆表象范围,产生新的记忆表象;联想思维的操作过程往往具有明确的目的和方向,因此会受到一定程度的约束,想象思维则天马行空,可以是多维的、全方位的;相对而言,联想思维的结果是更反映事物本质与规律的理性认识活动,因此通常不会超越现实,想象思维的结果则是更反映事物表面现象的感性认识活动,因此可以超越现实。

　　尽管两者存在一定差别,但联想思维与想象思维仍可以互为起点。也就是说,联想到的事物可以成为想象思维展开的基础,想象思维所获得的结果又可以引起新的联想——联想是想象的初级阶段,想象是在联想基础上的升华。因此,在实际的创新思维过程中,两者常常交织融合在一起。

第七节　直觉与灵感

一、直觉思维

(一)直觉思维的概念

　　什么是直觉? 通俗地讲,就是我们平时说的"感觉",在学习、工作、生活中,我们常面临诸多选择或疑问,在没有办法确定正确或较为正确的答案时,会根据自己内心的倾向进行选择。直觉并不属于逻辑思维,它没有什么科学依据,只是人们内心的一种想法。作为一种思维方式,直觉指的是不依靠明确的分析活动、不按照事先规定好的步骤,而从整体出发,用猜想、跳跃、压缩思维过程的方式,直接而迅速地作出判断的思维。

直觉作为一种心理现象贯穿于日常生活,也贯穿于科学研究。对直觉的理解有广义和狭义之分:广义的直觉是指包括直接的认知、情感和意志活动在内的一种心理现象,狭义的直觉则是指人类的一种基本的思维方式。当把直觉作为一种认知过程和思维方式时,便称之为直觉思维。狭义的直觉或直觉思维,就是人脑对于突然出现在面前的新事物、新现象、新问题及其关系的迅速识别、敏锐而深入的洞察、直接的本质理解和综合的整体判断。简言之,直觉就是直接的觉察。

《国内哲学动态》杂志曾在《直觉研究综述》一文中介绍了关于直觉概念的四种观点:"把直觉定义为认识中的飞跃""把直觉定义为认识方法""把直觉定义为独立的思维形式""把直觉定义为认识能力"。由这四种观点的阐述来看,它们彼此并不冲突,而是从不同角度揭示了直觉不同方面的性质、特点和作用。

(二)直觉思维的主要特征

与逻辑性的分析思维相比,直觉思维具有六个方面的特征:

表7　直觉思维六大特征

直接性	主体不是通过环环相扣的分析,而是直接获得对事物的整体认识,这是直觉思维最基本、最显著的特征;
快速性	思维结果产生得十分迅速,这种快速性令思维者对所进行的思维过程无法作出逻辑性解释;
跳跃性	在认知过程中,分析思维以常规方式按步骤展现,而直觉思维一旦出现,便摆脱了原先常规的束缚,从而产生认知过程的急速飞跃和渐进性的中断;
个体性	它与思维者的知识经验和思维品质相联系,表现出直觉的个体特征;
坚信感	主体以直觉方式得出结论时,理智清楚,意识明确,这使直觉有别于冲动性行为,主体对直觉结果的正确性或真理性具有本能的信念(但这并不意味着取消进一步分析加工和实验验证的必要性);
或然性	非逻辑思维,具有偶然性,有可能正确,也有可能错误,表现出了直觉思维的局限性。

直觉思维具有不同的表现形态,包括直觉的判别、直觉的想象、直觉的启发三个方面:

1. 直觉的判别

它是人脑对客观存在的客体、现象、语词符号及其相互关系的一种迅速的识别、直接的理解和综合的判断,这种能力就是我们通常所说的思维的洞察力。例如,我们觉得某个句子不通,但我们并没有使用句子的语法分析为中介,而倚仗直接的觉察和判断。

美籍华裔物理学家丁肇中在谈到 J 粒子的发现时写道:"1972 年,我感到很可能存在许多有光的而又比较重的粒子,然而理论上并没有预言这些粒子的存在。我直观上感到没有理由认为这种较重的发光的粒子(简称重光子)也一定比质子轻。"这就是直觉。正是在这种直觉的驱使下,丁肇中决定研究重光子,终于发现了 J 粒子并因此获得诺贝尔物理学奖。

2. 直觉的想象

在多数情况下,主体并不能够仅仅依据所面临的实物、符号或情势作出上述直觉的判别。当外界提供的信息不充分,单凭这些信息很难得出结论时,就需要借助想象和猜测,以形成大致的判断。这是由对实物、符号、情势的知觉向激活大脑表象并进行想象组合的转移。科学家常常需要通过幻想、想象或猜测来填补现实的空白,以建立科学的假说。例如,艾萨克·牛顿发明微积分,得益于他的几何与运动的直觉想象;爱因斯坦在创建狭义相对论的过程中也曾想象过人以光速行进,在建立广义相对论时又设想过光线穿过升降机发生弯曲,等等。美感的直觉亦如此,在审美过程中,如果离开了知觉想象,山便是山,水便是水,如此则永远不可能有美的发现。

3. 直觉的启发

在凭借直觉的判别和直觉的想象都未能解决问题的情况下,偶尔在某一时刻,在其所思考的问题之外的另一信息中受到启发,从而使问题得以解决,这就是直觉的启发。这种启发,既包括由实物载体承载的信息的启发,也包括由词语载体承载的信息的启发。在科学发现与发明中,受到直觉的启发而成功的例子很多,如牛顿从苹果坠地找到了解决引力问题的线索等。在语文学习中,直觉的启发同样有效,例如学生见到一个作文题目,往往会从学过的课文中得到启发,迅速构思全篇。直觉的启发与联想、类比有着密切联系,它实际上是在寻求两种事物的相似点。

上面所说的三种基本形态或基本类型,在实际的直觉思维过程中难以截然分开,它们常结合于一个统一的思维过程之中。其中,最基本的表现是直觉的判别,直觉的想象和直觉的启发最终也会以判断的形式出现。

(三)直觉思维与创意

直觉总是出现在大脑功能处于最佳状态的时候,它形成大脑皮层的优势兴奋中心,使出现的种种自然联想顺利而迅速地接通。因此,直觉思维在创新活动中有着积极作用。其功能体现在以下两个方面:

1. 直觉思维可以帮助人们迅速作出优化选择

直觉思维是以"思维的感觉"把握事物本质的思想工具，具有"物我同一""豁然贯通"的功效。直觉的理智性常将思维的无序性"直接领悟"至思维的有序性上来，从而实现创新。当今社会，科学技术高速发展，人际交往日趋频繁，众多事态瞬息万变，在很多情况下，主客观条件都不允许我们在面临问题时先搜集到足够的资料，再通过逻辑思维逐步得出结论，我们只能根据并不充分的材料首先作出直觉判断，继而运用逻辑推理加以审核、修正，最终通过实践加以检验。直觉思维能力强的人，凭直觉就能正确判断形势、洞察实质、获得结论、作出抉择。直觉思维为我们铺设了一条思维捷径，使我们有可能高效解决某些复杂问题。尤其在情况紧迫、需要我们当机立断时，如果不懂得、不习惯或不善于运用直觉思维，而仍迷恋于通过逻辑推理求得万全之策，则势必会贻误时机，造成损失。

玛丽亚·斯克沃多夫斯卡·居里（Marie Skłodowska Curie）在深入研究铀射线的过程中，凭直觉感到，铀射线是一种原子的特性，除铀外，还会有别的物质同样具有这种特性。她立刻扔下对铀的研究，决定检查所有已知的化学物质，不久就发现钍也能自发发出与铀射线相似的射线。居里夫人提议把这种特性叫作放射性，铀和钍等具有这种特性的元素就叫作放射性元素。接下来，她又开始测量矿物质的放射性，并在一种不含铀和钍的矿物中测量到了新的放射性，其放射性比铀和钍的放射性强得多。她大胆假定，这些矿物中一定含有一种放射性物质，它是今日还不知道的一种化学元素。她说："你知道，我不能解释的那种辐射，是由一种未知的化学元素产生的……这种元素一定存在，只要去找出来就行了！我确信它存在！我对一些物理学家谈到过，他们都以为是试验的错误，并且劝我们谨慎。但是我深信我没有弄错。"在这种信念的驱使下，居里夫人终于和她丈夫一起发现了新的放射性元素——钋和镭。

2. 直觉思维可以帮助人们作出创造性的预见

直觉思维获得的不是反映事物外部现象的感性认识，而是反映事物内在本质的理性认识，是一种"认识中的飞跃"。因此，自古至今，直觉思维一直是人类进行创造性活动时所运用的重要思维方法。直觉思维不仅在人类的科技发展史、艺术发展史上曾"屡建奇功"，也在现实生活中的各个领域、各个方面广泛地发挥着作用。中外许多知名人士都曾对它的作用加以肯定并作出高度评价。

笛卡尔认为，通过直觉可以发现作为推理的起点。亚里士多德说："直觉就是科学知识的创始性根源。"爱因斯坦也有言，"我相信直觉和灵感"。

当马克斯·普朗克（Max Planck）提出能量子假说后，物理学就出现了问题，究竟是通过修改来维护经典物理理论，还是进行革命，另创新的量子物理？爱因斯坦凭借他非凡的直觉能力，选择了一条革命的道路，创立"光量子假说"，对量子论作出了重大贡献。

（四）直觉思维的训练技巧

1. 直觉思维的训练要点

直觉不是先天赋予的，不同领域、不同职业的人有着不同的直觉形式，同一领域、同一职业的不同个体，其直觉又有着显著的差异。可见，决定直觉的因素有很多，其中起决定作用的是个体的智慧。

直觉的产生不是无缘无故、毫无根基的，其基础是人们已有的知识和经验。所以说，要想强化直觉就必须获取更为广博的知识和更加丰富的生活经验。只有在拥有知识与经验的基础上，辅以高水平的智力运作，才能产生敏锐的直觉。爱因斯坦认为，直觉依据的是对经验的共鸣的理解，基于这种理解，就能够做到以心会心，面对一个对象，就能"以心击之，深穿其境"。

直觉思维虽然在创新过程中起着非常重要的作用，但这种作用不能被无限夸大，因为直觉思维本身是一种猜测，而猜测有其局限性，常会受到客观环境的影响及个人情感的干扰。特别是后者，当一个人处在某种情感，例如处于猜忌、埋怨、愤怒等的困扰中，直觉的判断就有可能失去客观性。因此，我们要真诚、冷静地对待直觉，在直觉的产生过程中要尽量排除各种影响和干扰，出现直觉后，要回过头来仔细分析其合理性。

2. 直觉思维的方法指导

直觉思维的关键在于通过对事物的瞬间领悟，作出自信其正确的某种判断。直觉思维创造成果的捕获者是"顿悟"。顿悟是创新主体对百思不解的问题突然找到答案的突破性过程，是进行直觉思维训练时应着重提高的能力。

开发直觉顿悟的能力，首先要建立合理的知识结构、提高知识水平。现代脑科学方法告诉我们，人脑中不断地形成大量的神经回路，当知识量积淀到一定程度和水平时，就会引起两种新的变化：一是突破定式思维，二是重新接通一些神经回路。定式思维的突破和新的神经回路接通犹如从前后方同时打通隧道一样，必然需要克服大大小小的障碍，产生"思想闪光"，提升直觉创造能力，从而通向顿悟之门。其次要建立合理的智力结构，提高智力水平。知识在一定条件下会转化为人的智力，创造主体合理的知识结构在一定条件下也会转化为创造主体合理的智力结构。所谓合理的智力结构，指的是创造主体构建的将诸要素构成科学的认识能力结构，包括观察力、想象力、注意力、记忆力和思维力，其中，思维力是核心。创造主体具有合理的智力结构就意味着具有丰富的思维活力，具有更高的顿悟创造能力。

直觉顿悟能力是直觉思维的关键助推力，它能够实现创新思维过程的"无序变有序"，为直觉思维画上圆满的句号。因此，要在各种各样的实践活动中有意识地训练直觉顿悟能力，从而真正提高创造主体的直觉能力。在日常生活中，我们也可以借助一些小技巧，积极主动地寻找有利于产生直觉思维的契机。

松弛：右手的食指轻轻放在鼻翼右侧，产生一种正在舒服地洗温水澡的感觉或仰面躺在碧野上凝视晴空的感觉，以此进行自我松弛。这有利于右脑机能的改善。

回想：尽量回想以往美好愉快的情景，注意对细节的回想，这对激活大脑中负责贮存记忆的海马体的功能有积极作用。训练时间以二至三分钟为宜。

想象：根据自己的心愿去想象所希望的未来景象，想象通过哪些途径才能得以成功。开始时闭眼做，习惯后可睁眼进行。以上三种方法应每日一次地坚持三个月左右。

听古典音乐：听莫扎特（Mozart）的乐曲，直接接触他的感情，会使直感力变得敏锐。我国的《梁祝小提琴协奏曲》《平湖秋月》等乐曲，最适合镇定暴躁的情绪或作为思考问题时的伴音。

在书店立读：即使忙得不可开交，也要抽空逛逛书店。牢牢盯着书目来推想书中写了什么。

向似乎办不到的事情挑战：有时，直觉是在被逼得走投无路时突然产生的，不要惧怕艰难的工作，要勇敢地去挑战。

二、灵感思维

(一)灵感思维的概念

灵感，仿佛天上的流星，稍纵即逝；

灵感，仿佛无数大师的幻觉，突然闪现；

灵感，仿佛达摩十年面壁的顿悟，豁然开朗。

灵感袭来，情感为之一震，

心中涌现出五彩的喷泉，神圣的火焰。

灵感思维是一种特殊的思维现象——人在长时间思考某个问题得不到解答，而中断对它的思考后，却又在某个场合突然对问题的答案有所领悟。灵感思维具有人脑多种思维的综合能力，有着多侧面的本质属性和多样化的表现形态，常常会产生超乎人们预想的质变和飞跃。由于其信息加工的形式、途径和手段的特殊性以及思维成果表现形态的特殊性，灵感思维成为一种令人难识其庐山真面目的复杂、玄妙而又神奇的思维现象。

钱学森曾经指明灵感思维发生的两条途径："一条是比较古老的，可以称之为心理学的方法"，"又一条途径是微观的方法，即现代脑科学的方法，在脑细胞和分子水平上揭开灵感发生的奥秘"。这一论述说明：第一，心理学方法告诉我们，灵感是积淀的心理意识和理论意识的整合作用因触媒引发"头脑风暴"，而产生的思想闪光与思想跃迁；第二，现代脑科学方法告诉我们,灵感是发散型神经回路与收敛型神经回路交互作用因触媒诱发突然接通一些新回路而产生的思想闪光与思想跃迁。

(二)灵感思维的主要特征

与逻辑性的分析思维比较,灵感思维具有六个方面的特征:

表8　灵感思维六大特征

情境性	情感触媒(情感相随或触景生情)和境遇触媒(某种自然的或人工的环境使人心旷神怡)都是诱发灵感的外部诱因
突发性	不期而至、突如其来,这是灵感最突出的特点
偶然性	灵感的诱发从空间、时间、触媒条件和机遇来看,表现出偶然性,然而偶然性背后隐藏着创造的必然性
思维跃迁性	灵感使思维者达到更高水平的思维创新,随之而来的便是出现新概念、新思想、新观点、新技术等
模糊性	灵感提供的思维成果往往模糊不清,它们一般还需要经过逻辑思维或形象思维的进一步整理加工
瞬时性	灵感的生命过程非常短暂、转瞬即逝,当其出现时,要抓住机遇捕获它

根据激发灵感成因的不同,灵感思维主要包括外部触媒型灵感和内部积淀型灵感两大类表现形态。创造者的灵感诱发于"含情而能达,会景而生心,体物而得神,则自有灵通之句,参化工之妙"。这亦说明触媒之于灵感意义重大。

外部触媒型灵感可以由多种多样的触媒诱发。触媒是引发灵感的诱因,包括思想触媒、形象触媒、情境触媒、原型触媒等。

思想触媒是指创造主体由于阅读、发散思维、逆向思维、思想交流等思想因素引起思想火花的触媒。思想触媒是知识创新的先导。达尔文(Charles Robert Darwin)阅读托马斯·罗伯特·马尔萨斯牧师(Thomas Robert Malthus)的《人口原理》作为消遣,他受到"繁殖过剩引起生存竞争"理论的思想触媒作用,得出了创造灵感——生物通过生存竞争进行自然选择,适者生存、不适者淘汰,从而开启了对进化论的研究。

形象触媒是指创造主体由于受某种专利客体(发明、实用新型、外观设计)形象或新颖事物形象的触媒作用,突然诱发出灵感的外部诱因。形象触媒往往通向技术发明之路。爱迪生受到英国化学家汉弗莱·戴维(Humphry Davy)发明的弧光灯形象与大自然中"闪电之灯"形象的触媒作用,诱发了发明电灯的创造灵感。

情境触媒是创造主体由于受某种环境气氛渲染,触景生情而诱发灵感的外部诱因。郭沫若有一天到日本福冈图书馆看书,突然诗兴大发,在这种诗情画意触媒作用下,他离开图书馆,在石子路上赤着脚踱来踱去或倒在路上睡觉,真切地和"地球母亲"亲昵,去感触她的皮肤、感受她的拥抱,最终创作出了他的名作《地球,我的母亲》。

原型触媒是指创造主体由于受某种实物或其现象、状态和存在方式的触媒作用而引发灵感的外部诱因。阿基米德(Archimedes)正是在洗澡时受水触媒作用诱发灵感,找到了测定金冠的方法,发现了浮力定律。

内部积淀型灵感是心理积淀意识和理论积淀意识交互作用迸发的灵感。其表现之一是无意识灵感。无意识灵感是创造主体在内心自由和外在自由的条件下,因思想意识解放而自由自在地展开想象,将原有知识信息集成新知识,使百思不得其解的问题突然出现破解的思想闪光的思维方法。爱因斯坦创立相对论时就有无意识引发灵感的体验。爱因斯坦的挚友回忆,爱因斯坦告诉他:"一天晚上,他躺在床上,对这个折磨着他的谜,心里充满了毫无解答希望的感觉,没有一线光明。但,突然黑暗里透出了光亮,答案出现了。"

(三)灵感思维与创意

灵感思维是蕴藏在大脑中的第一创意思维,是最具有创新活力、最富有创新潜力的智慧源泉。因此,灵感思维被喻为人类大脑的"第一金矿",是开发潜力和创新价值的无形资源。斯蒂芬·威廉·霍金(Stephen William Hawking)有言:"推动科学前进的是个人的灵感。"美国创意顾问集团主席奇克·汤姆森(Chic Thompson)也说:"灵感成了最具决定性的创造力量。"

灵感思维在科学艺术创造中是一种"山重水复疑无路,柳暗花明又一村"的境界。国际创造学界流行这样三句话:智力比知识更重要,素质比智力更重要,觉悟比素质更重要。在进行一项专题性的创新活动时,人们脑海中积累的知识经过重新排列组合被激发出新想法、新概念、新形象、新思路、新发现。它的产生通常是在创新活动的某一时间点出现,而不是一个长期性的思维过程。灵感的出现是偶然和必然有机结合的产物,既要有长期的相关知识积淀,又要有触发点来激活这些潜藏的元素。可见,偶然性与必然性缺一不可,都是灵感思维产生的必要条件。

奥地利著名作曲家约翰·施特劳斯(Johann Strauss)有一次在优美舒适的环境中休息,这时,灵感突然闪现,他连忙脱下外衣,在衣服上挥笔谱写了一首新曲,即后来举世闻名的《蓝色多瑙河》。钢琴家肖邦(Chopin)非常善于在日常生活中寻找灵感,一次他的猫爬上钢琴,在键盘上跳来跳去,此时出现了一个跳跃的音程和许多轻快的碎音,这个现象激发了他灵感的火花,他将这个有趣的发现和乐曲创作结合起来,创作出《F大调圆舞曲》后半部分的旋律,这首乐曲也因此有了"猫的圆舞曲"的别称。

在无数科学家、艺术家、文学家的头脑中,灵感随时随地都可以出现,灵感也能够使他们创造出绝世佳作。当然,就像机遇偏爱有准备的人一样,灵感也不会凭空产生。俄国著名作曲家彼得·伊里奇·柴可夫斯基(Peter Lynch Tchaikovsky)说:"灵感是这样一位客人,他不爱拜访懒惰者。"灵感在一定的必然条件基础之上产生,这个必然条件就是长期积淀的知识与经验。爱迪生说:"成功来自99%的汗水加上1%的灵感。"然而自小到大,师长们用这句话教导我们的时候总是忽略了后半句——"其实,也许1%的灵感比99%的汗水更重要。"因为,许多人可以做到付出99%的汗水,但1%的灵感难以获得。如果缺乏灵感思维或其他创新性思维,很可能再多的汗水也浇灌不出一朵美丽的灵感之花。

(四)直觉思维的训练技巧

1. 灵感思维的训练要点

科学研究表明,大脑在人的一生中能够产生30亿个灵感,但如果没有适当的环境和刺激,也许一生一个灵感都没有。究竟什么时候灵感最容易出现呢?

俄罗斯科学院大脑研究所通过多次实验发现,人在大喜大悲之时最容易出现灵感,强烈的情感刺激能够激发大脑的创造力,影响创作的过程。科研人员对15名年龄从17岁到26岁的志愿者进行了实验,方法是向他们提供多对单词,比如干燥/沙子、爱情/雪、接吻/帽子、海啸/牙膏等,要求他们用每一对单词中后面的一个解释前面的一个。脑波记录器记录的大脑皮层反应表明,干燥/沙子不能引起大脑的特别兴奋,参与实验者要经过一番周折才能想到一些非同寻常的解释,而爱情/雪、接吻/帽子、海啸/牙膏等却容易引起大脑兴奋,人们比较容易找到一些独特的解释方法或者定义。这说明,积极或消极的情感能够影响人的脑电波,影响人的思维敏锐性,进而触发灵感的火花。

不少发明家还体会到,在睡前或刚睡醒的时候也容易产生灵感。人脑每分钟可接受6000万个信息,其中2400万个来自视觉,300万个来自触觉,600万个来自听、嗅、味觉。而在浓重的夜色中,闭目静思,几乎完全避免了来自视觉的信息对大脑思维活动的刺激,卧于床上又能将触觉信息的干扰降到最低,有利于最大限度地发挥大脑的思维潜力,若有偶然和特殊因素激发,则更易产生灵感。人在平躺时,大脑供血状况会得到改善,这又为大脑活动提供了最佳的营养保证。一觉醒来,大脑在得到休息后,又将进入精力充沛的状态,此时,灵感自然会生发出来。

2. 灵感思维的方法指导

灵感的闪现是多种思维共同作用的结果,在创造性活动中,任何一种创新性思维都不是单兵作战,而是发散思维、聚合思维、逆向思维、横向思维、想象思维、联想思维等的协同作用。灵感的产生自然也需要借助这些创新思维的路径。

（1）自发灵感

这里所说的"灵感"，不是在外部因素的强烈刺激下被激发出来的，也不是思考者有意识地在某个时刻采取一定的措施引发出来的，它是在思考者头脑中逐步酝酿成熟后，在一定时机"瓜熟蒂落"的。我们可以将这种灵感称为自发灵感。自发灵感是指，对问题进行较长时间的思考和执着的探索过程中，需随时留心和警觉所思考问题的答案或启示，因其有可能某一时刻在头脑中突然闪现。富有这方面经验的人普遍认为，对问题先经过深思熟虑，然后丢开、放松，这是挖掘和利用潜在思维宝藏的有效方法，由紧张思考转入既轻松又警觉的状态，是产生和捕捉自发灵感的重要时机。在我们寻求问题的解答时，如果能做到不急于求成、不焦躁慌乱，而是张弛有度，该休息的时候就停止思考，这样，就可以为思维活动创造有利条件，为它提供自由驰骋的大好机会和广阔天地。

二战末期，美、苏、英、中等国着手建立反法西斯联盟，并决定草拟一份宣言。宣言取个什么名字好呢？美国总统罗斯福（Roosevelt）和英国首相丘吉尔（Churchill）在一起研究了多次，想过不少名字，都觉得不满意。当时丘吉尔在美国首都华盛顿，罗斯福去找他时，他正在浴缸里洗澡，罗斯福建议定名"联合国"，他们一致认为，"联合国"比他们最初设想的"盟国"更为合适，这份宣言便被称为《联合国宣言》。

（2）诱发灵感

经常从自己的工作中获得灵感并从中受益的人，虽然知道灵感飘忽不定、来去无踪、不听调遣，但他们根据自己获得灵感的亲身经历，往往能意识到，对灵感的产生，可以主动采取一定的方式去刺激和诱发。虽做不到弹无虚发、百发百中，却也能常有收获。思考者可以根据自身生理、爱好、习惯等诸方面的特点，采取某种方式或选择某种场合，有意识地促使其所思考问题的某种答案或启示在头脑中出现，运用自身特有的控制力量去寻找灵感的发生。大量的资料记录了古今中外众多著名人物经常使用的诱发灵感的方式，台湾作家刘墉在他的《寻找灵感》一文中，对主动地捕捉灵感有这样的描述："你若呼唤那山，而山不来，你便向它走去。"很显然，主动、积极地寻找灵感，其成功率要高于完全无意识地寻找。需要注意的是，环境与刺激有可能诱发灵感，但并不是每次都一定能成功。

西方有所谓的"3B思考法"——"Bed（床）、Bath（沐浴）、Bus（公交车）"，认为这三种场合最适宜思考。其实，诱发灵感的方式多种多样：我国古代诗人李长吉喜欢骑在驴背上构思诗句；物理学家杨振宁教授说他在早上刷牙时最容易产生灵感。法国思想家让-雅克·卢梭（Jean-Jacques Rousseau）用晒脑袋的办法、德国剧作家席勒（Schiller）用闻烂苹果的办法、法国作家巴尔扎克（Balzac）用喝浓咖啡的办法，都能够完成灵感的诱发。

（3）触发灵感

触发灵感是指创造主体在进行长时间的问题探索过程中，由于触媒作用而迸发思想闪光、破解疑难问题。一切事物和现象，无论物质的还是精神的，都可能成为触发灵感的"媒介物"。因此应善于利用灵感思维方法捕获由触媒诱发的灵感，开发灵感思维力。

在创造性活动过程中，要着重培养自身的洞察力，利用观察和分析激发思维的火花，就如古语所说，"水尝无华，相荡乃成涟漪；石本无火，相击而后发光。"触媒的发现，得益于观察时不是走马观花式的浏览，而是有目的、有计划、有选择地仔细观看和考察需要了解的事物和需要解决的问题。在观察的同时配合分析思维、逻辑思维等非创造性思维，更加深入和有效地了解创新对象，才可以在纷繁复杂的信息中理出头绪，进一步触发灵感，以形成创造性的认识，或由此产生新想法、新思路。

曾经有一位普通职员对刀具十分感兴趣，他看到刀具用久了会变钝，再磨也不会像新的那样锋利，他就想发明一种能够永葆锋利的刀具。他的想法虽好，但付诸实践却难上加难。他将这个想法记在心里，一次，看到有人用玻璃片刮木板上的油漆，当玻璃片刮钝后就敲断一节，新敲断的玻璃就重新有了锋利的边沿。这一幕触发了他的灵感，如果刀刃钝了不去磨它，而是像玻璃一样把钝的部分折断丢掉，露出新的刀刃，这样刀具就能够长期拥有锋利的刀刃了。他马上找来一条薄薄的长刀片，在刀片上划痕，刀刃用钝了之后就折断，露出新的刀刃。他将这一发明申请了国家专利，并创办了专门生产这种新式刀具的工厂。目前，他的这项发明已遍布世界各地，成为生活中的日常用品，他也因此成为优秀的企业家。

（4）逼发灵感

逼发灵感就是在危急紧迫的情况下急中生智，头脑中突然闪现出解决问题的答案或启示。人在被逼入绝境时，出于本能会千方百计地寻找生路，这时人所拥有的潜在智能与体能就可能突然间得到释放，此时便比较容易产生绝妙的主意。

正如人的体能需要在较大负荷量的活动中得到锻炼才能日益强健一样，人的智能也需要经常进行快节奏的紧张训练，并可能因被高强度地使用而活力倍增，从而创造出在一般情况下不可能出现的奇迹。

创造学之父奥斯本（Alex Faickney Osborn）曾说："舒适的生活常使我们的创造力贫乏，而苦难的磨炼却能使之丰富。""在感情紧张状态下，构想的涌出多数比平时快。……当一个人面临危机之际，想象力就会发挥最高的效用。""谁被逼到角落里，谁就会有出奇的想象。"拓扑心理学创始人、首先将磁场的概念引入心理学的德国心理学家勒温（Lewin），曾通过大量实验证明，在紧张状态下，人的记忆、思维等功能会大大优于松弛状态。生活经验也不断向我们表明，舒适的环境、充裕的时间、缓慢的节奏可能会助长人的惰性，使人的创造力减退。因此，深谙此道的机构和个人，有时甚至会故意制造困境，使人们产生危机感，从而"逼"出人们异乎寻常的激情、干劲和智慧来。

实践经验证明，对必须早日完成的某事，定下一个一般情况下很难完成的最后期限，是一种逼发灵感的有效做法。美国著名作家马克·吐温（Mark Twain）甚至说："我难以想象在没有截稿期限下如何写作。"时间安排得过满或过松都可能造成大量时间的浪费，限期完成则不仅有助于激励热情、克服惰性、提高办事效率，还能促进文思泉涌，妙计频出。奥斯本说过："多数有创造力的人，其实都是在期限的逼迫之下从事工作的……决定了期限，就会产生对失败的恐惧感，因此，工作时加上感情的力量，会使工作更加完美。"需要注意的是，尽管逼发灵感能够产生强大的力量，但这种方法并非人人适用，它要求创造者必须做到临危不乱、冷静思考。

（5）梦思维

梦思维获得的成果，作为一种灵感，它既具备一般灵感的"突然来临""不受控制""不明踪迹""一闪而过""模糊粗糙""难以重视"等共同性；又具有独属的"常与怪诞情景相结合""以形象为主要手段""以象征为主要手法"等特殊性。

梦中运用何种形象手段和象征语言，既依赖于做梦者的经历、知识和思想感情等因素，也与社会习俗和时代变迁相关联。因此，人们在进行梦思维时会遇到许多困扰。但作为蕴藏着精神价值与创想价值的宝库，梦思维值得人们排除万难去积极开发、善加利用。

本书就如何训练开发梦思维提出以下几点建议，谨供参考。

第一，要有相信梦可以被利用的自觉意识，这是先决条件。如果思想上不相信梦可以被利用，那就谈不上培养这方面的警觉和敏感，也就不可能经常享受到梦思维奉献的智慧之果。

20年前，剑桥大学教授胡钦逊（Hutchinson）曾对富有成就的科学家做过调查，结果发现有70%的科学家在梦中得到过启发。日内瓦大学教授弗雷瑙埃（Flavius）调查了69位科学家，结果其中有51位曾在睡梦中解决过问题。以色列神经专家阿维·卡尼（Avi Karni）也证实，做梦能使学过的知识更容易记住，他甚至主张对某些难以解决的问题"先做梦，明天再说"。近代科学研究表明，尚未出世的胎儿也会做梦，他们需要用梦来建立良好的神经联络系统，需要以梦来促进大脑的发育。

第二，要有良好的睡眠。良好的睡眠可以让大脑充分放松，从而使思维更加活跃。睡眠时间并非越久越好，它因人而异，一般来说，儿童与老人的睡眠时间稍长，成年人的睡眠时间稍短，大致在6至8小时。要想善加利用梦思维，必须保证睡眠的时长和质量，总是处于睡眠不足或严重失眠的状态是无法进行有效的梦思维的。

第三，要在思考过程中入睡。这样做是为了强化问题意识，形象地讲，就是要"枕着问题睡觉"。人在清醒时，显思维对潜思维有着较强的抑制作用，使得潜思维作用发挥不出；而在入睡后,控制机能明显减弱,潜思维开始活跃,由于之前显思维加强了对问题的思考,此时,潜思维就可以将思考的工作继续进行下去。法国哲学家笛卡尔说:"只有那些有准备的头脑,才会在梦中幻觉出新的发现。"

美国著名心理学家、管理顾问詹姆斯·梅普斯(James May Poos)在 1996 年出版的《魔术思维》一书中提道:"要在睡觉之前想象。积极想象是一夜好梦的最好准备。在一天结束之前,你创造了一个积极的框架,而在你的意识沉睡之时,你的潜意识还在清醒地进行工作。潜意识按照已经输入的内容,进行分类、组织、存档,并且从纷繁杂乱中理出头绪。在你睡觉之前给予潜意识合适的工作材料,它就会按照你期望的结果继续工作 6 到 8 个小时。如果你急切地等待结果,在你醒来时,再进行想象,你会吃惊地发现,它给了你一个积极的、充满力量的开始。"

第四,入睡前提醒自己记住梦的内容。我们几乎每晚都会做梦,但如果梦醒后不转化为显思维,那么开发梦思维就失去了意义。提醒自己记住梦的内容有助于加强思维的警觉性,这样,当潜思维对问题的思考取得一定成果时,显思维将它记录下来的可能性便会大大增加。

我国清代著名诗人袁枚在《随园诗话》一书中写道:"梦中得诗,醒时尚记,及晓,往往忘之。"这是很有代表性的一种普遍现象。美国斯坦福大学医学院睡眠研究中心的斯蒂芬·拉伯奇(Stephen La Berge)曾在《*Directing the action as it happens*》一文中谈到自己总结的一套梦的诱导法。简单说来,就是入睡之前先对自己说,等一下做梦时,我要记住我是在做梦,然后便躺在床上想象自己在做梦。

第五,在睡梦中若有所得,要力争及时醒来。这说起来容易,做起来却非常困难,需要采取一些方法辅助完成。英国心理学家埃文斯(Evans)曾向人们建议:"把你的闹钟拨得比平常早 10 分钟,你也许就会在一个梦中醒来,因为最后一个梦通常正好是在你醒之前。"

美国著名发明家艾格顿(Eggleton)喜欢在躺椅上休息、睡觉,并常能从睡梦里和入睡前的恍惚状态中获得灵感。他的办法是,在椅子边的地上放置金属盘,手中拿一串钥匙,入睡后的某个时刻,手一松开,钥匙便会掉落在金属盘中,发出响亮的声音,如果已产生灵感,他就能立即把它记录下来。

第六,醒来后可以保持一段迷糊状态。这样能使梦境在头脑中多停留一段时间,便于回忆梦中的情景,取其精华、去其糟粕,捕捉梦思维的有用部分。

醒来后若感到并未在睡梦中得到所思考的问题的某种答案或启示,还可以再有意识地回想和玩味某些梦境,或与亲近的人就某些梦境进行交谈和讨论,这样就有可能使问题的答案或启示再次被引发出来。据研究,前半夜的梦非理性成分较多,模糊性与荒唐性也较强。

后半夜和临醒前的梦则理性成分更多,激发灵感的可能性也更大。

第七,要不断总结自己自觉入梦思考问题的特点和经验。不同的人在利用梦思维方面会具有不同的特点,对于自己的特点,特别是自己得到的经验和教训需不断加以分析总结,摸索出规律,以提高自己的梦思维技巧与能力。

第八,要慎重对待梦思维及其成果。人类目前的科技水平还远不能从生理和心理上充分揭示梦思维的奥秘,在我们不可能充分认识和掌握梦思维规律的情况下,对某一具体的梦思维过程的理解和对其思维成果的评估必须持有慎重的态度,并对其进行严格的检验。

【知识补充】

刘培育先生指出:"创新思维是一个过程,创新问题的提出、解决和论证都离不开推理,违背逻辑思维的创新不可能是成功的创新。"实际上,创新思维的实现路径都是以逻辑思维为基础、为指导的。不能进行创新思维或创新思维失败,往往是因为不懂逻辑规律或逻辑思维不健全。对此,我们介绍下逻辑思维中最为典型的推理与论证。

一、推理

(一)推理的概念

创新思维过程虽然偏重于感性思维、形象思维,但它同样离不开逻辑思维。逻辑思维最基本的单位是概念,概念是形成命题、进行推理与论证的起点,是对事物本质属性的反映。命题又称作判断,是对思维对象进行断定的思维形式。命题具有肯定和否定两种形式,不论断定结果为何,命题必须有所断定。在断定的基础之上,命题还需要有真假之分,其标准是是否符合客观实际,符合的称为真命题,不符合的即为假命题。

推理指的是从一个或几个已知命题中推出一个新命题的思维形式,其连接词主要有"因此""所以""由此可见"等。例如:

《中华人民共和国刑法》第十七条第二款规定:已满十四周岁不满十六周岁的人,犯故意杀人、故意伤害致人重伤或者死亡、强奸、抢劫、贩卖毒品、放火、爆炸、投放危险物质罪的,应当负刑事责任。

十五周岁的张三实施盗窃行为。

张三已满十四周岁不满十六周岁且其行为不在上述八种罪名之列。

所以,张三不应当负刑事责任。

从上述案例中可以看出,推理一般具有前提和结论两个部分,所谓前提即推理所依据的命题,结论则是推出的新命题,推理的前提可以有一个或多个命题,但结论只能有一个命题。为得出正确结论,推理必须具备两个条件:一为形式正确,一为前提真实。形式不正确,即使前提真实也可能推断出错误结论;前提不真实,即使形式正确,其结论也只会是无源之水、无本之木。

(二)推理的类型

1. 直言命题

直言命题是肯定对象具有或不具有某种性质的命题,又称为性质命题,其对对象性质的判定是直接的。直接命题由主项、谓项、联项和量项四部分组成。例如:

吸烟有害健康。

有些违法行为不是犯罪行为。

在直言命题中,主项以 S 表示,谓项以 P 表示。直言命题可以分为肯定命题、否定命题、全称命题、特称命题、单称命题。

表 9　直言命题形式

名称	形式	举例
肯定命题	S 是 P。	儿童是祖国的花朵。
否定命题	S 不是 P。	理论不是臆想而来。
全称命题	所有的 S 都是(或不是)P。	所有国家都是由国土、人民、文化和政府四个要素组成的。
特称命题	有的 S 是(或不是)P。	有的记者不是本科毕业生。
单称命题	某个 S 是(或不是)P。	张三是个热心人。

以上几种类型的直言命题分别基于命题的质或量来进行区分,将这几种命题综合起来,我们可以得到以下四种基本命题形式:

表 10　四种基本命题形式

全称肯定命题	所有的 S 都是 P,写作 SAP,通常以 A 表示。
全称否定命题	所有的 S 都不是 P,写作 SEP,通常以 E 表示。
特称肯定命题	有的 S 是 P,写作 SIP,通常以 I 表示。
特称否定命题	有的 S 不是 P,写作 SOP,通常以 O 表示。

在考察命题时,我们还要考虑到项的周延性。周延性指的是对项的外延数量的判断,如果对项的全部外延都做出了断定,那么,这个命题就是周延的;如果没有对项的全部外延做出断定,那么,这个命题就是不周延的。例如:

一切物体都在运动。

有的亚洲人不是韩国人。

我们将四种基本命题的周延情况总结如下：

表 11　四种基本命题的周延情况

命题	主项	谓项
A	周延	不周延
E	周延	周延
I	不周延	不周延
O	不周延	周延

2. 三段论

三段论是由两个包含着一个共同项的直言命题推出一个新的直言命题的推理，它由三个直言命题组成，其中，两个是前提，一个是结论，包含小项、大项和中项。小项指结论中的主项，以 S 表示，大项指结论中的谓项，以 P 表示，中项指前提中共有的项，以 M 表示。在前提中，具有大项的前提叫大前提，具有小项的前提叫小前提。

三段论推理规则如下①：

（1）中项在前提中至少要周延一次。如果前提中的两个中项都不周延，即称作中项两次不周延错误。例如：

犯罪行为是违法行为，

某人的行为是违法行为，

所以，某人的行为是犯罪行为。

（2）在前提中不周延的项，在结论中也不得周延。例如：

语言是没有阶级性的，

语言是社会现象，

所以，有些社会现象是没有阶级性的。

如果大项在前提中不周延而在结论中周延即称作大项扩大错误。例如：

审判员都要守法，

吴某不是审判员，

所以，吴某不要守法。

如果小项在前提中不周延而在结论中周延即称作小项扩大错误。例如：

逻辑是没有阶级性的，

---

① 余华东：《创新思维训练教程（第二版）》，人民邮电出版社，2007 年，第 185 页。

逻辑是科学,

所以,凡科学都是没有阶级性的。

（3）从两个否定的前提不能得出结论。例如：

张三不是罪犯,

李四不是张三,

所以,……

（4）两个前提中如果有一个是否定的,则结论是否定的,如果结论是否定的,则必然有一个前提是否定的。

（5）从两个特称的前提不能得出结论。

（6）如果有一个前提是特称的,只能得出特称的结论。

3. 联言推理

联言推理指的是前提或结论为联言命题的推理。联言命题是断定若干事物情况同时存在的命题。在日常用语中,联言命题的连接词有许多种,如"既是……又是……""不但……而且……""虽然……但是……"等。

联言推理可以表述为：

p 并且 q,

所以,p。

或

p 并且 q,

所以,q。

例如：

法律由立法机关制定并且由国家政权保证执行。

所以,法律由立法机关制定。

法律由立法机关制定并且由国家政权保证执行。

所以,法律由国家政权保证执行。

4. 选言推理

选言推理是根据选言命题的逻辑性质而进行的推理。选言命题是断定若干可能的情形中至少有一个为真的命题。其标志性的连接词有"或……或……""要么……要么……"等。选言命题有相容与不相容之分,因此,选言推理也分为相容选言推理和不相容选言推理两种。

相容选言推理公式为：

或 p，或 q，

非 p，

所以，q。

例如：

张三或者是诗人，或者是歌手。

张三不是诗人，

所以，张三是歌手。

不相容选言推理公式为：

要么 p，要么 q，

p，

所以，非 q。

或

要么 p，要么 q，

非 p，

所以，q。

例如：

张三要么是诗人，要么是歌手。

张三是诗人，

所以，张三不是歌手。

或

张三要么是诗人，要么是歌手。

张三不是诗人，

所以，张三是歌手。

5. 假言推理

假言推理是根据假言命题的逻辑性质所进行的推理。假言命题属于复合命题，其逻辑特点在于不是对事物的情况做出无条件的断定，而是反映某一事物情况是另一事物情况存在的条件。假言命题有以下几种：

表 12　三种假言命题形式

充分条件假言命题	断定某事物情况是另一事物情况充分条件的假言命题。	公式： 如果 p，那么 q。

充分条件假言命题	断定某事物情况是另一事物情况充分条件的假言命题。	公式： 如果 p，那么 q。
必要条件假言命题	断定某事物情况是另一事物情况必要条件的假言命题。	公式： 只有 p，才 q。
充分必要条件假言命题	断定某事物是另一事物情况充分必要条件的假言命题。	公式： 当且仅当 p，则 q。

假言推理因此也分为充分条件假言推理、必要条件假言推理和充分必要条件假言推理三种。

充分条件假言推理形式为：

如果 p，则 q，

p，

所以，q。

或

如果 p，则 q，

非 q，

所以，非 p。

必要条件假言推理形式为：

只有 p，才 q，

非 p，

所以，非 q。

或

只有 p，才 q，

q，

所以，p。

充分必要条件假言推理形式为：

当且仅当 p，则 q，

p，

所以，q。

或

当且仅当 p，则 q，

q，

所以，p。

或

当且仅当 p，则 q，

非 p，

所以，非 q。

或

当且仅当 p，则 q，

非 q，

所以，非 p。

6. 完全归纳推理

完全归纳推理是一种必然性推理，又称完全归纳法。它是根据某类事物的每一个对象具有或不具有某种属性，推出该类事物所有对象都具有或不具有某种属性的推理。其公式可以表述为：

S1 是（或不是）P，

S2 是（或不是）P，

S3 是（或不是）P，

……

Sn 是（或不是）P，

S1，S2，S3，……Sn 是 S 类事物的所有对象，

所以，所有的 S 都是（或不是）P。

应用完全推理只需遵循两点，结论就必然真实：第一，对个别对象的断定都是真实的；第二，被断定的个别对象是一类事物的全部对象。

二、论证

（一）论证的概念

论证是根据一个或一些已知为真的命题来确定另一命题真实性的思维形式。论证有广义和狭义之分，狭义的论证即为证明，广义的论证除证明外，还包括反驳。

论证通常由论题、论据和论证方法三个要素构成，论题是需要对其真实性进行论证的命题，需要解决的是"证明什么"的问题，通常在论证的开头提出，在末尾归结。在分析论证过

程时,我们可以采取跳过论据部分的方式,快速地把握论题。

论据是论题得以成立的理由和依据,需要解决的是"用什么证明"的问题,充足、真实的论据能够使整个论证过程更为丰满、可信。论据分为事实论据和理论论据两种,也就是我们通常所说的"摆事实"和"讲道理"。论据最重要的品质是真实性,只有真实性明显的命题,如公理、定义、被科学证明的命题、被确认的关于事实的命题等才能确保论题的真实。

论证方式是论题与论据的联系方式,需要解决的是"如何证明"的问题,最简单的论证只由一个推理构成,复杂的论证则由多个或多种推理构成。论证的意义在于能够使新的思想具有论证性和说服力,这样才能够使人信服。论证性与说服力之间呈现正相关关系,意即论证性越强,说服力也就越强。

(二)论证的类型

1. 演绎论证

演绎论证就是运用演绎推理进行的论证。它以真实性已经得到证明的一般性原理或原则作为论据,以证明一个特殊性论题。

2. 归纳论证

归纳论证就是运用归纳推理进行的论证。它以真实性已经得到证明的个别的、特殊的命题作为论据,以证明一个一般性论题。需要注意的是,如果我们以简单的列举特例进行推理,那么论证将可能带有一定的或然性,因此,我们必须选择具有典型性的案例进行论证。

3. 类比论证

类比论证就是运用类比推理进行的论证。它以特殊事实的命题作为论据,以证明另一个特殊性论题。

4. 直接论证

直接论证就是从论据的真实性中直接推出论题真实性的论证。其特点是从论题出发,能够为论题的真实性提供正面依据。

5. 间接论证

间接论证就是通过确定其他命题的虚假来确定论题真实性的论证。间接论证分为反证法和选言法两种。

反证法是通过确定与论题相矛盾的反面论题的虚假来确定论题真实性的论证。反证法的公式为:

[求证]论题 A。

[证明]设非 A 真;

则非 A→B；

已知 B 假；

所以，非 A 假；

所以，A 真。

选言法是通过确定论题所指的那种可能性之外的所有命题所包含的可能性皆为虚假，从而推出论题真实性的论证。选言法的公式为：

[求证]论题 A。

[证明]或 A，或 B，或 C；

非 B；

非 C；

所以，A 真。

6. 反驳

反驳是根据已知为真的命题确定某一论题的虚假或其论证不能成立的思维过程。它是一种特殊的论证，其目的在于揭露命题的虚假性。其论证方式包括：

一是直接反驳，即用事实、规律或原理正面指出论题的虚假与不能成立。

二是间接反驳，即通过论证相反论题的真实性来证明原论题的虚假性。间接反驳又分为独立证明法与归谬法。

独立证明法的论证过程为：

被反驳论题 A，

论题非 A，

证明非 A 为真，

所以，A 为假。

归谬法的论证过程为：

被反驳论题 A，

假设 A 为真，

由 A 推导出 B，

已知 B 为假，

所以，A 为假。

三、推理与论证的训练技巧

推理与论证需要借助逻辑思维的力量，要想提升推理与论证的水平，首先要提高自身的逻辑思维能力。古老的中华文明促使特色鲜明的中国式思维方式内化为国人潜在的思维框架,中国人喜欢用联系的、矛盾的、变化的思维看问题,固守中庸之道,重视事件背景与环境的意义,相应地,分类能力不强、探索精神不足,致使逻辑思维能力的发展受到阻碍。中国式的思维方式并不是国人生来具有的,而是个人在成长过程中通过社会规范的影响逐渐形成的。因此,我们可以在已有思维模式的基础上,通过提高逻辑思维能力来优化自身的思维方式。

提升逻辑思维能力是一个长期的过程,当我们接触到不擅长、不熟悉的思维方式时,我们自然会抵触、抗拒,产生畏难情绪,此时,我们应当提醒自己,为了取得成效,我们必须坚持下去。

学习思维科学与思维哲学的相关知识,深入了解思维的基本形式、基本规律是十分必要的。在总结和吸纳前人经验的基础上,不断丰富自身的知识储备,坚持进行练习,我们就能够使个体的思维水平得到提升。

具体而言,我们可以通过阅读科学、哲学、历史书籍或相关文章,找出作者的写作思路和论证方法,以此来了解逻辑思维的形式与套路。在阅读过程中,迅速确认和提取有效信息,进行判断、归纳与推理,并选择与原文中相似的问题,模仿书籍或文章中的论证方式自行论证,经过一段时间的训练,必会有所收获。另外一种较为轻松有趣的方法是阅读优秀的侦探、推理小说。阅读时应跳出作者的叙述框架,边阅读边思考,通过自己独立的思维过程求得谜题的答案。当然,也可以选择逻辑思维训练题,每天进行 10 至 20 分钟的练习,这种方法能够在短时间内迅速改变我们的思维方法和思维过程,从而提升我们的逻辑思维能力。

【思考题】

1. 了解各类创新思维方式,思索你之前是否运用这些思维方式解决过问题? 或者是否接触过相关案例? 他们是如何应用这些思维方式解决问题的?

2. 你认为什么样的问题适合运用横向思维来思考? 通过本章的学习,你将如何在日常生活中运用"六顶思考帽"模型来解决问题?

【延伸训练】

1. 人的寿命越来越长,很多人都会活到 80 岁。想象一下,你在 80 岁的时候会是什么样子? 那个时候回顾自己的一生,想想自己拥有了怎样的人生? 取得了怎样的成就? 可能会留有什么遗憾? 根据发散思维的结果,绘制一张属于自己的思维导图。

2. "对待历史文化遗产应采取批判继承的态度。对待历史文化遗产的态度,要么是全盘继承,要么是虚无主义,要么是批判继承。全盘继承,不分精华和糟粕,不能推陈出新,不利于文化的发展,这种态度是不可取的。虚无主义,隔断历史,违背文化发展规律,同样不利于文化的发展。只有批判继承,去其糟粕,取其精华,才能促进文化的繁荣。"

分析前文的论证结构,指出其论题、论据和论证方式。

第五章

创新思维技法

　　创新技法是根据创新思维的发展规律归纳、分析、总结出的原理、技巧与方法,掌握良好的创新技法可以获得事半功倍的效果,正所谓"工欲善其事,必先利其器"。如今,创新技法的研究得到了越来越广泛的关注,在指导创造者从事创新活动方面具有重要作用,其应用的领域范围也十分广阔。创造学家、生理学家、心理学家、社会学家和教育学家在创意、创造设计的心理机制、生理机制和社会实践层面进行了多方位研究,可以说,创新技法正是利用这些成果进一步总结出来的、用以提高创新能力的各种方法的总称。

第一节　创新技法回溯

　　创新技法的发展以及创新技法的研究在 20 世纪 30 年代起步,40 年代奠基,50 年代发展,60 年代飞跃,70 年代兴盛,80 年代普及,之后在兴盛与改革交替之间愈发得到社会的重视。由于创意工程的复杂性,其理论体系至今尚不能说成熟,但这并不影响其开发、普及与发展。据统计,至今提出的创新、创造技法已达 340 余种。

　　创造力开发首先出现在美国。1906 年,一位专利审查人普林德尔发表了一篇题为《发明的艺术》的论文,最早提出对工程师进行创造力训练的建议,并以实例阐述了一些改进发明的技巧和方法,后来另一专利审查人撰写了《发明家的心理学》,其中有发明方法一章。同年,美国内布拉斯加大学教授 R. 克劳福德发表了《创造思维的技术》,提出特性列举法并在大学授课。之后,奥肯和史蒂文森相继开出发明方法和创造工程课程。

　　1938 年,被誉为"创造工程之父"的奥斯本制定了"头脑风暴法"并取得成功,为推广这种技法,他撰写了一系列著作,如《思考的方法》《所谓创造能力》《实用的想象》等,并深入学院、社会团体和企业,组织大家学习并使用这些技法。一些大学、公司等机构先后采用其理论授课或开办训练班,为群众性的创造普及活动开拓了局面。

　　1942 年,瑞士天文学家茨维基在参与火箭研制过程中,利用排列组合原理制定了"形态分析法"。他按照火箭各主要部件可能出现的各种形态的不同组合,得到了576种火箭构造方案。

1944年,戈登提出了著名的"提喻法",成为最受欢迎的创新技法之一。

20世纪50年代以来,全美出现了许多创造力研究中心,众多大学、政府部门和公司竞相开设了名目繁多的创造力训练课程,创造力咨询公司应运而生。

在创造工程的研究和开发上,日本可谓"后起之秀",在引进美国模式之后,20世纪40年代开始逐渐形成自己的特色。1944年,日本创造学先驱之一市川龟久撰写了《创造性研究的方法》,1955年提出等价转换理论,1977年出版了《创造工学》。另一位典型人物丰泽丰雄,提倡"一日一创"活动,先后出版《发明指南》等著作。日本学者提出了许多富有特色的创新技法,如"KJ法""NM法""ZK法""CBS法"等,出版了多种创造力开发方面的著作,还出现了一些专门的研究机构,群众性创意活动极为普及。

从1946年开始,苏联一批学者从175万项发明专利中遴选出4万项高水平的专利文献,从中概括出一批具有普遍性、强效性技法,制定了《发明课题程序大纲》《基本措施表》《标准解法表》等,并不断完善,形成了特色鲜明的创新工程体系。此外,世界许多国家和地区也对创新技法的发展作出了贡献。20世纪80年代,我国也开始了创造工程和创新技法的研究、推广与普及,并出版了一批与此相关的书刊。

20世纪60年代之后,创新技法如雨后春笋般大量涌现,如"思维导图法""六项思考帽法"等创新技法的影响力不断扩大,成为流行的思维方法和训练手段。无论群体或是个体,利用这些技法,都显著地提高了创新思维的广度、深度和速度,促进了创意、创造难关的突破。

第二节　创新技法分类

面对几百种创新技法,如何形成系统化、条理化分类是一大难题。这是因为:第一,绝大多数技法都是研究者根据其实践经验研究总结出来的,缺乏统一的理论指导;第二,各种技法之间并不存在线性递进的逻辑关系,较难形成统一的体系;第三,创新思维是一种高度复杂的心理活动,其规律还未得到充分、深刻的揭示,难免出现各执一端的状况。这样,各种技法在内容上彼此交叉重叠,既相互依赖,又自成一统,为全面条理化增加了难度。即便如此,许多研究者仍然作出不懈努力,提出了一些具有实践意义与价值的分类方法。

日本电气通信协会在《实用创造性开发性技法》著作中,曾将常用的29种技法分为六类:1. 自由联想法(如头脑风暴法、KJ法等);2. 强制联想法(如查表法、焦点法等);3. 设问法(如戈登法、特尔菲法等);4. 分析法(如形态分析法、列举法等);5. 类比法(如提喻法、等价变换法等）；6. 其他方法（如网络法、反馈法等）。

日本创造学会会长高桥诚把创新技法分成三类：1. 扩散发现技法：主要是寻求问题所在，再提出设想；2. 综合集中技法：主要是收集情报，或者用于按照顺序来解决问题；3. 创造意识培养技法：主要是为解决各种问题而培养创造意识。

我国东北工学院、国家科委人才资源研究所等创造力开发研究课题组，也采用三分法为创新技法分类。分别为：1. 提出问题的方法；2. 解决问题的方法；3. 程式化的方法。

如果按照思维方向将创新技法分类，可以分为两类：扩散技法与集中技法。扩散技法是指能使创造者充分展开想象，进行思维扩散，在产生大量设想的基础上诱发创造性设想的一类创造技法。其直接作用是产生尽可能多的创造性设想。集中技法是指在搜集情报信息的基础上整理、筛选，或在大量创造性设想的前提下分析比较，从中做出有效选择的一类创造技法。其直接作用是能够选出有效的创造性设想来。

如果按照参与人数将创新技法进行分类，可以分为两类：个人技法与集体技法。个人技法是指创造者个体即可实施的创造技法（如缺点列举法、自由联想法、卡片法等）。集体技法是指通常由若干创造者共同实施的创造技法（如头脑风暴法、综摄法等）。需要说明的是，个人技法和集体技法之间并无绝对界限。许多个人技法也可采用集体形式（如小组）展开工作，而在实施集体技法的过程中，每个参与者又可运用个人技法，充分发挥自己在集体中的作用。

如果按照适用对象将创新技法分类，可以分为两类：基本技法和扩展技法。基本技法是指比较通俗、易懂、易用的技法（如缺点列举法、希望点列举法、和田十二法、5W2H 法、主体附加法、检核表法、头脑风暴法等）。对初学者来说，这些方法具有入门快、易理解、易实践等特点。扩展技法是相对于基本技法而言的，其特点是使用起来需要更多的逻辑思维和理性支持（如特性列举法、二元坐标法、焦点法、形态分析法、还原分析法、移植法、KJ 法、NM 法、ZK 法等）。

需要特别指出的是：1. 所有的分类都是相对的。每种分类方法都只基于研究者本人的认识和经验，只代表作者本人的观点；2. 分类的主要目的除了有利于初学者入门学习，就是便于教学、交流和传承。在创新实践中，不可能也无法做到一定要使用什么技法来发明什么东西；3. 即使是初学者，也可以有自己的分类方法并给自己的创新技法命名，这与创新思维的本质是一致的；4. 下文所列的创新技法是国内外教材和学术交流中较为常用的方法，目的是便于读者学习使用。

第三节　常用的创新技法

拥有创新思维并非一日之功，我们需要在掌握有效方法的基础上勤加练习。这里，我们简单介绍几种较为常见、行之有效的创新思维实现方法。

一、设问法

设问法是围绕创新对象或需要解决的问题发问，再针对所提出的具体问题予以研究解决的创新技法。"善于发现问题、善于解决问题"是创新者必备的素质，提问对发现问题和解决问题而言都是至关重要的环节。

设问法通过各种提问方式，对要探讨的对象进行调研和分析，以明确问题的属性、可变程度、适用范围、活动场所等相关因素。设问法特别适用于创新过程的早期阶段，由于其属于强制性思考，目标明确、主题集中，利于在清晰的思路下引导发散思维、突破惰于思考的思维障碍。

常见的设问法有：

(一)奥斯本检核表法

所谓检核表法(Checklist Technique)，是指根据研究对象的特点列出有关问题，形成检验表，然后逐个进行核对讨论，发掘出解决问题的大量设想。它引导人们根据检验项目的思路逐一求解问题，力求思考周密。

检核表法主要用于新产品的研制开发阶段。在众多的创新技法中，这种方法效果比较理想，因而被誉为"创造之母"。人们运用这种技法，产生了很多杰出的创意以及大量的发明创造。

奥斯本检核表法是以该技法的发明者、美国创新技法和创新过程之父——亚历克斯·奥斯本的名字命名的。他在 1941 年出版了世界上第一部创新学专著《创造性想象》，提出了奥斯本检核表法，此书的销量也已逾 4 亿册，甚至超过《圣经》。

奥斯本文化程度不高，没有上过大学，1938 年，21 岁的他失业了。他时刻梦想着成为一名受人尊敬的新闻记者，为了实现自己的梦想，他鼓足勇气去一家小报社应聘。主编问："你有多少年的写作经验？"奥斯本回答："只有三个月。不过请你先看看我写的文章吧！"主编接过他的文章，看后摇着头说："年轻人，你这篇文章写得不怎么样，你既没有写作经验，又缺乏写作技巧，文笔也不够通顺，但是你这篇文章也有独到的地方，内容上有独到的见解，这个独到的东西是创新。这就很可贵！凭这一点，我愿意试用你三个月。"奥斯本由此领悟到"创新"的可贵，明白了自己的优势所在。他反复研究主编给他的大沓报纸，又买回其他各种报纸进行比较。第一天上班后，奥斯本迫不及待地冲进主编的办公室，大声说："主编先生，我有一个想法。"主编瞪大眼睛看着这个毛头小子。他不顾主编的表情，顺着自己的思路说下去："广告是报纸的生命线，我们无法与各大报纸竞争大广告，而小工厂、小商店也做不起大广告,他们又急于把自己的产品或商品告诉更多的人,我们何不创造分类广告,以低廉的收费满足这一层次工商者的需要呢?"主编说:"好啊！真是个了不起的想法!"这就是现在报刊上广泛采用的分类广告。奥斯本坚持每天提一条创新性建议,两年后,这家小报成为实力雄厚的报业托拉斯,奥斯本也成为该报业集团拥有巨额股份的副董事长。

奥斯本检核表法引导主体在创造过程中对照九个方面的问题进行思考,以便启迪思路,开拓思维想象的空间,促进人们产生新设想、新方案。

表 13　奥斯本检核表

检验项目	含义
1. 能否他用	现有的事物有无其他用途、保持不变能否扩大用途;稍加改变有无其他用途。
2. 能否借用	能否引入其他创造性设想;能否模仿别的东西;能否从其他领域、产品、方案中引入新的元素、材料、造型、原理、工艺、思路。
3. 能否改变	现有的事物能否做些改变？如颜色、声音、味道、式样、花色、音响、品种、意义、制造方法,改变后效果如何。
4. 能否扩大	现有的事物可否扩大适用范围;能否增加使用功能;能否添加零部件;延长它的使用寿命,增加长度、厚度、强度、频率、速度、数量、价值。
5. 能否缩小	现有的事物能否体积变小、长度变短、重量变轻、厚度变薄以及拆分或省略某些部分(简单化),能否浓缩化、省力化、方便化、短路化。
6. 能否替代	现有的事物能否用其他材料、元件、结构、动力、设备、方法、符号、声音等代替。
7. 能否调整	现有的事物能否变换排列顺序、位置、时间、速度、计划、型号;内部元件可否交换。
8. 能否颠倒	现有的事物能否从里外、上下、左右、前后、横竖、主次、正负、因果等相反的角度颠倒过来用。
9. 能否组合	能否进行原理组合、材料组合、部件组合、形状组合、功能组合、目的组合。

1. 能否他用

人们从事创造活动时常会选择这样两种方式:一种是当目标确定后,沿着从目标到方法的途径,根据目标找出方法;另一种则与此相反,首先发现一种事实,再想象这一事实所起的作用,即从方法入手将思维引向目标。随着科学技术的发展,后一种方法得到了越来越广泛的应用。

某样事物,"还能有什么其他用途?""还能用其他什么方法使用它?"……这样的问题会使我们的想象活跃起来。当我们拥有某种材料,为扩大它的用途,打开它的市场,就必须进行这种思考。德国有人想出了 300 种利用花生的实用方法,仅仅用于烹调,他就想出了 100多种方法。橡胶有什么用处？有家公司提出了千万种设想,如用它制成床毯、浴盆、人行道边饰、衣夹、鸟笼、门扶手、棺材、墓碑,等等。当人们将自己的想象放置于这条广阔的"高速公路"上,丰富的想象力便会带来更多更好的设想。

2. 能否借用

科学家伦琴发现"X光"时,并没有预见到这种射线的任何用途,所以,当他发现"X光"用途广泛时倍感吃惊。现在"X光"不仅被用来治疗疾病,外科医生还用它进行人体内部组织器官的观察。同样的,电灯在开始时只用来照明,后来改进了光线的波长,发明了紫外线灯、红外线加热灯、灭菌灯等。科学技术的重大进步不仅表现在某些科学技术难题的突破上,也表现在科学技术成果的推广应用上。一种新产品、新工艺、新材料,必将随着它的越来越多的新应用而显示出其蓬勃的生命力。

3. 能否改变

米多尼公司专门生产"创可贴",但不久仿冒产品蜂拥而至。老板经过一番苦思,认为产品质量很好,不必改进,要吸引顾客,应在颜色上下功夫。于是一改老式配色,而采用桃红、天蓝、翠绿等鲜艳颜色,还在上面印有幽默文字,又把形状切割成心形、五角星形、十字形、扇形等,新产品一面市即大受欢迎。同样的道理,有时汽车改变一下车身的颜色,就会增加汽车的美感;给面包设计一款芳香的外包装,就能提高嗅觉吸引力,这些小小的改变都可能令商品销量大幅上涨。

4. 能否扩大

在自我发问技巧中,研究"再多些"与"再少些"能提供大量的构思设想。使用加法和乘法,便可能使人们扩大探索的领域。

"为什么不用更大的包装呢?"——橡胶工厂大量使用的黏合剂通常装在1加仑的马口铁桶中出售,使用后便扔掉。有位工人建议黏合剂装在50加仑的容器内,容器可反复使用,节省了大量马口铁。

"能使之加固吗?"——织袜厂通过加固袜头和袜跟,使袜子的销售量大增。

"能改变一下成分吗?"——牙膏中加入某种配料,成了具有某种附加功能的牙膏。

5. 能否缩小

这是一条"借助于缩小""借助于省略或分解"来寻找新设想的途径。袖珍式收音机、微型计算机、折叠伞等,就是缩小的产物;没有内胎的轮胎、尽可能删去细节的漫画,就是省略的结果。

6. 能否替代

如在气体中用液压传动替代金属齿轮,又如用充氩的办法代替灯泡中的真空,使钨丝灯泡提高亮度等。通过取代、替换的途径也可以为想象提供广阔的探索领域。

7. 能否调整

重新安排通常会带来很多创造性设想。飞机诞生之初，螺旋桨安排在头部；后来，螺旋桨安装到飞机顶部，成为直升机；喷气式飞机则把它安放在尾部。商店柜台的重新安排，营业时间的合理调整，电视节目的顺序安排，机器设备的布局调整，等等，这些细微的调整都有可能带来更好的效果。

8. 能否颠倒

从相反方向进行对比思考问题，也能成为激发想象的宝贵源泉。这是一种逆向思维方法，它是创造活动中颇为常见和相当有效的思维方法。"司马光砸缸"就是逆向思维的典型案例。

9. 能否组合

"组合"就是从综合、系统的角度分析问题。例如把铅笔和橡皮组合在一起；把几种部件组合成机床；把几种金属组合成性能不同的合金；把几件材料组合成复合材料；把几个企业组合在一起，构成横向联合等。

奥斯本检核表法有利于提高创新的成功率，用多向思维、多条提示引导创新者去发散思考。检核表中的九组问题，可以逐一试用，也可以从中挑选一两条集中精力深思。奥斯本检核表法帮助人们突破不愿提问或不善提问的心理障碍，在进行逐项检验时，迫使人们扩展思维、突破旧的思维框架，为创新开拓了思路。

在使用奥斯本检核表法时还应注意几点：要联系实际地进行检验；多检验几遍，效果会更好，或许会更准确地选择出创新、发明的方向；在检验每项内容时，要尽可能地发挥自己的想象力和联想力，产生更多的创造性设想；进行检验思考时，可以将每大类问题作为一种单独的创新方法来运用；检验方式可根据需要，一人检验也可以，三至八人共同检验也可以。集体检验可以互相激励，产生头脑风暴，更有希望产生创新。

(二)和田十二法

和田十二法又叫"和田创新法则"，即指人们在观察、认识事物时，考虑是否可以采用、检验的十二类创新技法。和田十二法是我国学者许立言、张福奎在奥斯本检核表法的基础上，借用其基本原理加以创造而提出的，它既是对奥斯本检核表法的继承，又是大胆的创新——这类技法更通俗易懂、简便易行、便于推广。

1. 加一加

在一物品上，是否可以通过补充一些东西，或增加运行时间，或增加动作次数，或增加尺寸与部件，或增加色彩与浓度等，以达到创新之目的。

欧洲一位磨镜片的工人,偶然把一块凸透镜片与一块凹透镜片加在一起,透过两镜片向远处看,惊讶地发现远处的景物被移至眼前,伽利略对这一发现进行研究,最后发明了望远镜。

2. 减一减

在一物品上,是否可以通过删减一些部件,或减小尺寸与重量,或省略(取消)一些过程与环节等,以达到创新目的。

提取出牛奶中的奶油使其成为脱脂奶;减少盐中的钠,有利于降低血压;去掉汽车上的离合器、机械变速箱,采用无级变速,已成现实。

3. 扩一扩

把一物品的尺度、质量参数或使用功能等放大、扩展,以达到创新目的。

美国一家牙膏公司,前10年,年销售额增长率为10%—20%,其后3年则停滞不前。董事会召开会议商讨对策,有位经理提出一条对策,总裁马上开出5万美元的支票作为奖金。经理的建议是,把牙膏开口直径扩大1毫米。之后公司马上更换新包装,这一简单的"扩大建议"使公司下一年度的销售额增长了32%。

4. 变一变

改变一物品的形状、尺寸、重量、色彩、音响、气味等,甚至是结构方案或运行模式与功能,以达到创新目的。

日本东芝电气公司1952年前后积压了大量电风扇卖不出去。7万多名员工为了打开销路,费尽心机、想尽办法,依然进展不大。这时,一名职工建议改变电风扇的颜色,把黑色改成浅色,因为当时全世界的电风扇都是黑色的,已成为传统。这一建议受到了重视,电风扇被改成了浅蓝色,结果大受顾客欢迎,市场上还出现了一阵抢购热潮,几个月就卖出了几十万台。

5. 改一改

从外观、尺寸、重量、结构、运作程序乃至原理、功能等方面着手改进,以达到创新目的。

拨盘式电话速度慢,改成按键式电话;手动冲水马桶改成感应式自动冲水马桶;甚至旧衣服改变款式,也可能成为流行款。

6. 缩一缩

把一物品的尺寸、重量、运行过程、能耗、成本压缩一下,以达到创新目的。

折叠可使物件缩小。居室面积小,全部家具都可以做成折叠式,收进壁橱;舰上停放的飞机,机翼是折叠的;折叠自行车、折叠汽车也已逐步实现。

7. 联一联

从一事物之结果联系其起因，或从某一事物与另一事物的联系中寻求创新的途径。

澳大利亚曾发生过这样一件事：在收获的季节，有人发现一片甘蔗田的产量提高了50%，这是什么原因呢？原来栽种前一个月，一些水泥洒落到这块地里。科学家认为水泥中的硅酸钙改良了土壤的酸性，导致甘蔗增产。人们由此联想到，既然硅酸钙可以改良土壤的酸性，那么是否可以制成硅酸钙肥料呢？于是，一种新型的"水泥肥料"问世了。

8. 学一学

通过借鉴或模仿某一事物的外形、结构、原理、特征、技巧、功能，走出创新之路。

福特看到生产线上装配一辆车需要12个半小时，实在太慢，便决心改进，但又苦无良策。后来他去参观屠宰场、罐头厂运输材料的生产过程，看到生产线很长，整块肉经过切碎、蒸煮、装罐环节，输送过程全用滑轮，不用人力，迅速便捷。于是，回厂改造生产线，也采用输送带，使装配时间降至83分钟。

9. 代一代

通过使用一种更优质、更廉价、更有效的材料、零件（部件）、结构、原理、程序、途径取代原来的材料、零件（部件）、结构、原理、程序、途径进行创新活动。

实际上"代替"反映了人类文明的进步。如草鞋被布鞋代替，布鞋被皮鞋代替；蒸汽机车被内燃机车代替，内燃机车被电力机车代替；折扇被电风扇代替，电风扇被空调器代替等。

10. 搬一搬

把处于某一时空坐标的一件物品、一种想法、一种结构、一种原理、一种技术、一种途径、一种概念搬到另一个时空坐标上去，探索其创新的可能性。

灯泡是用作照明的，搬到十字路口就成了信号灯；改变光线波长，就成为紫外线灭菌灯；做成红外线加热灯，就可应用于理疗。

11. 反一反

把一件事物、一种现象、一种运作程序沿其逆向进行推演，探索创新的可能性。

在日本本州岛库罗萨基市，有一栋世界奇屋——倒悬屋，发明人是一位汽车旅馆老板。原来，该旅馆生意不好，后求教于心理学家，心理学家受比萨斜塔的启示，建议盖一座岌岌可危的倒悬房子，以吸引顾客，结果前来一睹为快的观光者络绎不绝，倒悬屋因此举世闻名。

12. 定一定

沿着"确保机构高效运转、事物正常发展、程序顺利执行等，需要制定哪些安全保障措施？"的思路进行创新活动。

茅台酒中含有多种微量元素,贮存时间越长,保健功能越明显。于是,茅台酒股份有限公司采取"定一定"的办法,从2001年1月1日起,将每瓶酒标注出厂日期,第二年价格自动上调10%,逐年递增,首创了"价格年份制"。

按照这十二个"一"的顺序进行核对和思考,就能从中得到启示,诱发人们的创造性设想。所以说,它是一种开启人们创新思维的"思路提示法"。

(三)5W1H(6W2H)法

5W1H法又称六何分析法,由美国陆军部首创,通过连续提六个问题,构成设想方案的制约条件,设法满足这些条件,便可获得创造方案。后来,我国著名的教育学家陶行知又提出了6W2H法(八何分析法),他把这种提问模式称为使人聪明的"八大贤人",还专门写了首小诗:

我有几位好朋友,曾把万事指导我,

你若想问真姓名,名字不同都姓何:

何事、何故、何人、何如、何时、何地、何去,

还有一个西洋名,姓名颠倒叫几何。

若向八贤常请教,虽是笨人不会错。

表14 5W1H(6W2H)法

6W2H法			
5W1H法			
1. Why	为什么需要创新?		
2. What	创新的对象是什么?		
3. Where	从什么地方着手?		
4. Who	谁来承担创新任务?		
5. When	什么时候完成?		
6. How	怎样实施?		
		7. How Much	达到怎样的水平?
		8. Which	几何(哪个)?

目前,5W1H(6W2H)法已广泛应用于改进工作、改善管理、技术开发、价值分析等方面,这一创新技法应用的核心在于,无论选择任何目标(which),都可以对功能(what)、场地(where)、时间(when)、人物(who)四个价值要素进行剔除、减少、增加、创造四个动作,并围绕

如何提高效率(how to do)这一永恒主题进行整合,产生出不同的价值,进而根据价值的大小确定最佳目标和最优路径,实现企业使命和人生理想。

1. 原因(Why)——选择理由

为什么要生产这个产品?能不能生产别的?我到底应该生产什么?为什么采用这个技术参数?为什么不能有震动?为什么不能使用?为什么变成红色?为什么要做成这个形状?

2. 对象(What)——功能与本质

这个产品的功能如何?它能满足哪些客户和人群的需求?例如,对房地产开发商而言,小户型酒店式公寓的功能与本质是投资需求还是单身白领的过渡性住房需求?

3. 场所(Where)——选择地点

在哪里生产?为什么要选择这里?换个地方行不行?到底应该选择什么地方?

4. 组织或人(Who)——责任单位、责任人

现在谁在做这个事情?为什么要让他做?如果他是"万金油",根据老子《道德经》中"知者不博,博者不知"的论断,是不是可以将"博者"换成"知者"?

5. 时间(When)——选择程序

时间与节奏的把握十分重要,例如制造企业的"just-in-time"理念、房地产大盘的分期开发、分期开盘理念等。

6. 如何做(How)——如何提高效率

提高效率最简单的法则就是采用标准化生产。如果公司的组织比较完备,那么是否可以采取"帕累托改进"①?如果公司组织还不够完善,是否可以采用"卡尔多·希克斯改进"②?

7. 价值(How Much)——性价比如何

万物自有其价值,因而可以利用。物与物的交换以价值为基础,有可以换无,无可以换有,一切取决于对性价比的评判。

8. 目标(Which)——选择对象

选择什么样的道路?选择什么样的产品?不同的选择会指向不同的结果。

---

① 帕累托改进:意大利经济学家帕累托提出的一种资源分配的方法,指在没有使任何人境况变坏的前提下,使得至少一个人变得更好。

② 卡尔多·希克斯改进:如果一种变革使受益者的所得足以补偿受损者的所失,这种变革就叫卡尔多·希克斯改进。

6W2H 法应用案例：

人工养殖珍珠开始成功率很低，贝容易死去，或贝里放入沙子后，不长珍珠。这就需要发明者剖析人工养殖珍珠的过程，找到失败的症结。应用 6W2H 法，可以有效地帮助人们把问题缩小到几个方面，再分别加以研究解决。

第一，What？放什么东西，贝不易死掉？放沙子不行，放裹着贝肉的贝壳粒是否更好？

第二，When？什么季节往贝里放东西更容易成功？贝长到多大时最适合用来养珍珠？一天中什么时间做这项工作最好？

第三，Where？把贝肉裹着的贝壳粒放在贝的哪一部位最好？

第四，How？如何使贝张开？放进去以后如何养殖？

针对这些问题可拟定出多种方案，分别试验鉴定后，找到最佳方案，形成一项新的技术。

某航空公司在机场候机室二楼设小卖部，生意清淡。公司经理用 6W2H 法检查问题所在，结果发现在 Who、Where、When 三方面存在问题。

第一，Who？谁是顾客？旅客是顾客，但是旅客在一楼就上了飞机，不可能到二楼来，在二楼的是接送客人的人，也不会去买东西。

第二，Where？小卖部设在何处？原来，旅客经海关检查后，都从一楼通道离去，所以，应将小卖部设在旅客的必经之路上。

第三，When？旅客何时购物？只有行李经过海关检查、交付航空公司后，旅客才有闲情光顾小卖部。而原来机场安排，临上机前才能交付行李，这就从时间上限制了旅客。

由此可见，小卖部生意不佳的原因是：

第一，未把旅客当顾客。

第二，小卖部的位置偏离了旅客的必经之路。

第三，旅客没有购物时间。

针对这三点，航空公司研究改进措施：以旅客做主顾，调整海关检查的路线和行李交付的时间，生意逐渐变得兴隆起来。[1]

二、列举法

列举法是以自由列举的方式展开问题，用强制性的分析寻找发明创新的目标和途径的方法。列举法的主要作用在于帮助人们克服感知不足的障碍，迫使人们将事物的特性、细节统统列举出来，从而挖掘出事物的各种缺陷，摆脱感性思维禁锢。这样做，有利于抓住事物的主要矛盾，进行有的放矢的创新思维。

---

[1]　王传友、王国洪：《创新思维与创新技法》，人民交通出版社，2006 年，第 179 页。

常见的列举法有：

（一）特性列举法

特性是事物所特有的品质或特征,特性列举法又称属性列举法,是 20 世纪 30 年代初美国内布拉斯加大学教授 R. 克劳福德(Grawgord) 创立的创新技法。运用该技法时,首先要把研究对象的主要属性逐一列出,通过详细分析,再来探讨能否进行改革或创新。一般来说,着手解决的问题越小,越容易获得创新的成功。

特性列举法依据的基本原理是:将事物按名词特性、形容词特性、动词特性化整为零,逐一分类、分析,提出问题,提醒人们进行各种改进或转换材料、结构、功能等,按各项特性分别加以研究,设计出具有独特结构和外形的产品,以满足人们的需要。例如,对电风扇的创新,若只是笼统地寻求创新整台电风扇的设想,就会感到很难下手,但如果把电风扇分解成各种要素,如电动机、扇叶、立柱、网罩、支架等,再逐项分别研究改进方法,则可以相对容易地找出理想方案。

特性列举法的操作程序一般分为三个步骤：

一是确定需要改进的对象并加以分析。特性列举法属于对已有事物进行创新的技法,因此应详细分析、了解事物现状,熟悉其基本结构、工作原理及使用场合等。

二是列举特性并进行分类整理。按名词、形容词、动词特性的分类进行特性列举,把内容重复的合并,互相矛盾的协调统一。

三是按照特性项目进行创造性思考。充分发挥创造性思维,针对特性的改进进行大胆思考;用取代、替换、简化、组合等方法加以完善并重新设计。

需要说明的是,对同一个问题,不同人的理解和分类可能不同,列出的属性也可能不同,但目的是相同的,即改善现有的系统特性,使产品得以改进。

特性列举法举例：

对电风扇进行特性列举及革新设想。

1. 名词特性

整体:落地式电风扇。

部分:电机、叶片、网罩、立柱、底座、控制器。

材料:钢、铝合金、铸铁。

制造方法:浇铸、机械加工、手工装配。

2. 形容词特性

性能:风量、转速、转角范围。

外观:圆形网罩、圆形底座、圆管立柱。

颜色:浅蓝、米黄、象牙白。

3. 动词特性

功能:扇风、调速、摇头、升降。

原则上可对每一个细节提出设想,现提出主要设想如下:

(1)针对名词特性提问、构思得到:

设想一:叶片能否再增加一副? 把电动机的主轴加长,在电动机的另一端再加一副叶片,变成"双叶电风扇",只要旋转180度,四周都会有风。

设想二:改变叶片的材料如何? 用檀香木做叶片,再经药剂特别处理,制成"保健风扇"。

设想三:控制器可以改成遥控器。

(2)针对形容词特性提问、构思得到:

设想一:可否将有级调速改成无级调速?

设想二:网罩外形可否多样化?

设想三:风扇外表涂色可否多样化? 可否用变色材料?

(3)针对动词特性提问、构思得到:

设想一:增加驱蚊功能。

设想二:冷热两用风扇。夏出凉风,冬出热风。

设想三:消毒电风扇。喷洒空气净化剂,消除空气中有害病毒,尤其是公共场所及医院病房。

设想四:催眠风扇。加入容易使人入睡的催眠音乐。

(二)缺点列举法

事物总是存在这样或那样的缺点,人们却总期望事物能尽善尽美。如果有意识地列举、分析现有事物的缺点,提出改进设想,就能产生创造。缺点列举法是通过寻找产品存在的缺点,并设法消除缺点来实现产品改进的技法。由于缺点列举法可以直接从社会需要的功能性、审美性和经济性角度研究对象的缺点,提出切实有效的改进方案,因而该方法简便易行、见效快,是在群众及工商企业中最容易普及、最容易出成果的创新技法。

运用缺点列举法始于发现事物的缺点,挑出事物的毛病。虽然所有事物都存在缺点,但并非人人都会去寻找,心理惰性常使人满足于事物的现有水平和完善程度,人们自然不会主动去发现缺点、改进设计。因此,应用缺点列举法需要有精益求精的思想基础。找出需要改进的缺点后,有目的地进行创造性思考,寻找解决方案,消除缺点以获得新的技术与方法,从而达到改进产品的目的。

缺点列举法的操作程序一般分为三个步骤:

一是确定改进对象。缺点列举法的创新根据在于充分利用已有物品，出发点是消费者对物品的求优需求。因此，对已有物品求优需求的调研是确定改进对象的基础。

二是列举改进对象的缺点。列举缺点时，应正确运用验核思维，把重点放在四个方面：一是列出核心缺点，即已有物品的功能是否能满足消费者的基本愿望，挑出功能性缺点；二是列出形式缺点，即已有物品的质量水平、设计风格、包装和品牌等方面的不足；三是列出延伸缺点，即已有物品进入市场变成商品后，在销售服务等方面存在的问题，挑出影响消费者利益的延伸性缺点；四是列出隐性缺点，即已有物品不易被人察觉的非显性缺点，在某些情况下，发现隐性缺点比发现显性缺点更具创新价值，针对隐性缺点改进设计，所产生的市场价值更大。

三是分析、鉴别缺点，提出改进方案。该步骤一般有两种思路：一是针对某种缺点改进设计；二是应用逆向思维思考某种缺点能否成为另一种优点（缺点逆用法）。

缺点列举法的实施方法一般有三种：

1. 用户意见法

收集用户的各种意见，归纳整理，分类统计，再针对这些意见改进产品或提出新产品概念。用户意见法应事先设计好用户调查表，以便引导用户列举缺点，同时便于分类统计。

2. 对比分析法

将同类事物进行对比分析，很容易看到事物间的差距，从而列出事物的缺点。进行对比分析，首先要确定具有可比性的参照物，此外也应注意与国内外先进技术标准相比较，及时发现设计产品的优缺点，加以改进，以确保产品的技术先进性和新颖性。

3. 会议列举法

针对某一产品或某一项目召开缺点列举会，充分揭露事物的缺点。会议列举法的一般步骤是：先由会议主持者根据需要确定列举的对象和目标；再发动参会人员根据会议主题尽量列举缺点，并将缺点逐条写在预先准备的小卡片上；然后对写在卡片上的缺点进行分类整理，确定主要缺点；最后研究探索克服缺点的办法。

需要注意的是，运用缺点列举法的目的不是列举，而是改进，因此要善于从列举的缺点中找出有改进价值的主要缺点作为创造的对象。不同的缺点对事物特性或功能的影响程度不同，分析时应首先选择对产品性能、质量等影响较大的缺点作为创造的对象，使提出的新设想、新建议或新方案更具实用价值。

缺点列举法举例：

试列举电冰箱的潜在缺点，并提出若干改进意见。

通过观察和思考，发现电冰箱有如下潜在缺点：

（1）使用氟利昂，产生环境污染。

（2）使冷冻食品带有李斯特菌，可导致人体血液中毒、孕妇流产等后果。

（3）高血压患者给电冰箱除霜时，冰水易使人的毛细血管及小动脉迅速收缩，使血压骤升，对健康不利。

针对上述缺点列出的新设想：

设想一：研究新的制冷原理，开发不用氟利昂的新型冰箱。如国外开发的"磁冰箱"即采用磁热效应制冷，不用有污染的氟利昂介质。

设想二：研制一种能消灭李司忒氏菌及其他细菌的"冰箱灭菌器"。

设想三：改进冰箱性能，实现自动定时除霜、无霜和方便除霜等。

（三）希望点列举法

从社会需要或个人愿望出发，提出一个或列举多个希望，以形成新概念、新设想、新课题，这种创新技法称为希望点列举法。希望和需要是不可分割的，希望和需要也是创新之母，应该说，希望点列举法是一种主动型的创新技法。

世界上大大小小的许多发明，都是根据人们的希望创造出来的：人们希望洗的衣服容易干，于是发明了甩干机；人们希望伞可以放进提包，于是发明了折叠伞；人们希望冬暖夏凉，于是发明了空调机……

特性列举法和缺点列举法大多针对原有事物的不足加以改进，通常不触及其本质，一般适用于对老产品或不成熟的新设想的改造。而希望点列举法则很少或完全不受已有事物的束缚，为人们使用这一方法提供了广阔的创新思维空间。

希望点列举法的操作程序一般分为三个步骤：

一是确定创新目标。希望点列举法的出发点是人们的需要和希望，应以此为依据来确定创新目标。

二是列举创新目标的希望点。为了获得创新目标的希望点，可以召开希望点列举会，会上尽可能多地思索各种希望，会后分类整理出希望点。对希望点的分类，可以按其特征分为理想型、超前型和幻想型三类。理想型希望是指希望现有事物尽可能完善，能达到人们心目中的理想化模式；超前型希望是指超越现实的潜在欲望；幻想型希望则是钟情于某种大胆的向往或寄托。

理想型希望、超前型希望、幻想型希望都有产生灵感和创意的可能，但获得的结果各有不同。列举理想型希望点，一般形成现实性课题，即对已有事物的改进、完善和优化，实施起来目标明确，可借用的信息、资料较多，相对容易达到预期目的。列举超前型希望点，实际上是瞄准潜在需要下功夫，它可能是一种客观存在、是人们的潜在欲望，也可能是人们已经意识到却可望而不可即的企盼。在一定的条件和时机下,潜在需要会凸显为现实需要。针对潜在需要进行发明创新,必须要有远见卓识,并且要不畏惧风险,企望抢占市场制高点和成为领头羊的人,往往对这种方法情有独钟。由选择幻想型希望得到创意也十分诱人,但能否发展为现实成果则是个疑问。幻想可以帮助人们解放思想,但也常会令人种下只开花不结果的智慧之树。

三是分析、鉴别希望,确定课题。分析、鉴别希望点的主要作用是形成发明创新的课题。许多希望并不是一种明确的研制任务,只有将它转化成研究课题,运用希望点列举法实施创新的实质性工作才算开始。

该技法的创新性集中表现在两方面:一是将希望转换为具有开发价值的新课题;二是设计出切实可行的新技术方案。一般的创意只包含前一种创新性,而获得发明创新成果的人,通常是两种创新性兼而有之。

希望点列举法举例:

我们选择常用的笔作为创新目标,改进其现有功能。

笔的希望点可以列出如下几条:

1. 希望能够多种颜色可以更换。
2. 希望能够调整笔的粗细。
3. 希望能够同时具有测电功能。
4. 希望能够同时具有激光指示功能。
5. 希望能够长久使用又不会没有墨水。

评估所列出的希望点,构思改进方案,提升笔的功能。

设想一:利用按钮或旋转等更换笔芯的方法,将笔设计成具有多种颜色替换的功能。

设想二:利用按钮或旋转等更换笔芯的方法,将笔设计成具有不同粗细的功能。

设想三:在笔头增加测电装置,使之具有测电功能。

设想四:在笔头增加激光装置,使之具有激光指示功能。

设想五:将笔的内部挖空并装入大量墨水,使之可以长久使用。

三、组合法

所谓组合,就是把两种或两种以上的技术、理论、产品进行重新叠加,以形成新的技术、新的理论、新的产品。20世纪后半叶,世界重大创新发明成果中,80%以上是组合成果,可见组合法在创新技法中占有相当重要的地位。组合的可能性无穷无尽,因此运用组合法可以形成众多的新设想、新产品。日本创造学家菊池诚博士说:"我认为搞发明有两条路,第一条就是全新的发现,第二条就是把已知其原理的事实进行组合。"

组合即创造。采用组合法,能使组合体得到更好的功能与性能。组合法的优点在于组合形式多样,应用广泛,便于操作,经济有效。组合法应用的技术单元一般是已经成熟或比较成熟的技术,不需要从零开始,因而可以最大限度地节约人力、物力和财力。在当代社会生产与生活中,存在大量已经开发出来的技术,只要进行合理组合就能够创造出适合人们需要的新的技术系统。美国的"阿波罗"登月计划是 20 世纪最伟大的科学成就之一,但阿波罗宇宙飞船技术中没有一项是新的突破,全部是现有技术的组合。可见,组合法的特点就是使不同的技术领域相互转移、渗透,形成杂交,把已成熟的技术合理组合创造为新系统,以满足用户的不同需求。

组合法的基本类型有以下几种:

性能组合——对原有产品或技术手段的不同性能在实际应用中的优缺点进行分析,将若干产品的优良性能组合起来,使之成为一种全新的产品或技术手段。例如,铁芯铜线电缆的制造就是组合了铜线导电性能好、易焊接、耐腐蚀的性能,而铁线具有成本低、强度高的优点,这样可以做到性能互补。

原理组合——将两种或两种以上的技术原理有机结合起来,组成一种新的复合技术或技术系统。例如把喷气推进原理和燃气轮机技术相结合,发明了喷气式发动机。

功能组合——将实现不同功能的技术手段或产品组合到一起,使之形成一个技术性能更优或具有多种功能的技术实体。例如,家用空调器的主要功能是制冷,现在空调器生产厂在原有空调器制冷功能的基础上增加了暖风、换气、空气净化、抽湿等功能,提高了产品的性价比。

结构重组——改变原有技术系统中各结构要素相互连接的方式,从而获得新的性能或功能。例如,沙发床的设计将沙发与床这两种功能合二为一,节省了室内空间。又如,带有折叠椅子的拐杖使行动不便的老年人出行十分方便。

模块组合——将产品看作若干模块(标准、通用零部件)的有机组合,按照一定的工作原理,选择不同的模块或不同的组合方式,从而得到多种不同的设计方案。这种方法适用于系列产品的开发。

常见的组合法有:

(一)主体添加法

主体添加法就是给选定的事物添加其他元素。这些元素或是已有的,或是从未出现的。该技法的特点是以原有的设想和原有的产品为主体,附加新的设想以完善、补充主体。主体附加物可以是已有的产品,也可以是根据主体特点,专门为其设计的附带装置。

主体添加法的操作程序一般为:先是有目的地选定主体,再运用缺点列举法,全面分析主体的缺点，或是运用希望点列举法，对主体提出种种希望。之后考虑能否在不变或略变主体的前提下，通过增加附属物以克服主体的缺陷，或是实现对主体寄托的希望。

坦克即是采用主体添加法发明的。第一次世界大战时，英国记者斯文顿随军去前线采访，他亲眼看见英法联军向德军阵地发动攻击时，战士们被德军用排枪成片扫射，他非常痛心。苦思冥想之后，他向指挥官建议，用铁板将福斯特公司生产的履带拖拉机包装起来，留出枪眼射击，让士兵坐在车上冲向敌军阵地，这样可以减少伤亡。他的建议很快被采纳，德军兵败如山倒，坦克为英法联军战胜德军立下了汗马功劳。

在运用主体附加法时，可以赋予主体多种附加功能，使其成为多功能用品。然而需要注意的是，作为多功能物品的设计应尽量全面考虑，权衡利弊，有所取舍，否则可能会事与愿违。

（二）二元坐标法

二元坐标法是借用平面直角坐标系，在两条数轴上标点（元素），按序轮番进行两两组合，然后选出有意义的组合物的创新技法。平面直角坐标系横轴、纵轴的任意一对实数都可以确定平面上的一个点。如果在坐标轴上标出不同的事物，那么由横轴与纵轴交叉确定的点就是两个事物的组合点，这样就可以借助坐标系将列出的客观事物相互联系起来。在此基础上，对每组联系进行创造性想象，就会产生前所未有的新形象、新设想，经过可行性分析后，即可确定成熟的创新课题。

二元坐标法坐标元素所涉及的事物可以是具体的人造产品，如衣服、床、灯具、机枪、蛋糕、汽车等，也可以是非人造物品，如风、雨、云、泉水、老虎、太空等，还可以是一些概念术语，如锥形、旋转、变色、中心、闪光、卧式等。通过组合联想的方式将这些要素联系起来，可以突破习惯观念，克服惰性意识，促使推陈出新。因此，二元坐标法的形式简捷而不单调，运用时不受任何限制，适宜于个人或集体的创造活动。应当注意的是，此法仅适用于技术创造活动的选题阶段，可行的课题一经确定，它就完成了使命。至于课题的下一步做法，则须另行研究探讨。

二元坐标法的操作程序一般为：先要无限制地列举出联想元素，然后把联想元素绘制成二元坐标图，再对坐标图中每一个交叉点的元素进行正反两个方面的联想与判断。之后，选择有意义的联想，对其进行可行性分析。可行性分析包含五个方面：一是分析有无类似的事物；二是分析发明创新或合理化建议被采纳后，对社会是否具有进步意义；三是分析完成发明创新需要涉及哪些方面的知识和技术；四是分析当时当地的生产条件和技术水平是否适用于产品的发明创新；五是确定近期的和长期的创新研究课题。

二元坐标法举例：

列出扇子、日历、玻璃三个联想元素，形成坐标图进行联想。

提出有意义的联想：照明日历（带日历的台灯或夜光日历）、日历扇、清凉扇透明玻璃（能自行发光或受激发光的玻璃）等。

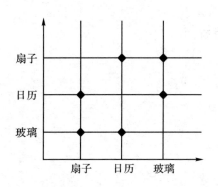

图15　二元坐标法图示

鉴于每个人的职业、经验和知识的差别，尤其是创新意识的强弱和预见能力的高低，对同一个联想点作出迥异的分析和判断是创造性活动中十分正常的现象。另外，在有意义的联想中，既可以有大发明的联想，也可以有实用型的联想和外观设计的联想。但需要指出的是，对不可行的发明，或是可行但自己无力承担的创新课题，要学会果断放弃，哪怕是忍痛割爱。

（三）焦点组合法

该方法首先要选定一个主题，可以是已有事物也可以是新事物，以它为焦点，运用发散思维、联想思维，找出它可能与哪些事物组合在一起，从而构成一个新事物。焦点法与二元坐标法都是强制联想法，区别在于，二元坐标是各元素间的两两组合，焦点法则预定一事物为中心（焦点），再依次将其与罗列的各元素进行组合，构成联想点。

焦点法可以是发散式结构，也可以是集中式结构。发散式主要用于新产品、新技术、新思想的推广应用，集中式主要用于寻求某一问题的解决方法。

焦点组合法的操作程序一般为：先选择焦点，这个焦点可以是希望创新的事物，也可以是准备推广的思想技术；然后列举与焦点无关的事物或技术，可以从多角度、多方面罗列，尽量避免提出与焦点事物相近的内容；之后，将焦点与这些事物进行强行组合，充分展开想象，得到多种方案后对每一种方案进行创造性设想；最后，评价所有的设想方案，筛选出新颖实用的最佳方案。

焦点组合法举例：

选定"枕头"作为焦点。

加音乐——催眠枕；

升降温——保温枕；

加弹性体——弹性枕；

加草药或磁石——医疗枕；

加按摩器——按摩枕；

加石头——石枕；

加竹子——凉枕；

加水——液态枕；

加气体——气枕；

加粮食壳——壳枕；

加干花——花枕。

（四）同类组合法

将同类型或相似的事物组合，形成一个新的事物，即同类组合法。生活中有时把两个或多个相同事物组合在一起，能够弥补单一物品功能的不足，且数量的增加能够诱发质的改变，从而获得新的设计，这就是同类组合法的优势所在。

同类组合法具体可分为两种类型：一是有机组合相似事物。相似的事物没有本质上的差别，只有程度上的不同；二是有机组合相同事物。相同事物既没有本质上的区别，也没有程度上的不同。

美国著名的"空中之鹰"101空降师是美国陆军的精锐之师，但长期被一个问题所困扰——缺少一种能够配合空降使用的大型运输直升机。传统直升机起飞重量有限，不能运输重型装备，有人设想，在现有的螺旋桨上叠加一个螺旋桨，但效果不好。又有人设想，把直升机加长，前后各装一个螺旋桨。这就是现在的直升机巨无霸——"支奴干"运输机，起飞载重160吨。

（五）异类组合法

异类组合法是异类求同的一种创新技法。所谓异类组合，即将不同类的物品或成分组合在一起而构成发明创新。异类组合法的特点是：被组合对象（技术思想或产品）来自不同的范畴，一般无主次关系。参与组合的对象从意义、构造、成分、功能等方面互相渗透，从而带来整体的显著变化。在日常生活中，以这种组合方法生产的产品比比皆是。比如，钢笔与圆珠笔的组合,电子表与电话的组合,电脑与电视的组合,等等。

异类组合法的操作程序一般为:先确定组合对象,再逐一考察列出的物品,提出组合设想,最后进行组合创造。

无论是 X 光机,还是电子计算机,都不能诊断人的脑内疾病。但是,把二者结合起来,发明出 CT 扫描仪,就可以通过 X 光对脑内分层扫描拍照,诊断出脑内疾病。CT 扫描仪是 20 世纪医学界最重大的发明,曾获诺贝尔奖。本来 X 光与电子计算机看起来风马牛不相及,但通过对计算机可用在哪些领域进行思考,就有可能将其与 X 光联系起来。

利用异类组合法进行创新,简便易行、收效较快。这是因为异类组合发明的各个组成部分,都是已有的技术设备,因此在技术上没有更大的障碍。同时,组合发明的范围相当广泛,可提供组合的情况数不胜数,这又给组合创新提供了无限的机会。需要注意的是,异类组合创新并非简单的功能组合或者拼凑,而是带有设计性的、行之有效的创新技法。

(六)形态分析法

形态分析法是一种利用系统观念来网罗组合设想的创新技法,其思路是先把创新课题分解成相互独立的基本要素,找出每个要素的可行性方案(形态),再加以组合,得到各种解决技术课题的总的构想方案。总的构想方案的数量就是各要素方案的组合数。

形态分析法是美籍瑞士天文学家兹维基教授于 1942 年创立的。二战期间,他在参与美国火箭研制过程中,为了找出更多的方案,运用了数学中的排列组合原理,把火箭各主要组成部分可能具有的各种形态进行组合,在一周之内,居然得出了 576 种火箭设计方案,其中还包括当时德国正在研制的 F-1 型巡航导弹和 F-2 型火箭。

形态分析法的突出特点在于,所得到的总构想方案具有全解系性质——只要把课题的全部要素及各要素的所有可能形态都列举出来,那么经组合后的方案将包罗万象。另外,总构想方案还具有形式化性质——它并非主要取决于创新者的直觉和想象,而是依靠创新者认真、细致、严密的分析并需要创新者精通相关的专门知识。

形态分析法可广泛应用于新技术和新产品的开发及技术预测等许多领域,实施时既可以小组使用,也可以个人使用。

形态分析法的操作程序一般为:首先要能够确切地说明所要解决的问题或所要实现的功能;其次要分析需创新的对象,确定它有哪些基本要素(或基本参数),这些基本要素应相对独立;然后寻找每个要素的可能解决方案(即形态),要求尽量全面——既要列出当时技术条件下可达到或在允许时间内可达到的方案,也要列出有潜在可能性的各种手段和方法;最后根据分析结果列出形态矩阵,一般为二维结构。"列"代表独立要素,"行"代表各因素的具体形态。将每一要素与具体形态组合,便会得出多种方案设想。当然,这些方案要作进一步的分析、判断才能有所取舍。

形态分析法举例：

创新对象——容积一定的包装盒。首先将其分解成独立的基本因素：材料、形状、颜色。其次进行形态列举：材料的形态可包括纸、木、铁、塑料；形状的形态可包括圆形、方形、柱形、三角形；颜色的形态可包括红、黄、蓝、白。以因素为纵列，以形态为横列，画出因素——形态矩阵表。

表 15　形态分析法矩阵表

包装盒因素——形态矩阵表			
因素	形态 1	形态 2	形态 3	形态 4
A 材料	纸	木	铁	塑料
B 形状	圆形	方形	柱形	三角形
C 颜色	红	黄	蓝	白

对上图所列形态进行排列组合，所得组合数量是每一个因素的形态数的乘积，即 4×4×4＝64 个组合方案。

需要说明的是，当问题比较复杂、课题中的要素及形态较多时，组合的数目便会激增，以致评价筛选的工作量巨大。因此，要求使用者具备敏锐准确的评价能力，能够抓住主要矛盾来选取基本要素。

四、联想法

联想是一种直接的创新技法。所谓联想法，是指通过由此及彼的联想以及异中求同、同中求异的类比，发挥横向思维，寻求创新的技法。

世间万物都有着千丝万缕的联系，这是联想技法的理论基础。联想是由一事物迁移到另一事物的心理过程。其价值就在于建立联系，形成新的观点、新的设想、新的概念。可以说，一切创造活动都离不开联想。联想能力有赖于知识和经验的积累，有赖于勤于思考的习惯和丰富的想象力。想象力强，联想能力就强，就能产生富于创新的发散联想。

类比是联想中的重要元素。如果事物 A 和事物 B 有相似性、可比性，那么 A 的某一属性（方法、概念、成分、结构、功能、性质等）就有可能运用到 B 中，从而产生新的事物或功能。常用的类比法有两种：一种是直接类比，是指在现实生活中寻找与正在构思的创新物相仿的东西，或稍加修改就拿来即用；另一种是特征类比，是指将创新事物与已有事物的某一特性进行类比，由此受到启发而产生创新构想。一般来说，特征类比有如下三种情况：与自然界的生物类比；功能特性类比（因使用功能相仿而产生的类比）；技术特性类比（事实上，与自然界的生物类比是技术特征类比的特殊形式)。"类比""仿生""移植",人类已从这既古老又年轻的课题中取得极大收益,其发展潜力十分可观。

(一)仿生法

仿生法是指对自然界的某些生物特性进行分析和类比,通过直接或间接模仿而进行创新的技法。

生物为了适应自然界复杂、多变的环境而形成了独特的结构与奇异的功能,人类通过生物的生态特点得到启发,将其原理运用于发明创造之中,例如从鸟类想到飞机,从锯齿叶片想到锯子。各种生物精妙绝伦的构造启发创新者进行研究、模仿,人们便从中得到了新的创造。

仿生法不是简单地模仿自然现象,而是在研究其工作原理的基础上,用现代科技手段设计出具有新功能的仿生系统,这种仿生方法贯穿于创新思维的全过程,是一种对自然的超越。

仿生法是发展现代新技术的重要途径之一。在实际应用中,仿生法主要有以下几种类型:

1. 原理仿生

模仿生物的生态特点及原理而进行创造的方法称为原理仿生法。例如,根据萤火虫发光原理制作出反光交通提示牌;通过研究蝙蝠利用超声波脉冲回波的时间确定障碍物距离的原理来测量海底地貌、控制工件内部缺陷、寻找潜艇、为盲人指路等。

2. 结构仿生

模仿生物结构进行创造性设计的方法称为结构仿生法。例如,模仿蜂房独特、精确的正六边形结构形状及其强度高、同样容积下最节省原料的特点,研制出各种具有质轻、刚度高、隔声、隔热等优良性能的蜂窝结构材料,广泛应用于建筑业、车船制造业、家具制造和运输业当中。

3. 外形仿生

模仿生物某器官的外形而进行创造的方法称为外形仿生法。例如,从猫科动物的爪子想到可以在奔跑中急停的钉子鞋;从动物的吸附器官想到吸盘;从蜻蜓的外形想到昆虫飞机;仿照袋鼠在沙漠中的行走方式发明了跳跃运行的汽车等。

4. 信息仿生

模仿生物的感觉(嗅觉、视觉、触觉、听觉等)进行创造性活动的方法称为信息仿生法。模仿狗鼻子的嗅觉灵敏性,人类发明了"电鼻子",它由 20 个型号不同的嗅觉传感器、微处理芯片和智能软件包组成,其灵敏性、耐久性和抗干扰性都远远超过狗鼻子,可用于军事领域、公安系统、搜救系统中,具有十分广阔的应用前景。

5. 拟人仿生

模仿人体结构功能进行创造的方法称为拟人仿生法。挖土机模仿人的手臂,机器人的机体、信息处理部分、执行部分、传感部分、动力部分相当于人的骨骼、头脑、手足、五官、心脏。智能机器人可以模仿人的记忆、计算、说话、唱歌、运动等功能。

运用仿生法,应弄清生物现象的特征和科学原理,对那些不能直接用于发明创新的,需要做出相应的变动。总之,要用科学原理加以分析,在实践中仔细观察,才能得到仿生法的创新发明成果。

(二)移植法

所谓移植法是将某个领域的原理、技术、方法应用或渗透到其他领域,用以改造和创造新事物的方法。移植法要通过联想、类比,力求使表面上看来毫无关联的两个事物、现象之间发生联系。因而它与联想、类比密切相关。

移植有两种情形:一是已掌握某种技术、理论、方法,寻找可应用、可移植的地方;二是存在一个问题,需要将可类比、可借鉴的内容移植进来,解决问题。

英国剑桥大学教授贝弗里奇说:"移植是科学发展的一种主要方法。大多数的发现都可应用于所在领域以外的领域,而应用于新领域时,往往有助于促成进一步的发现。"现代科学技术的发展使学科与学科之间的概念、理论、方法等相互交叉、移植、渗透,从而产生新的学科、新的理论、新的事物和新的成果,这是现代科技突飞猛进发展的巨大动力之一,移植法也因此成为一种应用广泛的创新技法。

移植表现为对象所处时空位置与作用的交换,技术和功能的转移则是通过事物的原理、结构、材料和方法的移植而实现的,因此,移植法可分为以下五种类型:

1. 原理移植法

原理移植是指将发明的原理移用到不同的领域。一项技术发明的原理,通过多种结构设计,或者采用不同性能的材料和不同的加工制造方法进行物化,能够达到不同的功能目的。因此,着眼于现有事物,有目的地研究和利用其原理、拓展其领域、开发其用途是技术创新活动的动力源泉。

原理功能具有普遍的意义与广泛的作用,参照某一原理功能,依据新功能、新用途和新目的的技术要求,设计相关结构,运用适合的材料和相应的制造方法,就可以创造出与原型完全不同的新事物。例如,红外辐射是一种很普通的物理过程,将这一原理移植到其他领域,可产生新奇的成果,如红外线探测、遥感、诊断、治疗、夜视、测距等,在军事领域则有红外线自动导引的"响尾蛇"导弹,装有红外瞄准镜的枪械、火炮和坦克,红外扫描及红外伪装,等等。

2. 方法移植法

方法移植是将制造方法、使用方法移植到不同领域的创新技法。科学研究每提出一种新的理论,技术创造每完成一项新的发明,都伴随着方法移植上的更新与突破。这种方法的诞生和推广意义也许要比科学研究和技术创造的成果本身重要得多。正确的方法是创立新理论、研制新发明的有效工具。17 世纪的笛卡尔是科学方法移植的先驱,他以卓越的想象力,借助曲线上"点的运动"的想象,把代数方法移植于几何领域,使代数、几何融为一体而创立解析几何;美国阿波罗 11 号所使用的月球轨道指令舱与登月舱分离方法,移植于巨轮不能泊岸时驳船靠岸的办法……科学研究中的常用方法,如观察法、归纳法、直接法等也都可以移植到技术创新中去。

3. 结构移植法

技术创新活动中,不经过实质性的改进,即将事物的结构用于其他事物的设计、改造、革新和发明之中的方法就是结构移植法。就事物而言,同样的结构功能可以有不同的具体结构形式,而同一种结构功能又可以体现在不同技术与不同属性的物品当中。当某种事物的结构功能同另一待创造物所需结构功能相近时,该结构就有可能被待创造物采纳。因此,在发明创造的结构创新阶段,首先要明确创造对象的基本结构功能是什么,然后进行分析,横向寻找具有相同结构功能的事物,选出最佳结构,进行移植试验。

4. 材料移植法

将原有物质材料不加改变、添加某种物质或者进行处理后移用到其他的领域或物品上,创造出新的使用价值和新的功能,这就是材料移植法。物品的使用功能和使用价值,除了取决于技术创造的原理功能和结构功能,还取决于物质材料。许多工业产品,如香味金属、药皂、坦克的装甲、防火篷布、纸质手绢、蜡梗火柴、水泥弹等,实质上都是物质材料的创新性应用。

5. 综合移植法

综合移植法是指将众多领域中的技术方法、结构、原理、材料汇集到一个新的创造对象上,进行综合性考察,从而得到新的创造性成果的方法。工业机器人、航天工程、克隆技术、海洋技术等都是综合移植的产物。

总之,通过移植事物的结构、原理、方法和材料,可以进入新的领域,创造出新的应用与发明。移植法具有能动性、变通性和多层次性特点,但它并非万能的创新技法,与其他创新技法一样,必须在适宜的条件下才能发挥作用。

（三）综摄法

综摄法由哈佛大学教授威廉·戈登于 1944 年提出，该词源自希腊语，原意是指"把表面上看来不同而实际有联系的要素结合起来"。该方法是一种比较完整、新颖、独特的创新技法。它把不同知识背景的人组成小组，以已知的内容为媒介，将毫无关联、完全不同的知识要素结合起来，运用联想、隐喻、类比等可操作方法激发小组成员的潜意识，在相互启发中提出创新的思路，再将这些思路分门别类，整理归纳为一种条理分明、形成体系的设想，摄取各种产品的长处并综合在一起，从而创造出新产品或创造性地解决问题。

综摄法在实际应用中有两条基本原则：

1. 异质同化

所谓异质同化，是指把陌生的内容变为熟悉的内容，设法将初次接触的事物或新的发现与熟悉的事物建立起联系的创新技法。有些现象虽然性质不同，但只要它们服从相似的规律，就可以运用联想来解决问题。例如，受熟悉的松软面包的启发，研制出适用于橡胶的发酵剂，从而发明了海绵橡胶。

2. 同质异化

所谓同质异化，就是将熟悉的事物变为陌生的事物，通过新的见解找出熟悉的事物中的异质内容的创新技法。它需要将熟悉的事物陌生化，运用新的知识或从新的角度观察、分析和处理问题。有意识地设法对已有世界、人、思想、感觉和事物进行新的观察，有助于打破常规、富于创造性地解决问题。例如，英国医生邓禄普在手握水管浇花时感觉到水在管内流动，由此联想可以把原本实心的自行车轮胎制成空心，再向橡胶轮胎内充气，这就是现代充气轮胎的开端。邓禄普将两种不同性质的事物从不同方面进行联想，这是典型的同质异化。

五、智力激励法

英国作家萧伯纳崇尚思想交流，他曾说："倘若你有一个苹果，我也有一个苹果，而我们彼此交换这些苹果，那么，你和我仍然是只有一个苹果。但是，倘若你有一种思想，我也有一种思想，而我们彼此交流这种思想，那么，我们每个人将各有两种思想。"

与萧伯纳的想法如出一辙的便是上文提到过的奥斯本，他于 20 世纪 30 年代提出了"智力激励法"。这一技法的名称借用了精神病学术语"Brain Storming"，因此该技法亦称"头脑风暴法"（简称 BS 法）。智力激励法是指创新团队遵循一定的基本原则，通过专题会议的形式，以自由联想为基础性智力触媒，相互激励以开发自主创新能力，求解问题或进行创造的创新技法。智力激励法最早用于广告创意设计，后来很快就在技术革新、产品开发、企业管理、社会、经济、教育、生活等许多方面得到应用。

智力激励法的目的是以一种与传统会议截然不同的会议组织方式,为与会者创造智力互激、信息互补、思想共振、设想共生的特殊环境,并形成主动思考、自由联想、踊跃实践、积极创新的良好氛围,从而有效发挥团队智慧。

英特尔公司和微软公司认为,优秀人才的首要特征应是富有创造性和可塑性,同时必须积极进取,以工作为乐,具有团队精神。英特尔提出"以聪明人吸引聪明人",微软更是信奉"寻找比我们更优秀的人"。英特尔将会议分为"激荡型会议"与"程序型会议"两种,前者的主要目的是集思广益,凭借大家的脑力激荡得出最佳方案。英特尔有一句名言——"决策总在讨论之后。"微软则大力提倡在非正式场合中的学习,相同职能部门的经理层人员就把每日的午餐会当做学习交流的良机,程序经理们则是在自助餐式的午餐中定期会晤,就一些特定项目交流经验、沟通信息,"寓学于食",在轻松的气氛中获得信息与灵感。

发明创造的实践证明,真正有天资的发明家,他们的创新思维能力远比平常人优秀。但对天资平常的人,如果能相互激励、相互补充,引起思维"共振",也会产生不同凡响的新创意或新见解。俗话说的"三个臭皮匠,顶个诸葛亮"就是智力激励法的"中国式"释义。

(一)智力激励法的规则

智力激励法的精华在于它的规则,这是对创新机制深入认识并力求驾驭和操作的原则。这些规则是:

1. 自由畅想(Free Thinking)规则

自由畅想规则的核心是求新、求奇、求异。该规则有两个目的:一是让与会者放飞思想,不受任何传统思想和常规逻辑的束缚,摆脱心理惯性和思维惰性的影响,尽量跳出已知事物和熟悉思路的圈子,无拘无束、畅所欲言;二是让与会者充分发挥想象力,令思路进行大幅度的回转跳跃,通过多向、侧向、逆向思维和联想、幻想、想象等形式,从广阔的视野中寻找新颖的发明创造方案。

2. 延迟评判(Deferred Judgement)规则

延迟评判规则的要点是限制过早地在畅想讨论问题阶段进行批评和评判,其目的在于克服"批判"对创新思维的抑制作用,保证其他原则的贯彻执行,以形成良好的激励气氛。创造性设想的提出是一个不断诱发、不断深化和不断完善的过程,有些设想在提出时往往杂乱无章、自相矛盾,似乎没有科学根据和实际用途,但它们却蕴藏着极好的创意。如果过早地进行评价,就有可能使其被扼杀在萌芽状态。该原则特别强调不做任何有关缺点的评价。包括主持人和发言人在内的所有与会者,对别人提出的设想不允许做出是好是坏的评论。否则,可能出现与会者一边倒、人云亦云,不能提出创新性设想的局面。评判包括肯定评判和否定评判。发言者的自谦之语、挖苦之语、浮夸之语、吹捧之语等评判都是智力激励的大忌。除了有声语言评判,面部表情、动作姿态等无声语言的评判也应尽量避免。

3. 以量求质(Quantity Breeds Quality)规则

以量求质规则的关键是"质量递进效应"。其目的在于以创造性设想的数量来保证创造性设想的质量。发言要进行自我控制,不要浪费时间。奥斯本认为,理想结论的获得通常是一个逐渐逼近的过程。在进行创造性求解问题时,最初的设想往往并非最佳。实验证明,一些设想后半部分的价值要比前半部分的价值高78%。所以智力激励法强调与会者在规定时间内,加快思维的流畅性、灵活性和求异性,尽可能多地提出较高水平的新设想,以求得质量好、价值高的创造性设想。

4. 综合改善(Comprehensive Improvement)规则

该规则的依据是"综合就是创造",它要求与会者要勤于、乐于和善于对各种设想进行综合改善,从而形成新的、具有更高价值的设想。集体讨论会形式易使一个人的"思想闪光"点燃其他人的联想。奥斯本认为,综合改善规则体现了创立智力激励法的本意。智力激励会上的大量设想并不是经过深思熟虑、精细策划提出来的,因此难免有考虑不周、运筹不详之处。如果不对这些设想加以改善和综合,一些有价值的设想将会被忽略。

(二)智力激励法的操作程序

1. 建立小组

奥斯本在《发挥独创力》一书中提出,小组人数以5至10人为宜,包括主持人和记录员在内以6至7人为最佳。如果小组人数过多,某些人就没有畅所欲言的机会;如果小组人数过少,场面就会冷淡,影响参与者的热情。

小组人员最好职位相当,对问题均感兴趣,但不必都是同行;小组成员最好有1至2位创新能力较强的人,以激励他人的思考;参与者具有有效的人际沟通能力,排除唯我独尊者或优柔寡断者;参与者中不能存在过多行家,因为行家容易从专业角度发表评论;参与者最好具有不同的学科背景,以达到智力激励法的目的。

小组领导必须具有丰富的智力激励法操作经验,并能够充分把握主题的本质。会议掌握者应严格遵循智力激励法的四条规则。小组主持人应使会议保持热烈的气氛,尽量让全体参与者都能献计献策。

2. 热身会议

若小组成员缺乏经验,需在小组会议召开之前举行一次预备会议,以期营造头脑风暴的气氛。在热身会议上应讲明智力激励法的规则、操作技术和精神激励。

3. 确定议题

议题尽可能具体,最好是实际工作中遇到的需要马上解决的问题,目的是进行有效的想象。议题由主持人在会议召开前告之与会者,并附加必要的说明,使与会者能够搜集确切的资料,并且按照正确的方向思考问题。此外,议题的涉及面不要太广,应有特定的范围,以便与会者集中注意力,向同一目标努力。

4. 提出设想

主持人重新叙述议题,要求小组成员提出设想。可以自觉发言,也可以轮流发言;发言简明扼要,不做任何论述,一句话表述也可以。一般说来,主持人先提出自己准备好的设想,再提出根据别人的启发而得出的设想。在小组成员提出设想时,主持人应善于应用智力激励思考方法,使场面轻松而妙趣横生。如此往复,以便每个人都能最大限度地贡献设想。

5. 记录设想

记录下来的设想是进行综合和改善所需要的素材,所以必须使全体与会者都能看到。每一设想应以数字注明顺序,以便查找,必要时可以用录音设备或电脑辅助记录,但不可以取代笔记。

6. 客观评价

找到解决问题的最佳方案是智力激励法的目的,这就需要对设想进行评价。这种评价不能在当天进行,最好有一段时间间隔,其原因有二:第一,再次邀请相同成员进行评判时,有可能提出各自在此期间考虑到的新设想;第二,如果当天进行评判,头脑风暴的氛围可能令与会者不够冷静,从而影响客观评判。

(三)智力激励法的改进技法

奥斯本的智力激励法还存在一些缺点,于是出现了多种改进型智力激励法。这些方法基本原理相同,只是操作程序或步骤有所不同。下面将选取重点方法,进行简要介绍。

1. 默写式智力激励法(635法)

这是德国人根据德意志民族喜欢深思的性格,提出的一种以笔代口的智力激励法。每次会议邀请6人参加,每人在卡片上默写3个设想,每轮历时5分钟,故称"635法"。主持人宣布议题,给每个人发几张标有序号的卡片,每个设想对应一个序号,下面留有空隙供他人再添新设想。最后针对传递交流的卡片上的设想,进行评价、筛选。

2. 卡片式智力激励法(NBS法)

由日本广播公司提出。每次会议邀请4至8人参加,每人必须提出5个以上的设想并填入卡片,一张卡片一个设想,然后轮流宣读。受到启发有新设想立即填入卡片。宣读完毕后,再进行讨论,选出可采用的设想。

3. 函询智力激励法(德尔菲法)

此法由美国著名咨询机构兰德公司于 20 世纪 50 年代初发明。起初用于某军事保密研究项目,代号为"德尔菲项目","德尔菲法"因此而得名。其基本方法为:选择若干专家作为函询调查对象,以调查形式将问题及要求寄给专家,限期索回。收到全部复函后,概括、整理成综合表,将综合表连同函询表再寄给专家,使其在别人设想的激励下,提出新设想。经过数轮函询,最终得到有价值的设想。

六、专利文献利用法

专利文献利用法是利用专利文献引发创新构思的一种创新技法。专利不仅是人类智慧的结晶,也是人们从事发明创造的力量源泉。新产品的研制开发,老产品的更新换代,除市场调查外,最重要的就是对专利文献充分利用,通过专利文献能够寻找到开发新产品、更新老产品的创新方向。

1774 年,威尼斯共和国颁布了世界上第一部专利法。我国的专利法从 1985 年 4 月 1 日起实施,许多城市都设有专利服务机构,现在也可以上网查阅专利文献。充分利用现有的专利文献资料可以避免不必要的重复,少走弯路,节省人力、物力、财力,也可提高发明创造的起始高度。世界知识产权组织的材料显示,在研究工作中利用专利文献,可以缩短研究时间60%,节省研究经费40%。所以,专利文献是值得重视并可开发利用的智力资源。

美国一位在钢铁厂工作的化学家曾耗资 5 万美元,完成了一项技术改进,结果图书馆工作人员告诉他,馆内收藏了一份德国早年的专利说明书,只需 3 美元复印费,便可得到解决其全部问题的文献材料。

此外,专利文献也是一种法律文件,它告诉人们发明创造所处的法律状态,但这并不意味着束缚,相反,可以激励人们在他人构思的基础上,发现其缺陷所在,作出进一步的完善和改进,从而使技术方案更科学、更合理、更进步,产品性能更好,市场竞争力更强。

专利文献利用法的运用有以下三种方式:①

一是通过专利文献寻找创新目标。

采用此种方式获得成功的例子很多。经常阅读专利文献,能够使自己的思想受到启发,进而开阔思路,产生丰富的联想,从而对现有产品、技术作出改进,以超过现有的专利水平。

1845 年,英国的斯旺看到一份关于电灯泡制造的专利文献,阅读之后便产生了制造碳丝灯泡的想法,经过十多年的努力,1860 年,他发明了世界上第一盏碳丝电灯,并将这项发明写

---

① 王传友、王国洪:《创新思维与创新技法》,人民交通出版社,2006 年,第 264—266 页。

成文章,发表在美国的《科学美国人》杂志上。后来,美国发明家爱迪生读到这篇文章,受到启发,制成了一种具有实用价值的灯泡,从此,电灯由实验室进入千家万户,成为人类进入电气时代的标志。

二是综合专利成果进行创造发明。在利用专利进行发明创造的过程中,有时单凭一篇文献不足以解决问题,还需要综合一定数量的专利文献来进行发明创造。

日本的丰田佐吉在为自己的企业寻找出路时,订阅了全部类别的专利文献,他就是综合了当时的一些专利技术,发明了自动织布机。当时以纺织业著称于世的英国对此大吃一惊,并向丰田佐吉购买了自动织布机的专利。

三是寻找专利空隙进行创造发明。随着科技的发展,原有的专利可能逐渐变得不完备、不先进,甚至出现空隙、空白,这也就为进一步发明创造提供了机会。

【思考题】

1. 根据本章节介绍的创新技法,找出现实生活中具体的创新实例,说一说它们是如何应用这些技法的?

2. 展开一次"头脑风暴",运用智力激励法,策划一档电视选秀节目。

【延伸训练】

创意游戏:

用硬纸板裁出一个圆盘,像钟面那样分成 12 格,在 12 个数字旁边,写上 12 种性质,圆盘中心有一根活动指针,任意一人转动指针,当指针停下来时,转动指针的人根据指针指向,尽量多地列举出具有这一性质的事物。训练一段时间后,可以增加难度,将指针连转两次,列举出同时具有两种性质的事物来。例如,第一次指向"4,可动",第二次指向"9,圆形",就可以列举车轮、轴承、齿轮、轮胎、雪球、圆木、飞碟玩具等同时具有这两种性质的事物。

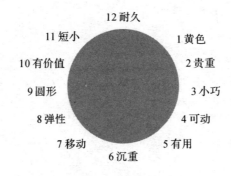

图 16　游戏圆盘

\\\ 实训篇

创新思维的实践应用

第六章

创新思维案例

CHAPTER 6

　　本章从创新角度出发,选取了中国不同领域具有创新精神、创新思维的代表性人物及其成长故事,试图为广大读者提供可资借鉴的学习方向,力争在思维拓展中帮助大家了解这些代表性人物的灵感萌动及创新落点,以期读者能够在这些真实案例中感受到创新思维的重要性,明确创新思维的方法应用,理解思想与行动相结合的困难性与必要性,通过对经典案例的观察、思考,开发自我能力,争做创新型人才。

第一节　科学探索与创新思维

一、钱学森与航天事业①②

　　科学上的创新光靠严密的逻辑思维不行,创新的思想往往开始于形象思维,从大跨度的联想中得到启迪,然后再用严密的逻辑加以验证。

——钱学森

　　钱学森,著名空气动力学家,流体力学的开路人与工程控制论创始人,现代航空科学与航天技术先驱,被誉为"中国航天之父"。回首钱学森的一生,他以满腔热血的爱国情怀、以身许国的奉献精神、求真务实的科学品质、开拓进取的创新意识、集智攻关的协同精神、甘为人梯的教育担当,为中国国防科技事业和社会主义现代化建设作出了杰出贡献,在中国科技界树起了一座丰碑,被誉为"人民科学家"。

(一)飞镖中的"鬼点子"

　　幼年钱学森活泼好动,在课余时间,与小伙伴们玩得最多的就是掷飞镖的游戏。

---

　　①　钱永刚:《钱学森精神读本》,上海交通大学出版社,2019年,第115—151页。
　　②　郭梅、张宇:《平凡造就的伟大:钱学森传》,江苏人民出版社,2010年,第16—21页。

那时他们玩的飞镖，大多用硬纸片折成，头部尖尖的，有一副向后斜掠的翅膀，掷出去的飞镖犹如燕子一样飞行，有时还可以在空中回旋。钱学森是掷飞镖的高手，他折的飞镖飞得又远又稳，小伙伴谁也比不上。

一些学生不服气，他们认为钱学森的飞镖有鬼，于是，拿过他的飞镖检查，可拆开后，平平展展地一张纸，未发现什么蹊跷。

自然课老师闻讯赶来。老师让钱学森重新叠一次、掷一次。飞镖飞出去了，还是那样远、那样稳。老师把学生召集到身旁，让钱学森讲解其中的秘密。钱学森说："我的飞镖没有什么秘密，我也是经过许多次失败，一点儿一点儿地改过来的。飞镖的头不能太重，重了便会往下扎；也不能太轻，头轻了尾巴就沉，先是向上飞，然后就往下掉。翅膀太小，飞不平稳；太大，就飞不远，爱兜圈子。"

小小飞镖里也蕴含着科学，少年钱学森经过动脑琢磨，从失败中摸索出飞镖的折叠方法，巧妙地借助风力和浮力，使飞镖飞得又远又稳。

（二）空气动力学上的创新

钱学森在其《谈科技创新人才的培养问题》一文中曾这样描述加州理工学院："创新的学风弥漫在整个校园，可以说，整个学校的一个精神就是创新。在这里，你必须想别人没有想到的东西，说别人没有说过的话。加州理工学院给这些学者、教授们，也给年轻的学生、研究生们提供了充分的学术权利和民主氛围。不同的学派、不同的学术观点都可以充分发表。学生们也可以充分发表自己的不同学术见解，可以向权威们挑战。"

1936年10月，钱学森在加州理工学院攻读博士学位，追随著名的空气动力学家冯·卡门教授，开始航空工程理论即应用力学的学习。在冯·卡门的悉心指点下，钱学森很快便迎来了人生的第一次创新高峰。其中，他瞄准当时航空界面临的重大前沿难题，通过"卡门-钱近似"公式的提出、稀薄气体力学概念与方法的建立、跨声速和超高声速相似律的创立等一系列开创性工作，一步步推动着空气动力学的发展。

20世纪40年代，由于在应用力学、航空工程、喷气推进等领域做出了许多开创性贡献，钱学森成为知名科学家。一般科学家成名之后很少转型换向，但钱学森没有止步于既有的成就与荣誉，而是继续艰辛探索，将自己的研究推向更为广阔的领域，核动力工程就是其中之一。由于强烈的开拓创新意识，钱学森这一时期在很多领域都有建树，他在核动力工程领域提出了核火箭的设想，这一设想极富创新性和前瞻性，至今仍是喷气推进的前沿研究领域。

（三）创立物理力学与工程控制论

1950年，钱学森受到麦卡锡主义的迫害，遭受了审讯、软禁和拘禁，正常的学术研究受到了影响。然而,这样的重压和干扰并未压垮他,身处逆境的钱学森以超人的毅力,果断将研究兴趣转移到更高更新的学术领域——与航空航天没有直接关系的理论研究方面,其一是开创物理力学,其二则为创立工程控制论。

钱学森在超声速飞机、喷气推进和原子能等尖端技术研究中,特别是在处理火箭发动机内部的燃烧过程时,经常需要用到工程介质和材料在高温、高压、超高温、超高压等特殊状态下的性能数据。但在相关工程手册和文献中这类数据尚属空白,而且获取这类数据所需的状态往往超出了实验所能达到的范围。为了突破这一难关,具有深厚物理学和化学知识的钱学森跳出旧的传统方法,着手运用基础科学的成就寻求新的途径。他把描述物质微观性质的原子分子结构理论、描述物质微观行为的量子力学、沟通微观和宏观性质的统计力学联系起来,加上发展得较为完善的传统应用力学,从已知的分子模型出发,结合一些间接测量的数据来推算工程材料的宏观性质。1953 年,钱学森在《美国火箭协会杂志》发表了具有科学史意义的论文《物理力学——一个工程科学的新领域》,正式提出建立"物理力学"这门新学科,开拓了高温高压流体力学的新领域。

控制论是二战后产生的研究各类系统调节和控制规律的新兴学科,以 1948 年数学家维纳的名著《控制论——关于在动物和机器中控制和通讯的科学》的出版为创立的标志。基于在火箭技术方面的丰富经验,钱学森敏锐地觉察到控制论的重要性。他从技术科学的高度出发,运用控制论的基本思想,结合在二战中发展起来的控制与制导技术的实践经验,以更广阔的眼界观察工程领域的自动控制问题,对各种工程技术系统的自动调节和控制理论做出全面研究,把控制工程系统的技术总结提炼为一般性的理论,从而创立了"工程控制论"这门新的技术科学。工程控制论的创立是控制论领域的一次伟大突破,一方面奠定了工程控制论的基础,为人们提供了解决工程问题的普遍性理论;另一方面指出了进一步研究的方向,使人们能够更系统地、定量地处理工程中的控制问题,为控制论在工程技术中的应用开辟了新的前景,对自动控制理论的发展起到开拓和指导作用。

二、华罗庚与数学研究[1][2]

搞科学研究工作需要有独立思考和独立工作的能力。培养独立思考、独立工作能力,并不是不需要接受前人的成就,而恰恰是要建立在广泛地接受前人成就的基础上。

——华罗庚

---

① 袁占才:《华罗庚》,中国社会出版社,2012 年,第 18—24 页。
② 华罗庚:《华罗庚:下棋找高手》,解放军出版社,2002 年,第 57—64 页。

华罗庚主要从事解析数论、矩阵几何学、典型群、自守函数论、多复变函数论、偏微分方程、高维数值积分等领域的研究；解决了高斯完整三角和的估计难题、华林和塔里问题改进、一维射影几何基本定理证明、近代数论方法应用研究等。他是中国乃至世界上最有影响力的数学家之一。国际上以华氏命名的数学科研成果有"华氏定理""华氏不等式""华-王方法"等。

(一)巧解《孙子算经》

华罗庚在学习中，既肯下苦工，又善动脑筋。他十四岁的时候，有一次，数学老师王维克在课堂上给同学们出了这样一道题："今有物不知其数，三三数之剩二，七七数之剩二，问物几何？"此题出自古代的《孙子算经》，意思是说：有一种东西，不知道数量，如果三个三个地去数它，最后剩二；七个七个地去数它，最后剩二。问这种东西共有多少。

王老师刚把题读完，华罗庚的答案就脱口而出了："二十三！"

"怎么，你看过《孙子算经》？"王老师惊诧地问。

华罗庚回答说："我不知道《孙子算经》这本书，更没有看过。"

"那你是怎么算出来的？"王老师又问。

华罗庚有板有眼地答道："我是这样想的，三个三个地数，余二，七个七个地数，余二，余数都是二，那么，总数就可能是三乘七加二，等于二十三，二十三用五去除，余数又正好是三，所以，二十三就是所求的数了。"

"啊——"王老师简直被惊呆了，"算得巧，算得巧！"

(二)勇于冲破思想束缚

华罗庚在上海中华职业学校读书的时候，有一次国文老师出了一个"周公诛管蔡论"的作文题目。

依正史说法，管叔、蔡叔都是周武王的弟弟，武王去世以后，成王继位，当时他的年纪尚小，于是由周公旦代为处理朝政。管叔、蔡叔欺负成王年幼，趁机连同一个叫武庚的人一起造反，想推翻成王，自立为王。结果周公率领大军平定了叛乱，管叔和蔡叔被杀。

大多数人都是写周公诛管叔、蔡叔诛得对。华罗庚却做"反面文章"，他说周公倘若不诛管叔和蔡叔，说不定他自己也会造反的。正因为管蔡两人看出他的意图，所以周公才将管蔡灭口。不过，既然他用维护周室的名义诛杀叛逆，自己也就不便造反了。

那位国文老师看了这篇作文非常恼火，气得大骂华罗庚："你、你敢污蔑圣人！"

华罗庚辩解说："倘若您只许有一种写法，为什么您出的题目不叫做'周公诛管蔡颂'而叫'周公诛管蔡论'呢？既然题目有'论'字，那就应该准许别人'议论'，是议论就可以有不同的意见!"

国文老师听了这话更是火冒三丈,喊道:"谬论!谬论!一派胡言!"

华罗庚一脸不服气地反问道:"既然说是谬论,那请您给我解释解释'论'的含义。"

"论就是,就是……"国文老师语塞了。由于这段辩驳逻辑性很强,国文老师找不到反驳点,最后只得不了了之。

(三)用数学的方法解决实际问题

1958 年,在"大跃进"的形势下,许多科学家纷纷走出研究所,到实际生产中找课题。华罗庚出身贫寒,真心希望自己的学术工作能为工农业生产生活直接服务。但华罗庚的专长是数论、多复变函数论、矩阵几何等,这些高深的数学理论,怎样去和工农业生产直接联系呢?他在理论联系实际的问题上陷入了深深的苦恼。

为了能够把数学应用到真正的、实际的生产工作中,让数学充分发挥它应有的价值和作用,华罗庚亲自走访许多工厂、深入农村的田间地头进行实地考察。经过一段时间的调查和分析,华罗庚发现很多地方工农业生产的管理相当落后,而在生产过程和产品的检验、机器的维修等方面也缺乏科学的管理思想。

"能不能把数学方法用在管理上呢?"有了这个想法之后,华罗庚就开始收集和阅读大量相关资料,并从理论上进行了科学计算。最后,华罗庚决定用统筹学和优选学作为研究应用数学的起点。

关于统筹法和优选法,华罗庚是这样介绍的:

统筹法是进行科学管理的一个工具。它对组成某一任务各个环节相互间如何衔接和安排,用一张由若干箭头连接起来的统筹图来表示。用了它可以使错综复杂、工种纷繁的工农业生产得到合理安排,使领导者心中有数,随时知道工程进度,以及当时的主要矛盾、主要环节,使群众也能明了全局,知道自己在全局中的地位。

选优法是一项产品的质量及数量都和每一道工序的操作情况有关,而每一工序的操作又和各种参数有关,如温度多高、压力多大、用碱量多少、电力强弱等。优选法可以选择合理的参数,以达到优质、高产、低消耗。

华罗庚不仅将这两种方法写了出来——《统筹方法平话及补充》《优选法平话及其补充》,更着手准备把它们用在实处。

于是,华罗庚一个人来到北京郊区的农村。此时正是麦子即将成熟的季节,华罗庚站在田头,望着那滚滚的麦浪赋诗"向在城市里,今来大地边。东风勤拂拭,绿满万顷田。规划处处用,数学入田间。移植谁之力,靠党非靠天。"华罗庚围着整个麦场走了一遭又一遭,同时在心中不停地盘算:怎么能够应用优选法设计出最合理的打麦场,从而节省人力和物力。

华罗庚去了一次，但是没有想出合适的办法。紧接着，他又去了第二次，第二次没有想出来，又去第三次……他不辞劳苦地跑了一趟又一趟。最后，他终于找到了令自己满意的方法——把打麦场的位置定在使沿每一条道路运送的麦子的数量都小于总量的一半处。当麦子收割的时候，华罗庚亲自来到现场，帮助当地农民确定了打麦场的位置。

农民们应用了华罗庚指定的办法，效果非常好。本来需要两天才能干完的活，人们只用一天半时间就完成了。大家高兴地把华罗庚围在了田中央，不住地称赞他真是当之无愧的科学家。

随后，华罗庚又在《人民日报》上，陆续发表了"数学的用场五则"，即"怎样计算面积""怎样开木材料做成横梁""算水库容积""斜坡面积怎样算"和"怎样预估产量"等数学应用于实践的文章。

1970年4月，国务院根据周总理的指示，邀请了七个工业部的负责人听华罗庚讲优选法、统筹法。这之后，他凭借个人的声誉，到各地借调了得力人员组建"推广优选法、统筹法小分队"，亲自带领小分队到全国各地推广"双法"，为工农业生产服务。小分队共去过26个省、自治区和直辖市，所到之处都掀起了科学实验与实践的群众性活动热潮，取得了很大的经济效益和社会效益。

三、袁隆平与农业科学①②

要是说杂交水稻的成功有什么秘诀的话，那就是不囿于现存结论的创新思维。

——袁隆平

袁隆平，专注研究水稻，著名的"世界杂交水稻之父"。毕业于西南农学院。他一生都在研究杂交水稻，是世界杂交水稻的带头人和创始人。他成功研究出"三系法""两系法"杂交水稻。出版的代表作有《袁隆平论文集》《两系法杂交水稻研究论文集》《杂交水稻育种栽培学》等。他一生获得荣誉无数，2019年被授予"共和国勋章"。

（一）一次偶然发现引发的思考和选择

在袁隆平的回忆中，每当水稻从抽穗到成熟的那段时间，也是一年之中最热的时节。从6月下旬到7月上旬，袁隆平除了上课，一天到晚都在稻田里。那时他还是一名教学型教师，搞科研只能利用课余时间。他经常课后放下教案就直奔稻田，一手拿着放大镜，一手拿着镊子，去观察和挑选种子。"上面太阳晒，很热；下面踩在冷水中，很凉，因为没有水田鞋，都是

---

① 姚昆仑：《梦圆大地：袁隆平传》，中国地图出版社，2015年，第18—24页。
② 陈启文：《袁隆平的世界》，湖南文艺出版社，2016年，第94—137。

赤着脚",这"水深火热"的感受来自袁隆平先生多年后的讲述。他就这样一天天地坚持着,每天乘兴而来,又无功而返。但第二天上完课,他又挽起裤腿下田了。

直到1961年7月的一天,此时还是农历六月,还没到早稻开镰收割的季节。他像往常一样,上完课后走进了安江农校的水稻试验田,挽起裤腿在稻田里察看。眼看太阳又将落山,袁隆平又将无功而返。然而,一个神奇的瞬间,他发现了一株形态特异的水稻植株,在挺立与沉重中保持着微妙的平衡。

经过反复查看,袁隆平发现,这的确是一株非同一般的水稻,株型优异,尤其是那十多个有八寸多长的稻穗,穗大粒多,而且每一粒都分外结实、饱满,他仔细地数稻粒,一数,竟然有二百三十多粒。当时的高产水稻一般不过五六百斤,如果用这株稻子做种子,哪怕打点折扣,水稻亩产就会过千斤,可以增产一倍。许多年后,袁隆平回想起那神奇的发现,还按捺不住自己的兴奋:"当时我认为是发现了好品种,真是如获至宝!"

在一片普通的稻田里竟然长出了这样一株稻子,简直是鹤立鸡群,因此他以"鹤立鸡群"为这株水稻命名,又用布带做了记号。到了开镰收割时,他把"鹤立鸡群"的稻子与别的稻子小心翼翼地分开。这些谷粒,他打算都留作来年做试验的种子。

第二年春天,袁隆平把"鹤立鸡群"的种子播种在试验田里,一株稻子变成了一千多株。自从播种之后,他几乎天天往稻田里跑,期待那些种子能够长成植株壮硕的下一代。但他渴望的奇迹没有出现,结果让他大失所望,当禾苗开始抽穗时,抽穗早的早、迟的迟,高的高、矮的矮,参差不齐。俗话说,种瓜得瓜、种豆得豆,可这些稻子,怎么一点也不像它们的上一代那样有"出息"呢?

从1961年夏天的神奇发现到1962年夏天的灰心失望,这强烈的反差,化入了袁隆平一生最铭心蚀骨的回忆:"我感到很灰心、失望地坐在田埂上,半天呆呆地望着这些高矮不齐的稻株,心里在想,为什么会这样?"他在回忆中这样形容自己那一刻的感觉,"结果一瓢凉水泼下来,我心中的龙变成了虫。不过,这瓢凉水也让我发热的头脑冷静下来了"。

就在他失望乃至绝望的追问中,一个灵感蓦地闪现:水稻是自花授粉植物,按现代经典遗传学对有性生殖的遗传过程中的"分离定律",纯种水稻品种的第二代是不会有分离的,只有杂种第二代才会出现分离现象。在一个关键时刻,孟德尔、摩尔根的遗传学理论帮了袁隆平的大忙,他虽说还不敢确定,但已经开始询问,眼下这些"鹤立鸡群"的第二代,其性状参差不齐的表现,是不是就是孟德尔的经典遗传学上所说的分离现象呢?袁隆平的猜想是正确的,他对上千株稻株反复统计计算,高矮不齐的分离比例正好是3∶1,孟德尔的分离规律真是太神奇了,"鹤立鸡群"就是一株天然杂交稻,这些"没出息"的第二代就是杂种的后代。

这一重大发现又让袁隆平变得异常兴奋,甚至比发现"鹤立鸡群"稻株时愈加喜出望外,他更加坚信自己的探索方向:既然有天然杂交稻存在,必将有培育出"人工杂交稻"的希望;

既然那株"鹤立鸡群"天然杂交稻的杂种第一代长势这么好,这就充分证明水稻的杂种优势可以为人类利用,只要继续钻研下去,就能揭示出水稻杂种优势利用的奥秘和规律。

一株天然杂交稻的启示,让袁隆平由此绕开了前人通过人工去雄进行水稻杂交的道路,既然那条路一直没有人走通,那就只有另辟蹊径,从根本上找到杂交水稻育种新的突破口,袁隆平脑海中浮现出另一条路——如果能培育一种雄蕊或花粉退化不育的、具有单一性功能的母稻(母本),即雄性不育系,就可以绕开人工去雄这一烦琐而又费工费时的方式,直接将母本与其他品种混种在一起,这样就能生产出可以大面积推广应用的杂交水稻种子。用袁隆平先生的话说,这对他是"决定性的思考和选择"。

(二)敢于质疑的声音和独具匠心的科研方法

1945 年到 1964 年,近 30 年的时间内,苏联的李森科和泼莱热用以否定孟德尔—摩尔根学派的遗传学新概念在整个社会主义阵营占据强势地位,真正的遗传学研究受到批判,但袁隆平的特点是尽信书不如无书,他通过对李森科"无性杂交"理论的具体实践发现其学说的致命漏洞,冒着被批判的危险坚持在孟德尔分离理论指导下进行杂交水稻研究,从而奠定了杂交水稻培育的正确基调。随后,面对"水稻是自花授粉作物,没有杂种优势"的国际普遍论调,袁隆平反其道而行之,在发现"雄性不育株"之后独辟蹊径地提出用"不育系""保持系"和"恢复系"配套培育体系。正是在"三系法"的独创理论框架下,杂交水稻才缓缓揭开其神秘面纱。科学道路从来就是不平坦的,在杂交水稻的后续研究中,不育率低、制种产量低、杂交种子成本太高等问题接踵而至,袁隆平坚持以基本科学原理为基础,不断发挥自己的主观能动性,通过将"野败"培育成"不育系",通过设计父本与母本分垄间种的栽培模式,将问题一一解决。

在袁隆平的科研工作中,最主要的科研方法有 4 种:以信息联比法启发,以辩证分析法引导,以试验探索法突破,以灵感思维法推进。

袁隆平非常注意利用信息并引起联想类比获得启发。他以玉米、高粱等作物有杂种优势的事实,联想到自己发现的天然杂交稻株和人工杂交后代均有优势,经过联想类比,认为水稻和其他作物一样都有杂种优势,在如何利用水稻杂种优势问题上,他以水稻与高粱类比,联想到杂交高粱的培育三系和配套成功经验应可借鉴。在与国际水稻研究所等组织的联系与合作中,袁隆平通过各种正常途径,获得了广泛的信息和宝贵的种质资源。

袁隆平善于运用辩证唯物主义哲学思想指导杂交水稻科研。在实践中,他坚持"实践—认识—再实践—再认识"的方法,解决了水稻杂种优势利用问题;运用对立统一的观点,扩大、加剧杂交亲本核质矛盾获取不育系和保持系,缩小、缓和亲本的核质矛盾获得恢复系,实现三系配套;坚持事物总是不断发展的观点,提出杂交水稻不断发展理论和三阶段发展战略。

试验探索法是贯穿于袁隆平整个科研实践的科学方法。在杂交水稻研究过程中,他与科研人员进行过数以千次、万次的田间试验和室内测定,以求达到设计的目的。

袁隆平十分注重捕捉和利用灵感思维。他通过多看、多思、多听、多参加讨论等方式激发思维灵感,带来认识和实践上的突破。比如,1985 年,袁隆平在日本《育种学》杂志上看到,池桥宏教授发表的关于水稻远缘杂交子一代育性中呈亲和性显性基因类型品种筛选成功的文章。他认为这种广亲和显性基因可以应用于亚种间杂交组合,使其结实率得到提高。于是,他与池桥宏进行了接洽和交谈,池桥宏钦佩袁隆平的贡献并赠送了少量含有广亲和显性基因的种子。袁隆平用这些种子主持进行实验,成功解决了结实率低的问题。

四、屠呦呦与中医药学[①][②]

信息收集、准确解析是研究发现成功的基础。

——屠呦呦

屠呦呦,毕业于北京大学药学系,她致力于中药和西药结合的研究。她研究出来的青蒿素和双氢青蒿素是对抗疟原虫的有效治疗药物。她是首位获得诺贝尔奖的中国本土的科学家,是目前中国医学界最高奖项获得者,获得了"共和国勋章"。代表作有《青蒿及青蒿素类药物》。

(一)从中医药宝库中发掘可能

1969 年,39 岁的屠呦呦因为自身扎实的中西医知识和出众的科研能力而被任命为抗疟课题组组长。当时,中药所还没来得及给屠呦呦配备组员,她只能一人身兼"组员"和"组长"两个职务,成为中药所里最忙碌的"光杆司令"。

在被任命为抗疟课题组组长之前,屠呦呦正致力于从植物中提取有效化学成分的研究。对该课题,她也打算从草本中药入手。于是,她从系统收集整理历代医籍、本草、地方单验方、老大夫经验入手,同时整理了中医科学院建院以来所有的人民来信。刻苦钻研,经 3 个月时间,汇集了包括植物、动物、矿物等内服和外用方药 2000 余个,还精挑细选,最终整理出以640 余个方药为主要内容的《抗疟单验方集》。

在这本书的第 15 页,有这样的记录:

处方:青蒿五钱至半斤

用法:捣汁服或水煎服或研细末;温开水兑服。

来源:福建、贵州、云南、广西、湖南、江西。

备注:各地尚有配其他药治疟的:(1)青蒿三两,麻沙根三两(又名假芝麻)水煎服,据称疗效很好。

---

① 王满元:《呦呦与青蒿素》,人民卫生出版社,2011 年,第 32—37 页。
② 刘夕庆:《玩转科学的"艺术家"(下册)》,人民邮电出版社,2017 年,第 105—112 页。

正是这些信息的收集和解析筑就了青蒿素发现的基础。

不过在当时，由于收集的资料中显示仅有一例青蒿单药治疗疟疾的方子，出自东晋炼丹达人葛洪所著的《肘后备急方》，而且该方主治解暑去热，治疗疟疾的效果并不明显。所以，在第一轮药物筛选中，青蒿并没有进入屠呦呦的视线。她的目光完全被常山和蜀漆这两味中药吸引。

中医治疗疟疾最常用的就是常山和蜀漆。对这两种药材，《本草纲目》中如此记载："常山、蜀漆有劫痰截疟之功，须在发散表邪及提出阳分之后。用之得宜，神效立见；用失其法，真气必伤。夫疟有六经疟，五脏疟，痰、湿、食积、瘴疫诸疟，须分阴阳虚实，不可一概论也。"尤其是常山，频繁出现于各种治疗疟疾的药方之中，譬如《肘后备急方》中，共有 32 个治疗疟疾的方子，其中有 14 个方子使用了常山。

屠呦呦对常山进行分析，发现常山抗疟的有效成分是常山碱。常山碱又分为 α-常山碱、β-常山碱、γ-常山碱三种，其中 γ-常山碱对疟疾的疗效是奎宁的 150 倍。遗憾的是，人或动物服用常山碱会出现呕吐、恶心等副作用。屠呦呦从中看到希望，认为找到办法消除服用常山碱带来的副作用，就能与恶性疟疾一较高下了。于是，屠呦呦开始寻找各种具有止呕、去除恶心功效的中药，与常山碱进行配伍。但是，经过反复的调配、制剂和药理实验，屠呦呦仍然没有找到消除常山碱副作用的办法。看来，常山这条线算是断了。

结束对常山的研究，屠呦呦立即展开抗疟药筛选工作，开始反复制备中药水提物、醇提物。从 1969 年 5 月到 6 月底，屠呦呦总共制备了 50 多个样品。功夫不负有心人，在这 50 多个样品中，胡椒提取物对鼠疟模型疟原虫的抑制率高达 84%。屠呦呦欣喜若狂，赶紧进行后续研究。然而，经过进一步研究，她发现，胡椒提取物只能有效改善疟疾症状，杀灭疟原虫的效果很差。在 1970 年 2 月至 9 月的这段时间里，屠呦呦总共制备了胡椒提取物、混合物样本 120 多个。但经中国军事医学科学院检测，这 120 多个样品都不理想，最终结果就是，胡椒的抗疟作用远不及已经被淘汰的氯喹。

一定是哪里做得不够好，一定是什么地方出现了纰漏！屠呦呦暗暗鼓劲，凭着深烙在骨子里的执着带领大家继续在浩瀚的中医宝库里"寻宝"。就这样，《神农本草经》《黄帝内经》《伤寒杂病论》《本草纲目》等医书成了课题组的教材。

直到有一天，屠呦呦重新看到那个极为简单的"青蒿方"，青蒿这种普通的菊科植物才重新回到屠呦呦的视线里。

（二）中西医结合的伟大创新

屠呦呦在诺贝尔大厅的演讲中说道，学科交叉为其研究、发现和成功做了准备。她列举了刚到中药研究所时由著名生药学家楼之岑指导她鉴别药材等例子。从 1959 年到 1962 年，她系统学习了中医药知识，并常常用"机会垂青有准备的人"勉励自己。"凡是过去，皆为序曲。"序曲就是一种准备。

自 1969 年抗疟中药研究以来，经过大量的反复筛选工作，两年后，工作重点集中于中草药青蒿。接下来就是针对青蒿的提取工作，这一过程同样经历了诸多困惑与失败。

屠呦呦曾从关键文献中得到启示，当她面临研究困境时，又重新温习了中医古籍。青蒿治疗疟疾始于公元 340 年的东晋葛洪《肘后备急方》。之后，宋《圣济总录》、元《丹溪心法》、明《普济方》等均有以"青蒿汤""青蒿丸""青蒿散"截疟的记载。李时珍在《本草纲目》中不仅收集了前人经验，而且还有"治疟疾寒热"的实践。清代《本草备要》《温病条辨》以及民间亦有流传应用，可见其传统应用基础较好，使用也比较广泛。在服用方法上，一般均用作汤剂。如《温病条辨》用"青蒿鳖甲煎"治少阳疟。试验中曾采用常规的水煎法，未见效果，用一般溶剂如乙醇等处理也不行。《肘后备急方》治寒热诸疟方第十六记载"用青蒿一握，水二升渍，绞取汁，尽服之"。这段记述使屠呦呦联想到提取过程可能需要避免高温。据此，屠呦呦改变了提取方法，改用低温提取、用乙醚回流或冷浸，而后用碱溶液除掉酸性部位的方法制备样品——这是屠呦呦获得诺贝尔奖的关键原因。

一个月后，屠呦呦等用青蒿乙醚中性提取物样品，以 1.0 克/千克体重的剂量，连续 3 天口服给药，鼠疟药效评价显示抑制率达到 100%。同年 12 月到次年 1 月的猴疟实验，也得到了抑制率 100% 的结果。青蒿乙醚中性提取物抗疟药效的突破是发现青蒿素的关键。

1972 年 8 月至 10 月，屠呦呦团队即开展了青蒿乙醚中性提取物的临床研究，药物对 30 例恶性疟和间日疟病人全部显效。同年 11 月，他们成功分离得到抗疟有效单体化合物的结晶，后命名为"青蒿素"。同年 12 月，团队开始对青蒿素的化学结构进行探索，通过元素分析、光谱测定、质谱及旋光分析等技术手段，确定化合物分子式为 $C15H22O5$，分子量为 282，明确了青蒿素为不含氮的倍半萜类化合物。中国医学科学院药物研究所分析化学室进一步复核了青蒿素的分子式等有关数据，其立体结构于 1977 年在中国的《科学通报》上发表，并被《化学文摘》收录。

第二节　人文艺术与创新思维

一、齐白石与中国绘画[①]

画家先阅古人真迹甚多，然后脱尽前人习气，别创画格，为前人所不为者。

——齐白石

---

① 齐白石：《大匠之门：齐白石回忆录》，新星出版社，2017 年，第 24—35 页。

齐白石早年曾为木工，后以卖画为生，57岁后定居北京。曾任中央美术学院名誉教授、中国美术家协会主席等职。1953年被文化部授予"人民艺术家"称号，曾入选世界文化名人。1956年被世界和平理事会授予国际和平奖。1957年任北京中国画院名誉院长，同年于北京医院逝世。

齐白石擅画花鸟、虫鱼、山水、人物，笔墨雄浑，色调明快，造型生动，意境高远。所作鱼虾虫蟹，天趣横生。其书工篆隶，取法于秦汉碑版，行书饶古拙之趣。篆刻自成一家，善写诗文。代表作有《蛙声十里出山泉》《墨虾》等。著有《白石诗草》《白石老人自述》等。

（一）雕花形态的推陈出新

1878年，16岁的齐白石从大器作木匠转为小器作雕花木匠，师从周之美。

这位周师傅住在周家洞，与齐白石家相隔不远，那年他28岁。他的雕花手艺，在白石铺一带相当出名，用平刀法雕刻人物尤其是他的绝技。齐白石很佩服他的本领，又喜欢这门手艺，学得很有兴趣。周之美总夸齐白石聪明、肯用心，常对人说，"我这个徒弟，学成了手艺，一定是我们这一行的能手。我做了一辈子的工，将来面子上沾着些光彩，就靠在他的身上啦！"

照小器作的行规，学徒期是三年零一节，由于齐白石在学徒期中生了一场大病，耽误了不少日子，所以到19岁的下半年才满期出师。齐白石出师后，仍跟着周师傅出外做活。雕花工是计件论工的，必须完成了这一件，才能去做下一件。周师傅的好手艺，白石铺附近无人不知，齐白石也跟着其师傅名声大噪，被人称为"芝师傅"。

那时，师徒二人常去的地方是陈家垅胡家和竹冲黎家。胡、黎两姓都是富裕人家，家里有了婚嫁之事，男家做床橱、女家做妆奁，件数做得多，都是由师徒二人完成。有时周师傅不去，齐白石就独自前往。

那时雕花匠所雕花样几乎千篇一律，祖师传下来的一种花篮形式更是陈陈相因。雕的人物也无非是"麒麟送子、状元及第"之类。齐白石认为，这些老一辈的玩意儿，雕来雕去，终究会被人腻烦。他就想法换个样子，在花篮上加些葡萄、石榴、桃、梅、李、杏等果子，或牡丹、芍药、梅、兰、竹、菊等花木。人物则从绣像小说的插图里勾摹出来，还搬用平日常画的飞禽走兽、草木虫鱼，加些布景，构成图稿。齐白石的新花样雕成之后，果然人人都夸好。齐白石很是高兴，益发大胆创造起来。

1882年，齐白石20岁。仍是肩上背着木箱，箱里装着雕花匠应用的全套工具，跟着师傅出去做活。在一个主顾家中，他无意间见到一部乾隆年间翻刻的《芥子园画谱》，五彩套印，初二三集，可惜中间少了一本。虽是残缺不全，但从第一笔画起，直到画成全幅，逐步指说，非常实用。齐白石仔细看了一遍，觉着之前画的东西实在要不得，画人物，不是头大了就是脚长了,画花草,不是花肥了就是叶瘦了,较起真来,似乎都有些小毛病。有了这部画谱,他像是捡到了一件宝贝,就想从头学起,临它个几十遍。但转念又想,书是别人的,不能久借不还,买新的,湘潭没处买,长沙也许有。价码可不知道,怕有也买不起。只有先借到手,用早年勾影雷公像的方法先勾影下来,再仔细琢磨。

想准了主意,齐白石就向主顾家借了来,跟母亲商量,在他挣来的工资里匀出些钱,买了点薄竹纸和颜料毛笔,晚上收工回家后就以松油柴火为灯,一幅一幅地勾影。足足画了半年,才把这部残缺的《芥子园画谱》都勾影完,订成十六本。从此,齐白石做雕花木活就以《芥子园画谱》做根据,花样既推陈出新,画也合乎规格,没有不相匀称的问题了。

(二)绘画道路的自我超越

艺术的本质在于创新。对一个功成名就的艺术家来说,要真正做到创新,并不是一件容易的事情。按理说,齐白石已经在书画艺术上取得了巨大的成功,到了近花甲之年,他却突然要否定自己、革新自我,这对个人来说,不仅是困难的、有风险的,也是痛苦的。凭着对艺术的热情和执着追求,齐白石以顽强的意志和惊人的艺术创造力,成功完成艺术蝶变,无声地向世人宣布:艺术的生命在于创新!

艺术在继承中进行创新,离开继承,创新也就无从谈起。齐白石之所以能够在书画艺术中独树一帜而成为一代宗师,这与他对中国传统艺术的继承是分不开的。一次他在同王朝闻论画时引用了南朝肖子显的话"若无新变,不能代雄"。为了表达对传统艺术的继承和敬畏,齐白石把自己的画室取名为"古风今雨斋",旨在以古人之风范汇聚当今艺术创作之雨露,成一家之法。在创新的认识论上,齐白石力主扫除凡格。在创新实践中,齐白石敢于自我否定、自我突破、自我超越,但其过程并不是一帆风顺的。

1918 年,为避乡乱,齐白石从湖南来到北京。在这个聚集着各种流派、各种观念、各种文化精英的大都市,半封建、半殖民的社会形态,科学与民主思潮的觉醒,当时改革社会、振兴国家成为一种主导思想。齐白石的知识结构决定了他没有卷入这些激烈的文化纷争,而是处于这种潮流之外,潜心领悟徐渭、八大、石涛、金农、吴昌硕的艺术真谛。

由于齐白石前期的卖画生涯主要依附其交往的地方士绅阶层,以较为单纯的方式进行艺术品交易,来京谋生后,要在这个复杂的社会群体中生存下去,已不能靠湖湘旧友的微薄润金过活。加之当时活跃于主流社会阶层的旧友们因为社会权利的丧失,大部分当年经济富足的旧友与他一样,需以卖文卖艺谋生,因此,他必须开辟新的艺术市场,创造适合新时代人们审美口味的作品,这些思想与生存上的压迫感激发了齐白石对艺术创新的渴望。

在这特殊时刻,友人陈师伸出了援助之手,耐心劝告并支持齐白石进行"衰年变法",鼓励并帮助他在艺术上自立门户,在京城闯出一片天地。

创新的过程是艰难的,齐白石曾在日记中写道:"余作画数十年,未称己意,从此决定大变,不欲人知,即饿死京华,公等勿怜,乃余或可自问快心时也。"怀着对艺术"死也要创新"的执着,齐白石开启了他绘画道路的自我超越。其艺术实践的创新主要体现在三方面:一是表现题材上的创新。齐白石打破了基于几千年文化传承带来的"程式化"绘画法则,以现实生活为创新题材,据不完全统计,齐白石一生所表达的题材约350种,且大多为生活中的物件,题材的拓展带给人们新颖的美感享受,也奠定了他在中国近代绘画史的重要地位。二是视觉上的创新。传统本土绘画在视觉上缺乏完整的平面性,趋向于文化的表达方式。得益于早年木雕生涯的锻炼,齐白石的绘画创作讲究空间意识,通过平面、抽象化的绘画语言转换,为本土绘画的视觉创新做出了重要探索。三是审美观念的创新。齐白石的绘画作品具有大众性审美,往往融合文人画、乡间画匠于一体,以一种文人情怀表达着普通人的情感,他的艺术探索受到了各阶层不同文化背景的人士的欢迎,对中国传统本土绘画的审美思想作出了具有时代意义的推进。

齐白石的艺术革新精神一直伴随他整个艺术生命,也伴随他整个人生。在齐白石年近九旬时还在自问:"今年又添一岁,八十八岁,其画笔已稍去旧样否?"齐白石正是以近乎疯狂的艺术创新精神,不断地实现自我、超越自我,终于精诚所至、金石为开,创造了中国书画艺术的一个又一个高峰。

二、聂耳与革命音乐

音乐与其他艺术、诗、小说、戏剧一样,它是代替大众在呐喊,大众必然会要求音乐新的内容和演奏,并要求作曲家的新态度。

——聂耳

聂耳是中华人民共和国国歌《义勇军进行曲》的曲作者,被誉为"人民的音乐家"。聂耳曾在日记中写道:"什么是中国的新兴音乐? 这是目前从事音乐运动者,首先要提出解决的问题。"聂耳身体力行地实践了这个想法,在其短暂的23年人生中,在中国苦难的20世纪30年代里,他勇立时代潮头,为民而歌、为国而泣。1932年至1935年是聂耳音乐作品的创作高峰,3年间,聂耳创作出40余首作品,《开矿歌》《卖报歌》《铁蹄下的歌女》《梅娘曲》《义勇军进行曲》等先后问世。他用音乐记录中国工人阶级和劳苦大众的生活,用音乐塑造妇女儿童形象,用音乐宣传抗日革命精神,用音乐激励中国复兴崛起。

(一)艺术创作的全新视野

聂耳的全部作品中有24首以劳动人民为题材,在中国近代音乐史上,他是第一个倾注全部心血、反映底层人民劳动和生活题材的作曲家。对艺术形象的塑造更是进一步深化、突出了他的创新精神。他不同于以往作曲家"局外人""旁观者"的视角,而是从"局内人"立场出发,深层、本质地塑造音乐形象,较为突出的表现是其对工人阶级的刻画。例如《码头工人歌》《开路先锋》《大路歌》等作品颠覆了居"同情地位"的工人形象,创造了正面、英雄的工人面貌,他也成为中国音乐史上第一个成功塑造工人阶级形象的作曲家。

(二)曲式结构的大胆尝试

聂耳的创作不受常规作曲技法规则的束缚,而是一切从内容出发。为更好地塑造音乐形象、表现歌词内容,他灵活运用各种创作形式,大胆创造新的表现手法。从歌曲音调的创作上看,他善于根据不同歌词主题,创造全新音调,塑造鲜明的音乐形象。例如,为了创作《码头工人歌》,他同工人们吃住在一起,在亲身体验生活的过程中,捕捉并提炼出符合人物特征的特有音调。从歌曲节奏的创作上看,他善于应用三连音,这也形成了他的创作特色。最为典型的代表为《义勇军进行曲》,全曲共出现了五次持续在属音上的三连音,给人以坚定紧迫的感觉,通过节奏上的创新形成了对时代的独特概括。从歌曲结构的创作上,充分利用五四新文化运动出现的自由体新诗的形式,创造出以"散文体"著称的歌曲结构原则,并多次运用歌曲插白的方式,强化创作的感染力。

(三)歌曲风格的个性表达

歌曲的诸多创新,形成了聂耳的"新兴音乐"风格,催生了聂耳的"群众歌曲",是其创新精神的伟大体现。在他的作品中有一往无前的进行曲风格,有号召性的音调和果敢的节奏,成为引领时代的声音。在《中国歌舞短论》中聂耳对黎锦辉说:"你要向那群众渗入,在这里面,你将有新鲜的材料,创造出新鲜的艺术。"①他的创作实践形成了一种群众歌曲的新题材,用艺术化的形式表达了人民大众的心声。聂耳的创作风格中还体现出一种新的民族性。由于年少时受云南家乡民间音乐的影响,后来为躲避国民党政府追捕,赴国外考察学习,中西音乐的熏陶为他的创作带来了一股革命创新的风潮。例如,《卖报歌》将西洋大调式属音与民族五声调式旋律相结合,《铁蹄下的歌女》用民族五声调式的旋律结合大幅张弛的节奏变化,表现出西洋歌剧的戏剧性。

我国著名作曲家冼星海在《聂耳,中国新兴音乐的创造者》一文中写道:"他给中华民族新兴音乐一个伟大的贡献,他创造出中国历史上所没有的一种民众音乐……他已给我们开辟了一条中国新兴音乐的大路。"②

---

① 傅庚辰:《时代的号角,人民的知音》,《求实杂志》2002年17期。
② 冼星海:《聂耳,中国新兴音乐的创造者》,人民音乐出版社,1987年,第88页。

三、刘慈欣与科幻小说[1][2]

想象力是一种人类所拥有的但似乎本应是神独有的能力。而它存在的意义也远超我们的想象。

——刘慈欣

刘慈欣,科幻作家,中国作家协会会员,山西省作家协会副主席,同时也是中国科幻小说代表作家之一。其作品蝉联 1999—2006 年中国科幻小说银河奖,2010 年赵树理文学奖,2011 年《当代》年度长篇小说五佳第三名,2011 年华语科幻星云奖最佳长篇小说奖,2010、2011 年华语科幻星云奖最佳科幻作家奖,2012 年人民文学柔石奖短篇小说金奖,2013 年首届西湖类型文学奖金奖。代表作有长篇小说《超新星纪元》《球状闪电》《三体》三部曲等,中短篇小说《流浪地球》《乡村教师》《朝闻道》《不能共存的节日》《全频带阻塞干扰》等。其中《三体》被普遍认为是中国科幻文学的里程碑之作。2015 年 8 月 23 日,《三体》获第 73 届世界科幻大会颁发的雨果奖最佳长篇小说奖,为亚洲首次获奖。2017 年 6 月 25 日,《三体 3:死神永生》获得轨迹奖最佳长篇科幻小说奖。2019 年 9 月 23 日,《三体》入选"新中国 70 年 70 部长篇小说典藏"。

(一)想象力的启蒙

刘慈欣的作品胜在超乎寻常的想象力和深刻的人文情怀。是什么激发了刘慈欣的想象力呢? 从他的阐述中可以了解到三点:

其一,源自大量的文学阅读。

少年时期的刘慈欣床下有个箱子,那箱子里是厚厚的一摞书。里面有《托尔斯泰文集》《白鲸》《地心游记》《太空神曲》《寂静的春天》等。刘慈欣最先看《地心游记》,"那是一个夏天的黄昏,我在看这本书。被父亲看见了,他当即把这本书从我手中拿走。"父亲说,这类书不能看。刘慈欣一阵紧张害怕,小声问了句:"这是一本什么书?"父亲愣了一下,还是很客观地说:"这叫'科学幻想小说',是有科学根据的创作。"父亲把书还给了刘慈欣。刘慈欣说:"我的坚持,都源于父亲这几句话。"读完《地心游记》之后,"感觉就好像在一间黑屋子里,一扇窗户打开了。"他又陆续读完箱子里其他书籍,后来,托尔斯泰的全景式写作方式成为刘慈欣的惯用模式,《白鲸》的船长成为《三体》托马斯·维德的原型,这两本科幻小说是刘慈欣从

---

① 参见刘慈欣:《我是刘慈欣》,北岳文艺出版社,2019 年。
② 参见刘慈欣:《刘慈欣谈科幻》,湖北科学技术出版社,2014 年。

现实走向未来的铺路石,而《寂静的春天》则让他将科幻题材与环境破坏联系起来。

大学期间,刘慈欣的求知欲更强了,他常常泡在图书馆里,阅读各类图书。此时他遇上了对他今后写作影响最大的一本书——《2001:太空漫游》。他总是谦虚地说:"我的一切作品都是对阿瑟·克拉克最拙劣的模仿。"他曾写道:"记得二十年前的那个冬夜,我读完那本书(《2001:太空漫游》)后仰望夜空……星空在我的眼中是另一个样子了,那感觉像离开了池塘看到了大海。这使我深深领略了科幻小说的力量。"

其二,源自生命中的难忘瞬间。

刘慈欣出生在河南罗山的乡村,"文化大革命"期间,全家被下放到山西阳泉。阳泉是出了名的武斗重灾区,批斗大会每天都在上演。为了不让儿子留有童年阴影,父母曾一度将刘慈欣送回罗山农村。7岁时的一个夜晚,罗山老家的池塘边挤满了男女老少,他们望着夜空窃窃私语。那时候,贫穷、饥饿和寒冷伴随着每个人,"好多小伙伴都没有鞋穿,他们光着脚,有的小脚上还留有冬天未愈的冻疮。"刘慈欣好奇心顿起,就跟着来到池塘边,望向夜空。许久,漆黑的天幕里,缓缓飞过一颗小星星。霎时,喝彩声此起彼伏。"那是1970年4月14日,中国第一颗人造卫星'东方红一号'发射了。"刘慈欣只觉一股莫名的向往之情莫名而生,如同当时"腹中的饥饿"一般不可遏制。就在这年,附近村庄遭遇洪水,58座水坝轰然决堤,乡民流离失所。卫星与星空、贫穷与饥饿、洪水与难民,这些懂或不懂的元素纠结混杂,"成为我早年的人生,也塑造了我今天的科幻小说。"

其三,源自对科幻的迷恋。

刘慈欣在《球状闪电》中写道:"人生的美妙之处在于迷上一样东西。"对科幻的迷恋促使刘慈欣从阅读到写作、从输入到输出,在坚守初心的过程中承担起科幻书写的使命。正如他在提及创作科幻小说的初衷时所说:"我是要把我想象的世界展现给广大读者。"通过科幻创作,进一步激励人们去打开想象的大门,去仰望星空,关心广阔的宇宙,甚至投身其中。"如果读者因一篇科幻小说,在下班的夜路上停下来,抬头若有所思地望了一会儿星空,这篇小说就是十分成功的了。"

在《三体》中,宏大的、富有张力的想象随处可见,这些创意为读者建构了一个令人震撼的新世界。刘慈欣说,从一个简单的"想法"演变成令人"脑洞大开"的创意过程是漫长而艰难的。"我写一部长篇小说,可能写作只需要三四个月,而积累创意的过程,往往需要三四年甚至更长。同样,《三体》的创作也是一个煎熬的积累过程。"急功近利是创作不出好的科幻作品的,要耐得住寂寞,这也是科幻写作的乐趣所在。谈及创意的灵感来源,刘慈欣表示,"灵感怎么来的,我不知道。如果知道,那就不是灵感了。""但有一点是确定的,那就是每个人的童年、少年时代,都会产生对未知世界的好奇、对宇宙的敬畏,以及对未来的向往。"刘慈欣认为,这种人性最本源的情怀,不应该随着年龄的增长、社会阅历的增加而被消磨掉。

（二）科幻创作的构思与反思

刘慈欣在《腾讯微讲堂》的一次演讲中阐明了自己对科学与文学关系的看法，这场演讲也可以看作他对自己科幻创作构思的一次梳理。刘慈欣认为：其一，科学可以为文学提供新的视角，使其能够从宏观维度看待人类历史与社会。他通过对比科幻小说与传统文学的不同，阐明在科幻世界中，作家是造物主，展现给读者新的世界。传统文学则更像是讲述者，以立足现实的方式讲述现实生活。其二，科学可以向文学提供诸如宇宙、灾难、末日、他者等丰富的故事资源。在刘慈欣的科幻小说中出现过多种故事资源，其中，动物成为他者的视角被认为是潜力巨大、富有创意的一种，如他的作品《命运》《吞食者》等。在他看来，科幻小说是在科学、幻想和创新的基础上形成的，它是科学与文学相融合的产物。

在回顾自己的创作历程时，刘慈欣从自身思维方式的转变入手，将自己的科幻创作划分为纯科幻、人与自然、社会实验三个阶段。其中，第二阶段是他认为迄今为止成功作品盛产的阶段，此阶段的代表作有《流浪地球》《乡村教师》《球状闪电》和《三体》第一部。第三阶段，他认为自己受科幻世界自由构建道德观念的影响，创作出现了偏离，但已开始有意识地纠正与回归。

自我思维方式的转变除了对科幻创作产生影响，也对科幻文学产生了新的认知。其一，科幻小说具有时效性。刘慈欣坦言认识到这一点多少有些痛苦，但也为自己的创作找到了正确的心态。虽然科幻文学会因过时很快被遗忘，但科幻作为一种创新的文学，可以用不断涌现的新创造和新震撼来战胜遗忘。要做到这一点，就要永远保持青春的心态，使自己的想象力与时代同步。其二，客观看待科幻文学包含的精英思维。从受众群来看，科幻不是精英文学而是大众文学，刘慈欣表示，他始终把自己当作科幻迷中的一员，以科幻迷的方式去思考、去感受、去创作。他意识到，这种科幻迷思维是其前进的最大动力，也是进入更高层次创作的最大障碍。

四、张艺谋与奥运设计[1][2]

当你没有那么宏大场面的时候，要在一个点上"一叶知秋"。

——张艺谋

张艺谋，中国第五代导演代表人物，首位"双奥"总导演。早期他以执导文艺电影著称，后涉足商业片。其作品多次获得国际电影节大奖，代表作有《红高粱》《秋菊打官司》《一个

---

[1] 梁强：《现代奥林匹克运动会的文化创意：历史演进与价值创新》，人民邮电出版社，2013年。

[2] 纪录片，《张艺谋的2008》，https://www.bilibili.com/video/av371195281/。

都不能少》《十面埋伏》《满城尽带黄金甲》等。

(一)2008 年北京夏季奥运会开幕式的亮点设计

2008 年北京奥运会开幕式凸显中国元素,尽彰华夏文明,特别是中国古代科技文明,这是中国文化特色之所在,也是吸引世人眼球、让世界了解中国最有力度之所在。[1] 因此四大发明的意象展示成为 2008 年奥运会的创意起点,用纸、多媒体影像展现中国文化元素;用活字印刷术展现古今中外文字交流;用烟火展现梦幻美好的氛围;用司南及丝绸之路象征中国与世界的连接。考虑到四大发明的故事线难以完整表达中国文明,开幕式设计又改为上下篇形式,上篇讲述灿烂文明,下篇展现辉煌时代。

1. 空中巨足

2008 年的北京奥运会开幕式首次突破主体育场时空,将象征奥运历史足迹的 29 个"巨人脚印"用火焰接力的造型,沿着北京的中轴线,从永定门"走"到鸟巢。

从创意缘起看,这一"巨足"代表着中国古老的发明——火药。将火药用于烟花爆竹在中国自古有之,在此次奥运会上展现高难度创意烟火,表现了古今同步、跨越时空的对话概念。从创意执行看,脚印路线得到了最先确认,脚印数量经过实际操作,由最初的 205 个脚印,象征 205 个成员国,到 56 个脚印,象征中国的 56 个民族,再到最后敲定的 29 个脚印,象征着 29 届奥运会。从创意取舍看,关于火药的运用还有另一个创意,即用火药绘制一幅世界反战名画《格尔尼卡》,当画作烧烬之后,千名市民走入场中,擦拭地上的焦痕,所拭之处,生长出绿地和鲜花,隐喻火药的双面性以及人们对和平的向往。但此创意在后续的整体调整、综合考量中不得不被取消。在整个开幕式中,这样的舍弃还有很多。

2. 中国画卷

从纸到画到画轴,设计创意经过层层演进,最终以巨大的卷轴形式由一幅长 147 米、宽 27 米的巨大 LED 屏幕,按着编年史,逐一展现"太古遗音"、四大发明、汉字、戏曲、丝绸之路、长城等中国灿烂文明。内嵌于其中的画卷长 20 米、宽 11 米,创作者包括舞者、运动员、儿童,绘制过程摒弃了传统的笔,取而代之的是以身体作画。这一创意使画与纸、古老美学与现代技术完美地结合在一起,成为开幕式的亮点之一。

3. 活字印刷

该表演由上百名演员组成方阵,手举方块以人工的方式升起降落,用"和"字的演变过程,向众人展示我国的"活字印刷"。另一侧则是数千名身穿战国服饰的演员扮作孔子的三千弟子,齐声朗诵"君子和而不同",中国汉字与中国思想在这一创意中走向融合。

---

① 王渝生:《北京奥运开幕式对中国"四大发明"的新演绎》,《科技导报》2008 年第 26 期。

代表活字印刷的字模表演创意灵感源自一则广告视频，但不同于电脑效果，人在字模下面的表演面临很多诸如美观、配合等问题。在排练的过程中，创意团队从秤砣原理出发找到了节目的突破口，在场地正中设计了下沉式升降台，以便字模阵列在亮相时不露人工操作痕迹。

4. 逐日点火

如何点燃主火炬是奥运会开幕式最大的悬念，也是倾注创意、开拓思维最核心的部分。2008 年奥运会点火设计源于中国神话夸父逐日，最后的火炬手为体操王子李宁，他在钢索牵引下飞向天空，迈着太空步，在鸟巢边缘绕场一周，身后呈现出本次火炬途经的所有国家和地区。最终他高举火炬，点燃北京奥运会的主火炬。

5. 梦幻五环

2008 年奥运会开幕式用星光点燃五环，22 位婀娜多姿的"仙女"在空中交叉飞行，璀璨夺目的奥运五环在空中环游，古典与现代梦幻般融合。五环的展现是奥运会开幕式上的"规定动作"，谈起该环节的创意，编导组谢楠坦言，灵感来自一块黑板。"编导组办公室有块写方案用的黑板，用了几次后发现笔迹擦不掉，我们以为黑板质量有问题，气急败坏地叫来后勤人员，一看才发现原来是由于马虎，黑板上的膜没有揭下来。后勤人员去揭那层膜，揭到一半的时候，我突然按住他的手，这就是最好的办法啊！"这个设计是所有演出场次中唯一从一开始确定就没有再改变的创意，只是在上升方式、速度上进行过反复调整和训练，"一开始想让五环像一块飞毯，边翻动边横着飘起来，但是在翻动过程中，圆形会变成椭圆，这是奥组委不允许的。彩排的时候还有个方案，就是五环先横着升起，最后在空中再直立起来，张艺谋导演认为效果不好，最终形成了观众看到的样式。"

诸如此类的亮点还有很多，譬如，2008 个鼓镇表演，创意团队希望缶的音色具有三成的金石之声，与鼓做进一步区分。经历了 26 次实验、近百个缶的模具之后，设计者们在牛皮的打击面下暗藏钢琴弦，产生了理想的音色；主题曲《我和你》一改以往体育盛会高亢激昂、气势磅礴的曲风模式，以舒缓温情的形式展现北京奥运会倡导的以人为本、和谐发展理念。

（二）2022 年北京冬季奥运会开幕式的亮点设计

如果说 2008 年北京夏奥会声势浩大、形象具体地展示了中华五千年的传统文化，那么 2022 年北京冬奥会更像是以轻松悠闲的浪漫畅想展示中国的文化自信。中国的腾飞，意味着要用新的思维方式去进行创作，张艺谋概括为从"我"到"我们"的转向，此中体现了中国人的世界观。

1. 24 节气倒计时短片

"我们把差不多两年的时间用在了创意上，讨论各种各样的东西，"总导演张艺谋说，"倒计时正是其中重要的一环。"2008 年奥运会开幕式上,2008 位演员击缶倒计时的画面在人们心中留下了难以磨灭的印象,但 2022 年,冬奥会开幕式决定不采用"人海战术"。

北京冬奥会将中国美景、传统诗词、冰雪运动相结合,用二十四节气的形式进行开幕式的倒数计时。该创意源于索契奥运会的一条片子,它以俄罗斯的字母为首字母,把许多俄罗斯著名的人物、地名加以展示。张艺谋据此联想,能否找到一种体现中国文化自信的方式进行倒计时?初始的方案有甲乙丙丁、十二生肖,后来,张艺谋说:"我们都知道,倒计时通常就是数数字。不管采用什么形式,它要处理的都是数字到来的临近感。"因此,最终还是确定了数字倒数的形式。一般来说,倒计时都会从 60 开始,比如 2008 年奥运会开幕式,也有些从 30 或 10 开始。2022 年的北京冬奥会以打破常规的做法,从 24 开始倒数。以 24 节气作为倒计时的创意具有鲜明的优点:一是巧妙契合了开幕的时间——2 月 4 日(立春),吻合冬奥赛事创办以来的第二十四届;二是独特的数字倒数,利于引发世界的好奇,从而普及中国文化。这个创意让导演组非常兴奋,从开幕式的第一秒钟起,就有了中国文化的定义。张艺谋表示,这个创意,只有在这一年的立春、只有在此时此刻的中国,才再合适不过。

针对 24 节气画面创作的细节,也有诸多思考。比如,对诗句的选择,对抽象诗句转化为具象画面的方式,对人、景、诗的融合等。整部短片素材量巨大,前后创意有 20 多个版本,经过无数次修改才确定了最终呈现的样貌。

2. 首创的"微点火"

当所有人都在期待主火炬将以何种方式点燃时,2022 年的北京冬奥会选择"不点",用"微火"代替熊熊烈焰。纵观百年奥运历史,这是第一次有这样的主火炬,全部参赛国家和地区的名字都镶嵌在巨大的雪花之中,正如开幕式所言——全世界不同的雪花汇聚在北京,成为一朵人类共同的雪花。而主火炬以中国人常说的"一叶知秋"的方式被点燃,打造出"微火"概念。被包裹于不同国家和地区之中的主火炬,展现了包容与平等的文化理念。张艺谋表示:"手持火炬的最后一棒,它的火苗很小,低碳环保,体现了这样的理念。我觉得这两个,一个是主火炬,一个是点燃方式,这两个是最大的创新。用这样的方式讲述中国故事,也向世界讲出我们共同的理念,我们是一家人,我们是一个共同体。"针对一叶知秋的点燃方式,张艺谋解释道,中国古老的哲学、中国人的美学观念是一叶知秋,一滴水看太阳,以点带面,中国人讲的是意境,讲的是从一个最小、最细节的角度来看整个世界。"其实是很浪漫的,一叶知秋,我们都熟知这句话,一片叶子会想象整个秋天的璀璨和金黄,很美,很有诗意。所以严格意义上来说,你也可以看作这一次的主火炬的点燃方式是'一叶知秋',一个小小的手持火炬,一个小小的火苗,但是你想到的是伟大的奥林匹克精神,是全人类的熊熊燃烧的激情和浪漫。"

3. 破冰五环

"五环破冰"创意来源于一句古诗词——"黄河之水天上来"。冰蓝色的水墨从天而降，凝结成冰，近3层楼高的冰立方拔地而起。绚丽的激光打在冰立方上，冰球运动员与影像冰球击打互动，在音乐的烘托下冰立方渐渐碎裂，"雕刻"出晶莹剔透的五环，五环于碎冰中徐徐升起，宛如夜空中璀璨的恒星。这是2022年北京冬奥会开幕式上让人惊艳的一幕——奥运五环"破冰而出"。解说阐释道："冰立方开始发生变化，一个晶莹剔透的冰雪五环从冰立方当中雕刻了出来！冰雪五环，破冰而出，破冰意味着打破隔阂，互相走近，大家融为一体。"

五环惊艳亮相背后，是艺术与科技的完美融合，从艺术理念看，五环不仅是冰和雪，还加入了中国玉的概念。从技术实践看，五环的设计参照了航天结构设计的某些方法，铝合金桁架结构为五环提供了骨骼，LED显示屏为五环披上了衣服，扩散板为五环增添了外套，使五环跟火箭的箭体一样，既坚固又轻盈。实现了视觉效果的清晰、柔和。

2022年的北京冬奥会综合运用AI、5G、8K、AR/VR、数字孪生、云计算、裸眼3D等创新科技，为全世界呈现了一场精彩绝伦的视觉盛宴，也向全世界展示了中国独特的历史文化和强大的科技实力。

【思考题】

1. 上述案例应用了哪些创新思维方法？
2. 创新思维的开发与训练对我们的学习、生活有哪些帮助？

【延伸训练】

自拟一个计划表，列出你总结的创新型人才应做之事，并展开具体行动。

第七章

创新思维训练

创新思维可以通过训练来提高,根据不同的训练目标,可以从整体布局上分为针对个人的创新思维训练和针对群体的创新思维训练。思维训练可根据时间、经费、相关资源的支撑采取不同的训练方法,较为常见的有现场教学法、野外拓展法、思维题解法、案例法、讲授法、研讨法等。本章从个体和团队两个角度出发,主要运用思维题解、案例、研讨的方法进行训练。

第一节　创新思维专项训练

一、发散思维专项练习

(一)发散思维流畅性练习

1. 汉字的流畅

(1)请在10个"十"字上最多加三笔构成新字。

(2)请在"日"字、"口"字、"大"字、"土"字的上、下、左、右、上下一起各加笔画写出尽可能多的字来(每种至少3个)。

2. 观念的流畅

(1)尽可能多地说出领带的用途。

(2)尽可能多地说出旧牙膏皮的用途。

(3)"○"是什么?(至少想出30种)。

思维索引:头、地球、宇宙、圆、英文字母O、氧元素符号、鸡蛋、扣子、面包、铁环、孙悟空的紧箍咒、杯子、圆满、结束……

（二）发散思维变通性练习

1. 思考什么"狗"不是狗？

思维索引：电子狗不是狗……

2. 你对电话机的铃声可以做哪些改变？

3. 思考雨伞存在的问题，并想出一些解决方案。

思维索引：

雨伞的问题	解决方案
容易刺伤人； 拿伞的那只手不能再派其他用途；乘车时伞会弄湿乘客的衣物； 伞骨容易折断； 伞布透水； 开伞收伞不够方便； 样式单调、花色太少； 晴雨两用伞在使用时不能兼顾； 伞具携带收藏不够方便； ……	增加折叠伞品种； 伞布进行特殊处理； 伞顶加装集水器，倒过来后雨水不会弄湿地面； 增加透明伞、照明伞、椭圆形的情侣伞、拆卸式伞布等； 还可以制成"灶伞"，除了挡风遮雨，在晴天撑开伞面对准太阳，伞面聚集点可产生 500 度的高温，成为"太阳灶"； ……

4. 下图被称为"魔术方阵"，据说由法国著名哲学家、数学家笛卡尔设计。图上的 9 个数字，纵、横、斜相加都是 15。现要求变动这 9 个数字中的一个、一些或全部，而将纵、横、斜相加之和都变为 16。

$$
\begin{array}{ccccc}
6 & + & 7 & + & 2 \\
+ & & + & & + \\
1 & + & 5 & + & 9 \\
+ & & + & & + \\
8 & + & 3 & + & 4
\end{array}
$$

思维索引：很多人经过多种尝试后都认为不可能，其根据是：如果这 9 个数都各加"1"，那么纵、横、斜行的 3 个数加起来就会超过 16。如果只是对其中的某一个或某几个数加"1"，那么，其余几行之和又会超过 16。解这道题的障碍在哪里呢？在于人们一提到"加一个数"，就会按照常规想到加一个"整数"，很少会想到也可以加一个"分数"。

（答案：每个数字加上"1/3"。）

（三）发散思维独特性练习

1. 材料发散训练

A. 如果可以不计算成本,还有哪些材料可以做衣服?

B. 旧报纸有哪些用途?

2. 结构发散训练

A. 用 8 根火柴摆出 2 个正方形和 4 个三角形(火柴不能弯曲和折断)。

思维索引:一般在正方形中作三角形都容易从对角线入手,但对角线的长度大于正方形的边长,所以反过来想,又要组成三角形,又必须有相同的边长,那就要错开对角线。

B. 请列举 5 种以上以杠杆作用为原理的东西。

3. 组合发散训练

A. 设想火柴盒与其他事物组合能够产生何种新发明。(至少 3 种)

B. 设想鞋垫与其他事物组合能够有何新用途。(至少 3 种)

4. 方法发散训练

A. 每天早晨有许多职工乘公交车上班,交通非常紧张,有哪些办法可以改变这种状况?

B. 城市里经常发生乘客下了出租车后把东西遗落在车上的事情。有哪些办法能防止此类事情的发生?

5. 因果发散训练

A. 如果世界没有了蚊子,会发生什么事情?

B. 如果人类没有了味觉,会发生什么事情?

二、聚合思维专项练习

（一）运用层层剥笋法训练聚合思维

1. 有一口井深 15 米,一只蜗牛从井底往上爬,它每天爬 3 米,同时又下滑 1 米,问蜗牛爬出井口需要多少天?

（答案:需要 7 天。)

2. 爱因斯坦曾经出过一道题,他说世界上 90% 的人都回答不出。

内容:有 5 栋 5 种颜色的房子。每栋房子的主人国籍都不同。这 5 个人每人只喝一个牌子的饮料,只抽一个牌子的香烟,只养一种宠物。没有人有相同的宠物,抽相同牌子的烟,喝相同牌子的饮料。

已知条件：

英国人住在红房子里。

瑞典人养了一条狗。

丹麦人喝茶。

绿房子在白房子的左边。

绿房子主人喝咖啡。

抽 PALL MALL 烟的人养了一只鸟。

黄房子主人抽 DUNHILL 烟。

住在中间房子的人喝牛奶。

挪威人住在第一间房子。

抽混合烟的人住在养猫人的旁边。

养马人住在抽 DUNHILL 烟人的旁边。

抽 BLUE MASTER 烟的人喝啤酒。

德国人抽 PRINCE 烟。

挪威人住在蓝房子旁边。

抽混合烟的人的邻居喝矿泉水。

请问：谁养鱼？

（答案：德国人养鱼。）

思维索引：把已知条件层层分析后列表，问题就很容易解决了。

黄——挪威——猫——矿泉水——DUNHILL

蓝——丹麦——马——茶——混合

红——英国——鸟——牛奶——PALL MALL

绿——德国——鱼——咖啡——PRINCE

白——瑞典——狗——啤酒——BLUE MASTER

（二）运用目标确定法锻炼聚合思维

1. 观察下页几幅图，你在图中看到了什么？再仔细看会有什么变化？

思维索引：以上四幅图是有名的"两可图"，每个人的目标选择不同，首先看到的事物也不尽相同，这个练习可以训练思维目标的明确性。

2. 布匹的交易

有一个人用 60 美元买了一匹马，又以 70 美元卖了出去。然后又用 80 美元买回来，再以 90 美元卖出去。在这场交易中，他一共赚了多少钱？

（答案：20 美元）

（三）运用聚焦法锻炼聚合思维

1. 围绕诸葛亮这个历史人物选择课题，你能想出哪些比较有创新性的选题？

思维索引：我们首先运用发散思维思索，可以找出多个以备选择的课题：诸葛亮的为政道德；诸葛亮的为政艺术；诸葛亮的谋略；诸葛亮的战略眼光；诸葛亮的用人失误等。然后运用集中思维考虑，前四个侧面已有人探索，最后一个课题尚未有人涉足，于是确定研究这个课题，对诸葛亮用人育人上的种种失误以及对当代的启示进行深入探讨，从而可以写出富有新意的文章。

2. 符号干扰

用"△""○""□"3 个符号各 30 个，打乱并排列成 10 个一行共 9 行。然后看着符号读字，凡看到△则读"圆"；见到○则独"方"；见到□则读"角"。

3. 节拍干扰

别人在演奏乐曲时，一人轻轻地打节拍，所打的节拍要与音乐的节拍不一致。比如演奏三步舞曲时，你打四步舞的节拍，看看能维持多久。或在别人演奏你熟悉的乐曲时，你轻轻哼唱另一乐曲。

(四)其他方法的训练题

1. 书包的颜色

三位好朋友小白、小蓝、小黄在路上相遇了。其中背黄书包的人说："真巧,我们三个人的书包一个是黄色的,一个是白色的,一个是蓝色的,但没有谁的书包和自己的姓所表示的颜色相同。"小蓝想了一想也赞同地说："是呀! 真是这样!"请问,这三个小朋友的书包各是什么颜色的?

(答案:根据题意,没有谁的书包和自己的姓所表示的颜色相同,可以假设这些情况:小白背蓝书包或是黄书包,小蓝背白书色或是黄书包,小黄背白书包或是蓝书包。已知小蓝不背黄书包,那肯定是白书包。剩下的蓝书包必然是小黄背的,而背黄书包的一定是小白。)

2. 古代提拔官员的智力测试

《唐阙史》中有个故事:有两个资历和贡献都差不多的办事员可以升迁,但只能提升一人。人事部门只好去请教上司杨损。杨损是个正直的官员,他想了半天,说："办事应有计算能力,现在我出一道题,谁先做对就提拔谁。题目是:一群小偷商量如何分偷来的布,如果每人分 6 匹,就剩下 5 匹;分 7 匹却又少 8 匹,问有几匹布,几个小偷?"

(答案:共有 13 个小偷,83 匹布。)

三、逆向思维专项练习

(一)运用属性逆向法

从香烟和吸烟者本身出发,你能想出多少种戒烟的方法?

思维索引:例如"快速吸烟法",不是让戒烟者不吸烟,而是让他多吸快吸,一秒钟吸一口,连续吸多支烟,使之产生恶心、厌恶的生理反应和心理反应,从而达到戒烟的目的。

(二)运用因果逆向法

已知月球上的重力只有地球上的六分之一。一种鸟在地球上飞 20 千米需要 1 小时,如果把它放在月球,飞 20 千米需要多少时间?

思维索引:我们需要知道月球的简单知识才能回答。认为重力小、飞行快,而用 $60/6 = 10$(分),这个答案是错误的。月球上没有氧气,鸟无法呼吸,自然也就不可能飞行。这需要我们在进行思考时从问题的源头出发,由果索因,找到鸟飞行的必要条件,当条件不成立时,其飞行的事实自然不能成立。

(三)运用缺点逆用法

请找出一个你很讨厌的东西,说出它有什么用途,并试图去改善它,从而为你所用。

思维索引:首先,确定一个对象,可以是一个东西、一件事,甚至一个人;尽可能列举这一对象的缺点和不足(可以采用智力激励法,也可进行广泛的调研、征求他人意见等);将呈现在你面前的一个或数个缺点加以归类、整理;针对每一个缺点进行分析,寻求化弊为利的可能(关键是要用逆向思维处理这些缺点)。

(四)运用过程逆向法

摄影者在拍集体照时总是数"3、2、1",尽管人们都睁大眼睛,可总会有人在数到 1 的时候坚持不住眨了眼。你能想出办法解决这个问题吗?

思维索引:拍集体照时,先让大家都闭上眼睛,喊"3、2、1"后再一起睁眼。拍照的过程通常都是大家睁开眼睛等待倒数,拍摄者再按下快门,用逆向思维进行思考,先闭上眼睛,听倒数再睁开眼睛,通过改变整个过程达到最终目的。

(五)运用方位逆向法

桌子上并排放有三张数字卡片,组成三位数字 216。如果把这三张卡片的方位变换一下,则组成了另一个三位数,这个三位数恰好能被 43 除尽。是什么数、怎样变换的?

思维索引:能被 43 除尽的三位数有 129、172、215……与"216"比较,怎样变动才可以满足要求? 可将"216"中"21"左右交换为"12",再把"6"的那张卡片上下倒置变为"9"即可变为"129"被 43 除尽。说到变换三张卡片的位置,多数人只想到卡片的左右位置交换,想不到把卡片倒置。上下交换是一种新思路。这种新的思路并不仅限于解决这一问题,有关的空间位置问题都可用新的思路去思考。

(六)运用心理逆向法

著名的"哈桑借据法则"就是成功运用逆向思维的典型范例。一位商人向哈桑借了 2000元,并且写了借据。在还钱期限快到了的时候,哈桑发现借据丢了,他十分焦急,怕向他借钱的人会赖账。哈桑的朋友知道此事后给他出了个主意,解决了哈桑的困扰,你能猜想到哈桑的朋友给他出了什么主意吗?

思维索引:哈桑的朋友知道此事后对他说:"你给这个商人写封信,要他到时候把借的2500 元还给你。"哈桑十分不解:"我丢了借据,要他还 2000 元都成问题,怎么还能向他要2500 元呢?"尽管哈桑没想通,但还是照办了。信寄出以后,哈桑很快收到了回信,借钱的商人在信上写道："我向你借的是 2000 元钱，不是 2500 元，到时候就还你。"这是利用了借款方可能赖账，同时害怕吃亏的心理，从被动转为主动，成功地将"新借据"拿到了手里。

(七)运用多种逆向思维方法

A. 选择一档当下流行的电视节目，为其设计一张宣传海报，可以利用任意一种或多种逆向思维方法，要求有新意、有寓意。

B. 对"愚公移山"做逆向思维。

C. 当你发现 15 岁的弟弟吸烟时，有什么办法使他戒烟？请运用逆向思维展开。

D. 一位哲学家说过：假如能够倒过来活，至少有一半人能够成为伟人。现在请你想象一下，假如人类的生命历程真的发生了逆转，即一个人不是从婴儿长到老年，而是从老年长到婴儿，那我们的生活方式、人际关系、价值观念、社会保障系统等将会发生哪些相应的变化？

E. 一家人，夫妻两人和一个 5 岁的孩子，去租房。他们选中了一处中意的房子，可是房东说："很抱歉，我们公寓不招租有孩子的住户。"丈夫和妻子听了，一时不知如何是好，只好作罢，默默走开。那个 5 岁的孩子把一切看在眼里，又跑回去敲开房东的大门。孩子对房东说："……"房东听了，高声笑了起来，决定把房子租给他们。

问：5 岁的孩子说了什么话，终于说服了房东？

（答案：孩子说："老爷爷，这个房子我租了。我没有孩子，我只带了两个大人。"）

思维索引：如果孩子的父母出面解决问题，可能会有三个解决方案：出高价、苦苦求情、夸耀自己的孩子听话懂事。但这三个方案或许都不能解决问题。5 岁的孩子或许根本不知道什么是逆向思维，但他的思考是发散的。孩子考虑的焦点从父母带孩子转向孩子带父母，这样就把问题解决了。

四、横向思维专项练习

1. 在美国的一个城市，地铁里的灯泡经常被偷。窃贼常常拧下灯泡，这会导致安全问题。接手此事的工程师不能改变灯泡的位置，也没多少预算供他使用，但他提出了一个非常好的横向解决方案，是什么方案呢？

2. 游客有时会从帕台农神庙的古老立柱上砍下一些碎片，雅典当局对此非常关心，虽然这种行为是违法的，但是这些游客仍旧把它作为纪念品带走。当局如何才能阻止这一行为呢？

3. 一个小镇里有四家鞋店，它们销售同样型号、同一系列的鞋子，然而，其中一家鞋店丢失的鞋子是其他三家平均值的 3 倍，为什么会出现这种情况？又如何解决这个问题呢？

4. 加利福尼亚州的阿尔托斯市政府被森林大火困扰，他们想清除城镇周围山坡上的灌木丛,但如果用螺旋桨飞机来操作,反而极易引起火花、导致火灾,他们该怎么办?

5. 一个人以一打 5 美元的价格购进椰子,然后以一打 3 美元的价格售出,凭借这种做法他成了百万富翁。这到底是怎么回事?

6. 一位年轻的股票经纪人即将开始经营他的业务,但是他没有客户。他如何使一些富有的人相信自己能够准确地预计股票价格的走势呢?

7. 许多商店把价格定得略微低于一个整数,9.99 美元而不是 10 美元,或者 99.95 美元而不是 100 美元。通常假设这样做会使顾客觉得价格看起来更低。但这并不是这种做法开始的原因,那么这种定价方式的初始目的是什么呢?

8. 在加利福尼亚淘金热期间,一位年轻的创业者怀着把帐篷卖给矿工的想法来到此地。他认为,成千上万人聚集在一起找金矿,那里肯定会有非常好的帐篷市场。不幸的是,那里天气温暖,矿工们都是露天睡觉,没有多少人买他的帐篷。他该怎么办呢?

9. 一家位于纽约的商店叫作七只钟,然而在它的外面却挂着八只钟,这是为什么呢?

10. 舒适航空公司是欧洲的低成本航空公司。它已经在低成本空中旅行方面作出了多项创新。在舒适航空公司的航班中没有免费饮料,如果你想喝点什么就必须付费。在近期的杂志中,有一篇文章说明了这种做法的两大优点:一个是带来了收入,另一个,你认为会是什么呢?

11. 一位理发师说,"我宁可给 10 个瘦子理发,也不愿给 1 个胖子理发。"请问:这位理发师的理由是什么?

思维索引:

1. 这位工程师把电灯泡的螺纹改为左手方向或是逆时针方向,而不再用传统的右手方向或顺时针方向。这意味着当小偷认为他们正在试图拧下电灯泡时,实际上反而是在拧紧它们。

2. 管理当局从原来维修帕台农神庙时所用的矿石场里收集了一些大理石碎片,每天把这些碎片散放在神庙周围。游客以为他们捡起来的碎片是从古老的立柱上掉下来的,因此感到很满意。

3. 鞋店在外摆一双鞋子中的一只作为陈列品,一家鞋店摆的是左鞋,其他三家摆的是右鞋。小偷偷走这些陈列的鞋子之后,还必须把它配成对,因此,摆列左鞋的鞋店被偷的鞋子要多于其他三家。管理者把陈列的鞋子改成右鞋,这样被偷的数量就大幅下降了。

4. 政府当局购买或者租借了成群的山羊,把它们放在山坡上放牧。由于山羊吃掉草木,控制了灌木丛的生长,羊群甚至能到达以其他方法难以靠近的陡峭坡段,灌木丛火灾因此大大减少。

5. 这个人是慈善家,他购买了大量椰子,然后以穷人们能够支付得起的价格卖给他们。

他开始是个亿万富翁，但慈善行为使他丧失了大量金钱，因此成了百万富翁。

6. 他一开始列出 800 个富人，给其中的一半富人发送 IBM 股票将在下周上升的预言，给另一半富人发送 IBM 股票下周将下降的预言。结果 IBM 股价下跌，这样他就选中了收到正确预言的 400 个人。他再向其中的 200 人预言通用电器的股票下周上升，向另外 200 人预言该股票将在下周下降……重复这个过程，直到他手中有 25 个人。对这 25 个人而言，他连续五次预言正确。他再和其中的每个人联系，劝说其中的几个把他们的股票交给他来管理。

7. 一开始的做法是为了保证店员不得不在每笔交易中打开放钱的抽屉，找零钱给顾客。这样就会把销售收入记录下来，并且使得店员不能把这些钱据为己有。

8. 他把帐篷上的粗棉布割下来，然后用它做成裤子卖给矿工。这个人的名字叫莱维·施特劳斯。通过适应市场环境和创新，他创造了一个一直持续到今天的品牌。

9. 一开始这是个错误，但店主发现许多人会来店里指出这个错误，由此他的业务量大大增加。

10. 第二个好处是，由于需求减少，他们可以减少飞机上的一间厕所，这样就可以多设置一些座位。

11. 因为给 10 个瘦子理发可以得到 10 份理发费，给 1 个胖子理发只能得到 1 份理发费，理发师自然愿意给 10 个瘦子而不是 1 个胖子理发。

五、意象思维专项练习

1. 李可染是中国近代杰出的画家。他自幼喜爱绘画，13 岁时学画山水，49 岁时为变革山水画技法，行程数万里旅行写生。擅长山水、人物，尤其擅长画牛。请根据李可染先生的画作《浅塘渡牛图》，以"牧牛"为题，完成一篇短文，要求不超过 500 字。

2. 想象一个有趣的场景,以线条画的形式记录下来。例如下图丰子恺先生以儿童游戏为表现内容的漫画。

3. 以"成长"为题,每人完成 3 幅摄影作品,从中决选出高水平的作品在班级内开办影展。

4. 以给定的 5 至 8 件物品为原材料,以整间教室为空间,完成装置作品,可以请其他同学猜一猜作品的主题,并就此进行讨论。

5. 以李清照《渔家傲》中的任意一句为题,完成视觉形式的作品。

渔家傲

李清照

天接云涛连晓雾,星河欲转千帆舞。仿佛梦魂归帝所。闻天语,殷勤问我归何处。

我报路长嗟日暮,学诗谩有惊人句。九万里风鹏正举。风休住,蓬舟吹取三山去。

6. 选择一幅人像摄影作品作为素材,以拼贴的方式创作出新的作品,形成新的意义和主题。

7. 自选民族元素,在 A4 纸上创作一幅海报。

8. 读一本与"意象"相关的书,将其核心思想讲给同学听,并进行讨论。

六、联想与想象专项练习

(一)试用类比联想法

以"苹果"为核心词,进行创新设想。

(二)试用移植联想法

解决自行车防盗问题。

(三)事物联想练习

1. 对汽车进行因果联想。

2. 对方便面进行相似联想。

3. 对生命进行相关联想。

(四)联想链训练

以下列信息为出发点,写出综合联想链(由前一个词如何联想到后一个词):

1. 轧路机——黑板

2. 粉笔——原子弹

3. 足球——讲台

(五)文字联想练习

以下列每组词语为材料,在脑中进行串联,并讲述一个生动的故事:

1. 太空、玉米、大学、电梯、流行歌曲

2. 红领巾、面条、衣柜、姑娘、吉他

3. 可乐、橡皮、游泳、茉莉花、狗

4. 电脑、牙齿、性感、星星、蘑菇

(还可以在平时的训练中多变换几组词语,长期进行训练效果更佳。)

(六)组合想象法

1. 削苹果时,果皮按正常宽度中间不断而连续削下来,平放在桌子上,想象一下,会是什么形状?

2. 请把生活中任意两样或三样东西组合在一起,试试看,能创造出什么新东西来? 发挥你的想象力吧,任何东西都可以放在一起。请注意,当你把它们结合在一起之后,会产生一个新的东西,请想象这个东西是什么样子、会有怎样的新功能?

(七)充填想象法

观察下图,你能看到什么? 可以是事物,也可以是故事,尽情发挥想象,将图形的形象填充完整。

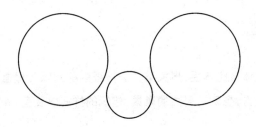

(八)纯化想象法

1. 依题作画:一位猎人带着一只狗上山打猎,你能用三笔画出这种情景吗?

思维索引:试试将一些复杂的元素忽略或遮盖,只露出关键部分。

2. 阅读下面这则故事后,再依题作画。

据说,古代京城画院曾用"深山藏古寺"为题来考应试的画师,结果,有的考生画成深山里林木环抱,中间一座寺庙;有的画成密林深处露出寺庙的一角;有的画成林木上空高高飘着一幅幡。这些画均未被选中,因为都没抓住"藏"字。既要让人看出有古寺,又要"藏"起来,这是一对矛盾。一位画师巧妙地解决了这一矛盾,他画了山恋起伏,林深树密,在画上找不到寺庙,但在山间小道可以看到有个和尚正在挑着木桶下山,结果这位画师成功入选。

下面,联系这几个题目作画:

静

思维索引:无声的场景可在画面上反映。

风

思维索引:无形的东西在画面上反映。

白云生处有人家

万绿丛中一点红

来了一批客人

思维索引:画面上不一定有客人。

在月球上安家

友谊

思维索引：画面上不一定出现人物。

（九）取代想象法

当你与父母讨论某件事时，你是否会提前设想父母的几种想法？试举一例你的亲身经历与大家分享。

（十）预示想象法

1. 看过电视转播的体育比赛后，想象第二天报纸的标题以及报道内容。

2. 对尚未去过的地方，想象它周围的风景、建筑的样式以及室内的设施。

（十一）引导想象法

1. 读一部优秀的历史小说或科幻小说。设想自己是其中的人物，浸入一种生活在过去或未来世界的错觉，这时，过去、未来鲜明的形象会浮现在脑中，这种感觉可以称为"时间器的感觉"。尝试这样做，想象自己如果生活在过去或未来，会是怎样的情形？

2. "假如"类题目是培养和提高想象力的捷径，请想象下列"假如"：

假如我们每只手都长了 6 根手指，那么扳手、钳子等工具会设计成什么样子？

假如天上有两个太阳；

假如外星人登陆地球；

假如粮食能在工厂中生产；

假如取消一切考试；

假如人类不需要睡眠；

假如地球上的树木全被砍光；

假如地球引力忽然消失；

……

那会发生什么事情？

（十二）听觉想象练习

听一首你喜欢的歌，戴着耳机，带着感情反复听几次，把自己投入音乐当中。然后关掉音乐，闭上眼睛回想乐曲的旋律，并试着哼唱。

（十三）嗅觉想象练习

找来一瓶醋（或其他具有刺激性气味的东西），感受一下强烈、刺鼻的味道，并记住你闻到这种气味时联想到的事情和感觉。离开气味源,闭目回想一下当时的感觉。

(十四)味觉想象练习

准备一种你喜欢的食物,可以是水果、饮料、零食,品尝其味道,并仔细回味,说出你的感受和联想到的事情。

(十五)多感官想象练习

以你最近去过的地方为想象场景,注意视、听、嗅、味、触觉多感官结合进行想象。若找不到合适的场景,可以选择你喜欢的动画片、电影、电视剧,身临其境地去想象。

(十六)图片想象练习

看下面三组图片,说说你分别想到了什么。

第一组:

第二组:

第三组：

七、直觉与灵感专项练习

（一）直觉思维能力自测

1. 在猜谜游戏中，你的成绩是否不错？

2. 你在打牌时牌运是否很好？

3. 你是否看见一栋房子便会感到合适与舒适？

4. 你是否常一看到某人便感到对他十分了解？

5. 你是否经常一拿起电话便知道对方是谁？

6. 你是否经常听见某些"启示"的声音，告诉你应该做些什么？

7. 你相信命运吗？

8. 你是否经常在别人说话之前便知道其内容？

9. 你是否有过噩梦，而其结果又变成事实？

10. 你是否经常在拆信之前，便已知道其大致内容？

11. 你是否经常为其他人接着说完话？

12. 你是否有过这种经历：一段时间未能听到某人的消息，正当你在思念之时，忽然接到他（她）的信件、明信片或电话？

13. 你是否无缘无故地不信任别人？

14. 你是否为自己对别人第一面印象的准确而感到骄傲？

15. 你是否常有"似曾相识"的经历？

16. 你是否经常在登机之前，因害怕该航班出事而临时改变旅行路线？

17. 你是否在夜里因担心亲友的健康或安全而忽然惊醒?

18. 你是否无缘无故地讨厌某些人?

19. 你是否一见到某件衣服,就感到非得到它不可?

20. 你是否相信"一见钟情"?

以上 20 个题目,如果你作出肯定回答的超过 15 题,说明你的直觉思维能力很强;如果作出肯定回答的在 10—15 题,说明你的直觉思维能力较强,但不能很好地运用它;如果作出肯定回答的在 5—9 题,说明你的直觉思维能力较弱;如果作出肯定回答的小于 5 题,说明你需要大力加强培养,并应该试着按直觉办事。

(二)灵感思维能力自测

1. 有时一下子冒出许多想法。

2. 马上去做突然想到的事情。

3. 爱好并坚持坐禅与冥想。

4. 快速读完许多文献后马上得出结论。

5. 无论做什么事情总觉得能妥善完成。

6. 喜欢各种各样的想象。

7. 常常偶然得到所需要的资料。

8. 言语变化很快。

9. 常常夜间突然起床做笔记。

10. 情绪多变。

11. 非常注意别人忽略的事情。

12. 不愿意受时间的约束。

13. 习惯于直言不讳地说出自己的想法。

14. 常常在睡梦中得到解决问题的启示。

15. 习惯于直观地理解事物。

以上 15 个题目,与自己情况相符的超过 10 题,说明你的灵感思维能力较强,在 8 至 10 题之间,说明你的灵感思维能力一般,小于 8 题,说明你需要加强灵感思维训练。

(三)直觉与灵感训练题

1. 自发训练

(1)思考如何分别通过下列各事物提高自己的学习效率:

空调、纸巾、围巾、马桶、风

（2）每天记录一个自己认为新颖的想法，并在第二天以之为主题写一首诗或一篇文章，在第三天将你所写的内容与他人分享。

2. 诱发训练

（1）设计一个烟盒，请从你的男/女朋友或最亲密的人（即引导式人物或素材）身上找到灵感。

（2）在你周围 1 平方米的范围内任意选择一事物，以其为主题讲述一个故事或用生动的语言对其进行描述。

3. 触发训练

（1）设想此刻你正站在水泥地面上，你手中有一枚鸡蛋，你能够让鸡蛋从你手中掉下 1 米的距离而不打破蛋壳吗？

（2）3 至 5 人为一组，每人回答大家随机提出的一些问题或选择一个关键词，进行 3 分钟的即兴演讲，轮流进行。

4. 逼发训练

在如下场景中，你的第一反应是什么？请思考当时的你会如何处理与解决问题？

（1）爬雪山过程中遭遇雪崩。

（2）不小心掉入猎人布置的陷阱。

（3）乘坐电梯时超载，警报铃响起的一刹那。

（4）被人追到 16 层楼的楼顶。

（5）不小心吃下变质的食物，并被告知有致病危险。

5. 梦境训练

试着记录下自己未来一周的梦境，看看能否从中找出规律？说一说你获得了哪些启示？

八、推理与论证专项练习

（一）甲、乙、丙、丁竞选班长，四人中只能有一人当选，老师对他们进行了面对面谈话后，他们对面谈的结果进行了预测：

甲说："我不会当选班长。"

乙说："我猜丁能当选班长。"

丙说："乙的表现最好，乙一定可以当选班长。"

丁说："乙说的不可信。"

假定四人中有一个人预测准确，那么，班长是谁？

（答案：甲。）

(二) 班级里几位同学对地理很感兴趣,他们聚在一起研究地图,其中一位同学在地图上标出了数字 1、2、3、4、5,并让其他同学说出他标出的分别是哪些城市。

甲说:"2 是山西,5 是四川。"

乙说:"2 是湖南,4 是广东。"

丙说:"1 是广东,5 是辽宁。"

丁说:"3 是湖南,4 是辽宁。"

戊说:"2 是四川,3 是山西。"

这五人之中每人答对了一个省份,并且每个编号只有一人答对。那么,1、2、3、4、5 分别对应哪个省份?

(答案:1—广东,2—湖南,3—山西,4—辽宁,5—四川。)

(三) 五位女士排成一排,她们的姓氏、衣服颜色、喝的饮料、养的宠物与喜欢吃的水果都不相同。

已知:

钱女士穿红色衣服

翁女士养了一条狗

陈女士喜欢喝茶

穿白色衣服的在穿绿色衣服的右边

穿绿色衣服的女士喜欢喝咖啡

喜欢吃西瓜的女士养了一只鸟

穿黄色衣服的女士喜欢吃梨

站在中间的女士喜欢喝牛奶

最左边站着的是赵女士

喜欢吃桔子的女士站在养猫女士的旁边

喜欢吃梨的女士站在养鱼女士的旁边

喜欢吃苹果的女士也喜欢喝香槟

江女士喜欢吃香蕉

穿蓝色衣服的女士旁边站的是赵女士

喜欢吃桔子的女士旁边站着喜欢喝白水的女士

问:哪位女士养蛇?

(答案:江女士。)

(四) "可以肯定张三没有作案时间。因为,如果张三有作案时间,在案发时他就不可能在车间上班,然而调查材料证明,案发时他确实在车间上班。"这一论证采用的是( )。

1. 直接论证　2. 间接论证　3. 归纳论证　4. 演绎论证　5. 反证法

（答案：2、4、5。）

（五）"张三说：'甲一定在现场出现过，因为乙看到甲在现场出现过。'但现已证明乙不可能看到甲在现场出现，所以，甲没在现场出现过。"这一论证（　　　）

1. 证明了甲在现场出现过

2. 证明了甲没在现场出现过

3. 没有证明甲在现场出现过

4. 没有证明甲没在现场出现过

5. 证明了张三的说法不能成立

（答案：3、4、5。）

（六）"对待历史文化遗产应采取批判继承的态度。对待历史文化遗产的态度，要么是全盘继承，要么是虚无主义，要么是批判继承。全盘继承，不分精华和糟粕，不能推陈出新，不利于文化的发展，这种态度是不可取的。虚无主义，隔断历史，违背文化发展规律，同样不利于文化的发展。只有批判继承，去其糟粕，取其精华，才能促进文化的繁荣。"

分析前文的论证结构，指出其论题、论据和论证方式。

（答案：论题：对待历史文化遗产应采取批判继承的态度。

论据：对待历史文化遗产的态度……才能促进文化的繁荣。

论证方式：选言论证。）

第二节　创新思维综合训练

一、综合习题训练

（一）学生的故事

一所大学里开设工艺、自然科学和人文科学等学科。新入学的学生最多可以学习其中的两门学科。学习工艺和人文科学的学生比只学工艺的多 1 人。学习自然科学和人文科学的学生比学习工艺和自然科学的多 2 人。学习工艺和人文科学的学生是学习工艺和自然科学的学生的 1/2。21 名学生没有学习工艺，3 名学生只学人文科学，6 名学生只学习自然科学。请问：

多少名学生没有学习自然科学？

多少名学生学习自然科学和人文科学两门学科？

多少名学生学习两门学科？

多少名学生只学一门学科？

多少名学生没有学习人文科学？

多少名学生只学工艺这一门学科？

答案：A＝工艺，B＝自然科学，C＝人文科学，具体如图所示。

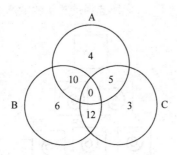

（1）12。

（2）12。

（3）27。

（4）13。

（5）20。

（6）4。

（二）装饰纸牌

桌上有4张纸牌，每张纸牌都有一面是黑色或白色，另一面上有星星或三角形图案。

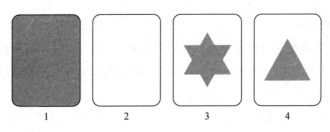

为了了解每张黑色纸牌的另一面是否有三角形的图案，你必须翻动几张牌，分别是哪几张？

答案：第1张和第3张。第1张肯定要翻，如果这张牌上有三角形，那就对了。如果没有，那就不对。第2张牌不需要翻。如果第4张翻过来是黑色的，那就对了；如果是白色的，那就不对。但这样做，对了解第3张牌的情况没有任何帮助。需要翻动第3张牌，看一下它的另一面是否是黑色的。如果是黑色的，那就不对，如果是白色的，那就对了。因此，第1张和第 3 张是必须翻动的。

(三) 丛林任务

你正在丛林中执行一项任务,你来到河边,唯一的办法就是小心地踩着一块块石头到达河对岸。如果选错了石头,你就会掉进河里,河里可是爬满了鳄鱼的!

从 A 出发,每行只能踩一块石头,你所选择的石头的顺序是什么?

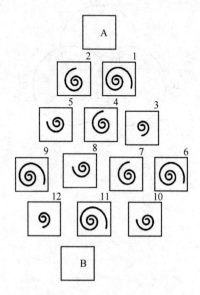

答案:1-4-8-12。从 B 到 A,这些螺旋形依次增大,并且每次逆时针旋转 90 度。

(四) 双胞胎的混乱

一位父亲总想要 4 个儿子,他将自己的土地分了 1/4 给自己的大儿子。他祖辈的家庭人口都很多,所以他没有怎么考虑这件事。他晚年的时候,有一件奇妙的事情发生,他得到了两对双胞胎男孩,他立即把剩余的土地分成了 4 个形状相同而且面积相等的部分,给另外的孩子每人一份。他是如何做到这一点的?

答案:具体分配如图所示。

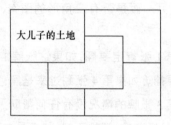

(五)眉目传情

根据以下 5 张图的递变规律,找出下一个图形应该是 A、B、C、D、E 中哪一个?

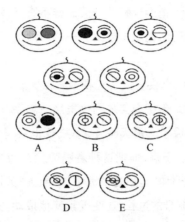

A　　　　B　　　　C

D　　　　E

答案:D。看一下前边两幅图,第一张脸上的两眼组合后即为第二张的左眼,而第二张脸的右眼则是一个新引进的图案;再看第二张脸和第三张脸,第二张脸的左眼没有传递给第三张,而是把它的右眼直接替换第三张脸的左眼,但第三张的右眼同样是一个新图案。这种交替的转换模式持续下去,比如第三张脸的两眼组合构成了第四张脸的左眼。

二、创新案例启发

(一)狮王牙刷的改造

日本狮王牙刷公司有一名职员叫加藤信三。他每次刷牙时,牙龈都会出血,由此,他想改造一下牙刷。他对公司现有的牙刷进行了研究,仔细分析现有的牙刷存在哪些缺点。经过研究,他发现,牙刷毛顶端呈锐利的直角,质地太硬,刷毛排列不科学,造型不美观。他据此进一步确定改进目标:把牙刷毛顶端改成圆角,寻找刷毛替代材料,要刷得干净、舒服、方便,同时,还使牙刷的外形更合理、美观。在此基础上,加藤信三对牙刷进行了全面改造。改造后的牙刷受到顾客欢迎。加藤信三也因此成为公司的董事长。

思维索引:克劳福德教授认为:创造并不单凭灵感,很大程度上依靠改造和实验,这种改造并不是指将不同的产品机械地结合起来,而是应对它有用的特点进行改造,并尽量吸收其他物体的特点,尽量列举研究对象的特征,这种改造是十分有益的。

(二)咖啡的发现

1000 多年前,非洲埃塞俄比亚的凯夫小镇有个聪明的牧童,他对自己的羊了如指掌,羊也非常听他的话。有一天,他把羊群赶到了周围有一片灌木的草地上吃草。到了晚上,发生了奇怪的现象,羊不听话了。他费了很大劲才把羊赶进围栏。羊进栏后还是很兴奋地挤来挤去。第二天,他又把羊群赶到了那片草地上。他看到,羊除了吃青草,还吃了灌木上的小白花、小浆果和叶子。到了晚上,他的羊和前一天一样不听指挥。为了证明羊是吃了灌木叶和果实才出现了反常现象,第三天,他把羊赶到另一片草地上,只让羊吃草,当晚羊就恢复了正常。

"问题出在灌木和果实上!"小牧童拔了几棵灌木回家,他尝了尝灌木毛茸茸的叶子,有点苦,又尝了尝果子,又苦又涩。他把果实放到火里烧一烧,发出了浓郁的香味,再把烧过的果实放在水里泡着喝,味道好极了。那天晚上,小牧童也兴奋地一夜未眠。他反复试验几次,每次都得到了同样的结果。于是,他把这种香喷喷的东西当作饮料,招待镇上的人。此后,一种新的饮料诞生,这就是咖啡,也就是非洲小镇"凯夫"的谐音。

思维索引:分析牧童发现咖啡的过程,这些因素使他成功:第一,好奇心。我的羊怎么变得这样奇怪? 第二,敏感性。羊是不是吃了灌木叶引起变化? 第三,观察力。羊不仅吃了灌木叶,还吃了果实花朵。第四,联想。叶子和果实中有特殊的东西,人能不能吃? 第五,探究。拔一些灌木回家看看是怎么回事。第六,冒险。我来尝尝。第七,进取心。有点苦,烧一烧会怎样? 泡水喝是不是更好? 第八,良好的心态、无私的品质。如果牧童不分享,那么咖啡可能永远无法成为大众化饮料。

(三)旱冰鞋的产生

英国有个叫吉姆的小职员,整天坐在办公室里抄写东西,常常累得腰酸背痛。他消除疲劳的办法是在工作之余去滑冰。冬季很容易就能在室外找到滑冰的地方,而在其他季节,吉姆就没有机会滑冰了。怎样才能在其他季节像冬季那样滑冰呢? 对滑冰情有独钟的吉姆一直在思考这个问题。想来想去,他想到了脚上穿的鞋和能滑行的轮子。吉姆在脑海里把这两样东西形象地组合在一起,想象出一种"能滑行的鞋"。经过反复设计和实验,他终于制成了四季都能用的"旱冰鞋"。

思维索引:组合想象思维,从头脑中某些客观存在的事物形象中,分别抽出它们的一些组成部分或因素,根据需要做一定的改变后,再将这些抽取的部分或因素构成具有自己的结构、性质、功能与特征的能独立存在的特定事物形象。

(四)微信红包的营销

2014年马年春节最快乐的事之一莫过于"抢"微信红包,少则几分钱,多也不过几十元,微信搭建的抢红包平台不费"一枪一弹",却让全国微信用户为之疯狂,实在有些始料不及。

微信红包的创意来源于传统红包,微信红包作为一种新兴的产物,具有互动性、游戏性、趣味性、随机性等特点,符合当前潮流大势。腾讯数据显示,从除夕开始,至大年初一 16 时,参与抢微信红包的用户超过 500 万,总计抢红包 7500 万次以上。领取到的红包总计超过 2000 万个,平均每分钟领取的红包达到 9412 个。腾讯借助微信红包在移动支付领域打了一场漂亮仗,腾讯用近乎于 0 的推广成本,迅速抢占个人移动支付市场的制高点,给支付宝狠狠一击,被马云称为宛如"珍珠港偷袭"。

思维索引:类比创新思维,借助现有的知识与经验或其他已知的、熟悉的事物作桥梁,获得借鉴、启迪。

第三节 创新思维项目训练

"想一千次,不如做一次",学习创新思维最好的方法就是开展一场实际训练,在实战演练中领悟创新思维的精髓,从而掌握创新思维方法。上两节我们更多的是从自我出发,进行创新思维的训练,这一节我们从团队角度出发,通过一些常见的训练模式体验创新思维的有效集合。

一、创新思维项目训练的变现步骤

创新思维变现大致要经历 6 大环节:设定主题、分析探索、集中构思、创意评估、方案实施、测试反馈。

(一)设定主题

在以团队为视角进行创新思维训练时,第一步是设立明确的主题,参与者围绕主题进行思考讨论,从而获得有效结果。

设定主题需经过前期研究与调查,然后就当前的现状及发展方向确认需要解决的问题和需要达成的目标,以此设定讨论主题。主题的设定可以是多个,一般情况下按照主题—子主题进行分组讨论。主题设定的范畴既不能太宽泛,也不能太狭窄。因为主题大意味着范围广,很难让参与者找准要点,自然也就难以获得解决方案;主题小意味着没有足够的空间去探索新的可能,解决问题的机会可能会受到阻碍。因此,主题的设定要在深入了解研究的基础上划定适当的范围,使其变得容易讨论。

(二)分析探索

主题确定后,团队需围绕主题进行多维理解、全面观察和综合分析。

多维理解，要求参与者明确目标实现的挑战与困难，能够围绕当前现状、需求，重点关注解决问题的方法和途径。

全面观察，要求参与者了解观察对象，确立涵盖对象、时间、地点、设备、成员等方面的观察方案，我们的观察越全面，设计的方案才越有针对性。

综合分析，要求参与者针对搜集、观察到的信息进行记录、归纳、提炼等整理工作，力争筛选出关键信息，为后续环节做铺垫。

（三）集中构思

构思阶段是参与者齐心协力，头脑风暴，输出各种创意设想，提出解决方案的过程。此阶段需要参与者根据洞察内容重构问题，在主题修改、拆分中进一步明确问题所在。头脑风暴阶段则利用各种创新思维方法，提出尽可能多的想法。捕获诸多想法后，需对创意进行筛选，将有价值的想法挑选出来归纳汇总。

（四）创意评估

要将创意变为有效的解决策略，还需要对它进行评估。首先，要将构思环节筛选出来的想法按照方案要求的标准进行分类，比如以重要性、创新性、实用性、紧迫性等作为分类参考；其次，对分类的想法进行评级，可以按照想法实现的难易程度、多维度分析预判等方式确定想法的优先级；最后，评估创意的可行性，并综合各方利益，确定几套评分较高的方案，据此进入实施产出阶段。

（五）方案实施

方案实施过程也是再一次全面审视的过程，在此阶段，常常会发现新的问题、产生新的灵感。比如方案实施失败，在摸索失败原因的过程中发现新的问题，从而对方案进行调整、完善。

（六）测试反馈

问题的解决不意味着项目的结束，还需从长远角度考虑，进行测试、总结、反馈与完善。

二、创新思维项目训练的操作模式

（一）想法接龙训练

这是一种利用团队力量分享创意，结合创意产生新设想的过程。通过将前人的想法加

以借鉴或叠加,从而聚合多元创意,甚至在多元创意的多重组合中激发新意。参考步骤如下:

1. 确立主题。在公告板写上需要谈论的主题,如"论文选题如何创新""企业营销模式如何创新"等。

2. 自行思考。参与者围成圆圈,每人在A4纸上贴上一张便签贴,写下自己的想法,此过程保持安静,不需要讨论。

3. 交换意见。当参与者写完自己的想法后,把自己的A4纸传递给右边的小组队员。每位参与者仔细阅读前人的建议,把它看成一个接龙游戏,参考前人的想法,并将据此引发的新想法或者前人想法的完善写在便签贴上,然后贴到A4纸上前人想法的旁边,再继续向右传递,直到A4纸添加6至8个想法。

4. 想法汇总。每个人将自己最后拿到的A4纸上的便签贴贴在讨论主题的公告板上,针对其中不明了的问题进行解释或讨论。

(二)互换排序训练

当参与者提出诸多设想,对实现哪种设想选择困难时,可通过该方式为这些设想分类,通常会按照一定的规则,如重要性、紧迫性、创意性等要求排出主次等级,依照顺序优先执行比较优秀的想法。参考步骤如下:

1. 将所有创意想法的便签贴纵向贴成一列。

2. 从最上方的想法开始,提出者进行自述,其他参与者理解其表达含义后,下一位提出者重复此步骤,大家开始对这两个想法进行比较、讨论,然后决定这两个想法的重要程度。

3. 将认为最重要的想法便签贴移到最上方,然后按照相同的方法比较下列想法的先后顺序。

4. 依次完成上述步骤后,将所有想法按既定规则进行评估排序,排完首遍后,再由上到下评估一遍,对不合理的地方再次进行互换。

5. 当大家意见统一后,这些想法的优先级也就被确定下来。

(三)反推风暴训练

根据问题内容提出完全相反的设想,然后再进行头脑风暴,提出解决方案。此训练也适用于项目刚开始没有思绪或想法枯竭的阶段,以促使参与者从不同观察角度获得更好、更独特的解决方案。参考步骤如下:

1. 确定需要解决的问题,然后将反方向思考作为讨论的主题。例如,需要解决的问题是创新论文选题,那么就将"糟糕的论文选题"作为讨论主题。

2. 把参与者分为 4 至 6 人的小组,各自思考 15 分钟并在便签纸上写好自己的设想。

3. 思考告一段落后,参与者将便签纸粘贴到公告栏上,并对想法进行阐释。

4. 将所有的想法进行分类、排序,继而形成思维导图,直观展现。

5. 每个小组分享他们为相反问题提出的解决方案。

6. 集中讨论与分享各自在游戏中的体会与感受。

拓 展

智能时代的创新思维培育

新一代数字技术的迅速发展和广泛应用改变了人们的生活方式,也革新了人们的思维方式。智能时代开启了互联网时代的新篇章,了解智能时代的技术创新对思维方式的影响,对我们进一步实现现代化创新思维的培育有着重大意义。

一、科学技术改变思维方式

科技创新与思维方式是相互推进的,科学技术的进步对人类思维方式的变革提出新的要求,产生重大影响;思维方式的科学化、现代化推动着科学技术的分速进步。智能数字信息技术的发展改变着思维方式的组成要素,拓展着创新思维的边界。

从思维主体来看,人类是思维的承担者、主持者、发动者,科技创新改变了人类的认知和实践条件,促使思维主体更新了自身以及自身与环境的结构,具有更强的主观能动性。思维主体随时代变化而不断改变,现代科学技术的发展使思维主体经历了一次巨大变革,主体范畴由精英转向大众、主体活动从个人走向集体。智能时代,数字技术的迭代发展,再一次扩展了思维主体的边界,人工智能机器的加入,部分替代了人脑的工作,并提高了人类脑力劳动的能力和效率。人—机系统成为新的思维主体,产生了新的思维方式。

从思维客体上看,科学技术的发展带来了新的对象、新的领域、新的模式、新的课题,丰富思维活动的同时,也构成了全新的思维客体。从科学技术与人类认知和实践的正向关系来看,人类的思维从自然领域的探索延伸至宏观、微观的研究,整个过程不断揭示物质结构的统一机制。智能时代,数字技术的广泛应用催生出大量的数字创新,在物质世界的基础上打造出一个虚拟空间,这一空间在技术的革新中越发完善,交叉学科、新兴产业成为发展常态,这使思维客体呈现出综合、系统以及复杂的特征,进一步推动着思维方式的变革。

从思维工具看,作为主客体的中介,它随科学技术的发展而不断改善和提高,为思维主体提供了全新的科学方法和技术手段。智能时代,大数据、人工智能、区块链、云计算、物联网、虚拟现实技术等数字技术的创新,便捷了人类对世界的探索,对复杂系统的分析改变了行业的既有模式,提升了劳动的整体效率,人类的思维活动也在思维工具的助力下走上现代化道路。

智能时代的技术核心以数据和算法为代表,在思维主体、客体、工具范畴的拓展中迎来了三方面的思维升级:

一是去中心思维。智能时代,越来越多的物品通过智能芯片接入网络,多元的再构场景逐渐完备,且与人们的生活息息相关,交通出行的无人驾驶,金融服务的虚拟信用,医疗方式的智能诊疗等成为当下一景,新冠肺炎疫情的突发,更是加速了互联网智能化的发展脚步。为了保证物品在网络应用中的安全、顺畅与便捷,需进一步提高计算的实时性,使智能硬件具有自我管理和数据处理能力。对此,去中心化的边缘计算应运而生,并由此衍生为一种思维方式应用于组织、机制与流程当中。颇具热度的区块链技术就是这一思维的典型应用。

二是数据思维,其生成的原因来自智能技术本身的数据分析特性,也源自互联网的快速发展使数据在体量上呈现爆发式增长。各行各业可以通过智能算法挖掘数据规律,并利用规律去指导变革。例如,美国总统竞选在早前是通过民意调查问卷得来的,但对繁多的问卷进行预测,其操作既不容易也不准确。智能时代,庞大数据的构建、参数变量的模型设置使结果预测在机器的自我学习中得以完成,准确率大幅提升。相对于传统思维方式的"刨根问底",智能时代的数据思维更像是跳过复杂的逻辑过程,利用数据间的相关性解决问题。用数据思维看待旧事物间的关系,可能获得一些新的认知,得到一些新的解决方案。

三是智能思维。目前互联网被划分为三个阶段:以 PC 互联网为代表的 Web1.0 时代,代表公司有雅虎、谷歌、亚马逊、百度、腾讯、阿里巴巴等,此阶段用户基本为被动接受互联网内容,很少能深度参与到互联网的建设中;以移动网络为代表的 Web2.0 时代,智能手机的普及使线上、线下紧密交互,催生出大量基于地理位置服务的公司以及社交服务类的产品,比如爱彼迎、滴滴出行、饿了么、微信、支付宝等,此阶段用户可以自主创建互联网内容,但利益分配、流量入口被互联网巨头公司把控;结合 Web1.0、Web2.0 的特质,Web3.0 将通过智能算法对行业数据进行分析、再造,以智能时代为表征开启互联网新篇章。当下我们处于 Web3.0 的初级阶段,很多新的商业模式初步成型,比如医学生物采集传感器的应用、无人售货超市的运营等。

智能技术带来的思维升级让我们深刻认识到智能技术对行业效率的提高、对社会生态的影响,科学技术的赋能推动着时代的变革,那些希望走在时代前列的弄潮儿需要把自己的认知升级到这一维度。

二、互联网平台的颠覆创新

当下,我们处在一个充满机遇的历时性关口,面对悄然到来的智能时代,每一位"追梦者"都在从创新中大胆突破、迎接挑战、寻求发展。创新是人类的本能,创新应用也越发与生活相关,我们强调的科技创新在当下创新创业项目中成为关键因素。我们可以从下述几大案例中窥探到企业受益于互联网平台、智能技术而做出的思维转变及创新应用。

(一)东方甄选:教培行业的转型

2021年7月,"双减"政策为中国教育划出红线,也为教培行业带来了沉重打击。以英语培训起家的行业大佬——新东方不可避免地迎来了触底退场。就在大家认为新东方的时代将要终结时,创始人俞敏洪带着老师们在直播行业开辟了一条新路。

东方甄选的火爆源自四个方面:其一是双语知识带货。东方甄选将知识、情感、销售相结合,以"教育+直播"的创新形式获得了广大网友的认可。以董宇辉为代表的老师,用流利的中英文、出口成章的文采刷新了消费者在直播间的体验,东方甄选直播间的商品交易和观看人次数据出现爆发式增长。老师变身主播,构建了独特的直播文化。在直播中,东方甄选还糅合了传统媒体理念,开启了户外直播,在知识语言的助力下,将"诗和远方"具象化地引入直播间。其二是新东方的价值延续。东方甄选火爆的内在本质是新东方在教培行业成功经验的能力迁移,延续了品牌信用,以俞敏洪的活招牌吸引观众,继承了以人才为出发点的商业逻辑,使董宇辉、YOYO、顿顿、明明等十余名具有独特人格魅力和表达力的主播在直播界脱颖而出。其三是抖音头部真空时机。企业的有效合作能够实现利益的最大化。抖音平台对东方甄选的支持源自其适应抖音的生态多样性发展,高品质稳定的内容供给增加了用户黏性。其四是中国对三农创新市场的激励。2020年中国完成全面脱贫,在扶持三农、乡村振兴背景下,以此为入口,是顺应方向的明智选择。

东方甄选具有共情、共鸣的力量,它的成功出圈开启了直播的新时代,但直播立足的根本依然是商品,对此俞敏洪表示:"我们还有很长的路要走。"

(二)拼多多:电商行业的突围

拼多多的创始人黄峥于2002年留学美国,2004年进入谷歌,2006年受命与李开复回国建立谷歌中国办公室,2007年先后创办手机电商、电商代运营、游戏公司,是一位成熟的连续创业者。仅三年多时间,拼多多上市,IPO一天市值达288亿美元,在电商这一红海中快速突围。

以淘宝、京东为代表的电商平台已经运营得非常成熟,要从这些巨头手里抢夺市场份额不太容易,新电商需另辟蹊径。那么,拼多多的创新是从哪里开始的呢?

首先,基础设施搭建完善。2013年至2014年,智能手机普及,从城市到乡村,移动互联网用户激增,其中,使用智能手机的人群中有90%都使用微信,通过微信支付完成购买变得极其便利。此外,物流系统也实现了从城市到乡镇的覆盖。

其次,原有电商商家的外溢。2015年6月,淘宝清理了24万低端商家,京东也在同年7

月放弃了面向低端用户的产品拍拍。数十万低端供应商无处可归，其中不乏许多低端优质商家。与此同时，三、四、五线城市及广大农村的消费者不仅对电商这种方式逐渐接受，而且也有消费升级的需求。

再次，拼多多的低端颠覆创新。根据长尾理论，对商家来说，最赚钱的并不是服务那些身处头部地位的"高净值"消费者，而是占人口总规模比例极大、收入水平一般、能够带来巨大流量的人群。拼多多以低价、拼团等策略开启了低端供应链消费人群。

2015年9月，拼多多上线。为什么说拼多多是新电商？新在哪里？

从用户使用角度看，拼多多致力于将娱乐社交元素融入电商运营之中，通过"社交+电商"模式使更多用户享受全新的共享式购物体验。例如，多多果园、种树浇水、领取免费水果，还有花样繁多的限时秒杀、品牌清仓、天天领现金、砍价免费拿等。即使用户不想买东西，但是打开拼多多，依然可以完成如现金签到、喝水打卡领金币等任务。

从商家诉求看，淘宝、京东开店比较复杂，往往填写一系列资料，满足诸多要求后才可以开店。拼多多的开店流程就极为便利，有货即可以买卖。另外，在拼多多网购过程中，拼着买的形式十分新颖。小众品牌为大家提供了一定的优惠，也因此省下了不少广告费。

（三）Zipcar：交通行业的共享

罗宾·蔡斯是共享经济的鼻祖，2000年，她与安特耶·丹尼尔斯共同创办了Zipcar，这是美国的一家分时租赁互联网汽车共享平台，这一颠覆性的商业模式改变了汽车的传统使用方式，带来了一系列好处，比如，剩余资产的充分应用，降低车辆持有率及停车场占有率，改善环境污染、能源紧张等。

共享经济源于互联网，同时生成了一种新的思维方式，它通过过剩资源的再利用，替代了传统的生产力。创始人敏锐地捕捉到这一点，利用共享理念改变了商业中关于信任、责任与合作的模式。

创始人在首轮投资时对Zipcar的运营发展提出了三个理念：其一，出于经济方面的考虑，相比拥有一辆车，人们更希望能"分享"一辆车；其二，一个互联网、无线技术连接起来的科技平台让分享变得更容易；其三，公司相信用户可以在不受监管的情况下取车、还车，用公司的信用卡给车加满油，并在使用完毕后带走车上的垃圾。这三大理念遭到了当时投资者的驳回，他们认为"分享"意味着"脏乱差""等待"。但社会化网络十几年的发展重新定义了"分享"的含义，也印证了罗宾·蔡斯所提出、实践的共享经济模式。

如今共享出现在各行各业，共享空间、共享教育、共享物品、共享医疗等不断涌现，行业发展也越来越理性和成熟。

(四) 智能餐厅：餐饮行业的革新

餐饮行业一直以来都深受人工成本高、租金高、材料费高但利润却低的困扰，技术的发展使餐饮业开始思考人工智能对该行业的影响，跨界者和新业态层出不穷，智能餐厅等场景开始进入人们的视线。

现在应用比较广泛的有餐饮机器人，比如 Flippy 就是一款由 Miso 机器人公司制作的菜品制作类机器人，可以替代人工制作汉堡包肉饼。北京一家创客实验室也推出了一款机器臂手冲咖啡机器人，模仿咖啡师制作手冲咖啡。

当前国内外也已经出现了"四无"智能餐厅，即无收银员、无服务员、无厨师、无采购员。这些智能餐厅利用人工智能技术取代人力，最大限度地降低人工使用成本。例如，阿里巴巴的"智能餐厅"，每一张餐桌都是一个大型触控屏幕，用户可以直接在桌面上观看菜品介绍，进行点菜操作。消费过后，系统会记录喜爱偏好，在下次光临时进行智能推荐。等餐时，用户还可以在桌面上玩游戏消磨时间，用餐结束后直接扫描面部结算便可离开。这份科技感，是实体行业的一次科技创新，也是餐饮服务的一大亮点。

冬奥会期间，中国开启了无人智慧餐厅，美食通过机械化轨道自动送上购买者的餐桌，诸多西方菜品更是启用了机器人大厨，不仅提高了工作效率、延长了服务时间，也对疫情防控有很大助力。

可见，创新思维已从科学、艺术的专业领域延伸至商业、生活的各个方面。对我们每个人来说，训练思维、灵活创新无疑成为发现时代机遇的必修课。

三、智能时代再塑思维教育

智能时代是网络时代的延续、升级和飞跃，由于人工智能技术的普及，人类越发借助智能机器去认识世界、改造世界，人类离智能时代的全面来临并不十分遥远。为了迎接智能时代可能出现的种种挑战，今天我们应该做些什么呢？

智能时代，人类应学会智能机器不会做的事情，在人—机合作中完成任务、提高效率、应对挑战。通常认为情感和创新是智能机器人不太擅长的领域，机器脑的运转以设计、系统、指令为准则，没有情感波动，没有自我意识，它是人类思维的执行者。不过，AI 技术的发展增强了智能机器人的情感捕捉能力，它可以通过人类的微表情、微动作判断人类的情感状态，从情感领域入手同人类进行沟通。由此可见，未来人类同智能机器人的核心区别体现在创新上，创新意识、创新思维、创新能力是智能时代思维培育的重点。

智能时代创新思维的培育，应充分结合智能技术对认知思维的升级，从思维认知到创新应用的角度出发，在技术、人才两方面着手展开。

应坚持以技术为先导，强化科技创新。人类长久的发展史告诉我们，人类生活的每一次跃进都凝聚着科学的力量，当代社会文明的每一次重大成就都闪烁着科技的光芒。科技正不断改变着我们的生活，不断创新成就着我们的未来。正如习近平总书记强调："创新是引领发展的第一动力。抓创新就是抓发展，谋创新就是谋未来。适应和引领我国经济发展新常态，关键是要依靠科技创新转换发展动力。必须破除体制机制障碍，面向经济社会发展主战场，围绕产业链部署创新链，消除科技创新中的'孤岛现象'，使创新成果更快转化为现实生产力。"①科技创新为价值传导、思维拓展提供了便利，我们可以更轻易地获得"巨人"的思想，在模仿中创新、在积累中超越、在合作中学习。例如，我国深耕自主创新的华为用三十多年的时间，把一家小小的电子公司打造成全球知名的电信设备集团。SDH 光传输、接入网、智能网、112 测试头、5G 等领域处于世界领先地位；密集波分复用 DWDM、C&C08iNET 综合网络平台、路由器、移动通讯等系统产品跻身世界先进列表。华为始终将创新放在企业发展的首要位置，专注于通信核心网络技术的研发与开发。技术的领先带来了机会窗利润，华为又将积累的利润投入到升级换代产品的研究开发中，周而复始，不断改进和创新，从而形成自己的核心技术。技术的快速迭代、同类企业的迅猛发展，也在很大程度上倒逼着华为不断创新。正如华为总裁任正非所言："在这个领域，没有喘气的机会，哪怕只落后一点点，就意味着逐渐死亡。"这种紧迫感驱使着华为持续创新。

当然，还应坚持以人才为核心，强化创新思维。智能时代的发展方向是利用科技增强人的能力，人—机共生的生态环境将成为常态化景观，这意味着思维教育除了要重视科技的创新，还要了解人工智能技术带来的思维转变，学会同智能机器交流合作的方式，使机器为人所用。其一要把握知识体系，转变教育观念。智能时代，知识形态发生了巨大改变，软知识得到发展，这使得未来教育更注重高阶思维的培养和综合能力的提升，在参与和实践中真正理解知识，使个性化的知识网络成为思维培育的新方向；其二要深耕专业技能，强化自我创造。任何个人、任何行业都离不开人工智能，这是时代发展的必然结果，对个人来讲，由于无法保证现在选择的行业在未来会不会被人工智能所替代，因此要扎实学好专业技能，挖掘和拓展自己的创新思维，学会将这种思维带入自己感兴趣的行业当中，尽己所能去改变行业、提高效率；其三要学会应用工具，发挥合作的力量。智能技术层出不穷，如何整合繁多的工具成为新时代解决问题的关键。智能时代去中心化的思维升级优化了"群众路线"的技术应用，也阐明了团队合作已成为时代发展的必然。作为时代潮流，合作能够产生更大的竞争优势、激发更多的自由创想，进而将人类社会推向全新的发展局面。

---

① 习近平：《当好改革开放排头兵创新发展先行者为构建开放型经济新体制探索新路》，《人民日报》2015 年 3 月 6 日。

主要参考文献

[1] 钱学森.关于思维科学[M].上海:上海人民出版社,1986.

[2] 爱德华·德·博诺.思维的训练[M].何道宽等译.上海:三联书店出版社,1982.

[3] 彭健伯.创新的源头工具:思维方法学[M].北京:光明日报出版社,2010.

[4] 何名申.创新思维与创新能力——创新超白金法则[M].北京:中国档案出版社,2004.

[5] 王文博.创新思维与设计.北京:中国纺织出版社,1998.

[6] 丹尼尔·平克.全新思维[M].林娜译.北京:北京师范大学出版社,2006.

[7] 托马斯·R.布莱克斯利.右脑与创造[M].傅世侠等译.北京:北京大学出版社,1992.

[8] 奈德·赫曼.全脑革命[M].宋伟航译.北京:经济管理出版社,1999.

[9] 韦特海默.创造性思维[M].林宗基译.北京:教育科学出版社,1986.

[10]J.P.吉尔福特.创造性才能[M].施良方译.北京:人民教育出版社,1990.

[11]刘彦生.西方创新思维方式论[M].天津:天津大学出版社,2007.

[12]黄华梁、彭文生.创新思维与创造性技法[M].北京:高等教育出版社,2007.

[13]余华东.创新思维训练教程[M].北京:人民邮电出版社,2007.

[14]王永杰.创新:方法与技能实务[M].成都:西南交通大学出版社,2007.

[15]王传友、王国洪.创新思维与创新技法[M].北京:人民交通出版社,2006.

[16]李欣频.十四堂人生创意课[M].北京:电子工业出版社,2008.

[17]赖声川.赖声川的创意学[M].北京:中信出版社,2006.

[18]梁良良.创新思维训练[M].北京:中央编译出版社,2001.

[19]张庆林.创造性研究手册[M].成都:四川教育出版社,2002.

[20]杨雁斌.创新思维法(第二版)[M].上海:华东理工大学出版社,2002.

[21]胡珍生,刘奎林.创造性思维学概论[M].北京:经济管理出版社,2006.

[22]贺善侃.创新思维概论[M].上海:东华大学出版社,2006.

[23]贺壮.走向思维新大陆[M].北京:中央编译出版社,2005.

[24]吴多辉.每个人都是创新天才——像乔布斯一样思维[M].成都:成都时代出版社,2012.

[25]刘奎林.灵感——创新的非逻辑艺术[M].哈尔滨:黑龙江人民出版社,2003.

[26]宋铁航.成也思维,败也思维[M].北京:中华工商联合出版社,2005.

[27]东尼·博赞.思维导图:激发身体潜能的10种方法[M].邱炳武、张英爽译.北京:外语教学与研究出版社,2005.

[28]李林英、李翠白.思维导图与学习——学习科学与技术新探[M].北京:北京师范大学出版社,2011.

[29]黎鸣.学会真思维[M].北京:中国社会出版社,2009.

[30]张掌然,张大松.思维训练[M].武汉:华中理工大学出版社,2000.

[31]吴天婧.思维力[M].沈阳:白山出版社,2004.

[32]邱章乐.思维风暴——452道思维名题及其解答[M].北京:东方出版社,2009.

[33]王哲编.创新思维训练500题[M].北京:中国言实出版社,2009.

[34]文德.哈佛智商情商课[M].天津:天津科学技术出版社,2015.

[35]陈健,钱维莹.创新一定有秘诀[M].上海:复旦大学出版社,2015.

[36]谢满云.思路决定出路[M].北京:中央编译出版社,2011.

[37]许湘岳,吴强,郑彩云.解决问题教程[M].长春:吉林大学出版社,2012.

[38]吕丽,流海平,顾永静.创新思维:原理·技法·实训[M].北京:北京理工大学出版社,2014.

[39]李虹.创新思维训练教程[M].成都:西南财经大学出版社,2014.

[40]陈爱玲.创新潜能开发实用教程[M].北京:化学工业出版社,2013.

[41]于丽荣,郭艳红.大学生创新教育[M].武汉:武汉大学出版社,2012.

[42]于惠玲.简明创新方法教程[M].北京:中央广播电视大学出版社,2014.

[43]布凌格.聚焦创新[M].王河新、刘百宁译.北京:科学出版社,2017.

[44]罗德·贾金斯.学会创新[M].肖璐然译.北京:中国人民大学出版社,2017.

[45]黄彦辉.智能时代下的创新创业实践[M].北京:人民邮电出版社,2020.

图书在版编目（ＣＩＰ）数据

创新思维训练教程／宫承波主编 . -- 3 版 . -- 北京：
中国广播影视出版社，2023.3
　　媒体创意专业核心课程系列教材
　　ISBN 978-7-5043-9002-8

　　Ⅰ. ①创… Ⅱ. ①宫… Ⅲ. ①创造性思维—高等学校
—教材 Ⅳ. ① B804.4

　　中国版本图书馆CIP数据核字（2023）第 048583 号

创新思维训练教程（第三版）

宫承波　主编

责任编辑	王丽丹
封面设计	盈丰飞雪
责任校对	张　哲

出版发行	中国广播影视出版社
电　　话	010-86093580　010-86093583
社　　址	北京市西城区真武庙二条 9 号
邮　　编	100045
网　　址	www.crtp.com.cn
电子信箱	crtp8@sina.com

经　　销	全国各地新华书店
印　　刷	河北鑫兆源印刷有限公司

开　　本	787 毫米 × 1092 毫米　1/16
字　　数	260（千）字
印　　张	15
版　　次	2023 年 3 月第 3 版　2023 年 3 月第 1 次印刷

书　　号	ISBN 978-7-5043-9002-8
定　　价	38.00 元